JN026028

改訂新版

作る、できる／基礎入門

電子工作の素

後閑哲也｜著

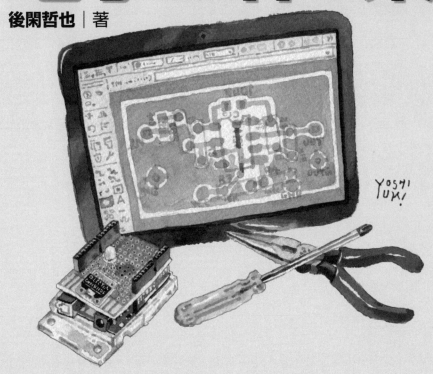

技術評論社

まえがき

　2007 年に「電子工作の素」を発刊してから早くも 14 年が経ち、本書で紹介した部品が古くなったり、シングルボードコンピュータ、マイコンボードが頻繁に電子工作に使われるようになるなど、内容が現状に合わなくなってしまいました。

　そこで、内容を一新し、最新の情報に更新しました。古くなった部分は削除し、とくに最近よく使われるようになった Raspberry Pi や Arduino などのシングルボードコンピュータ、マイコンボードを使った設計法についても追加しました。さらに使う部品も表面実装のものが多くなりましたので、表面実装部品の使い方も追加しました。

　本書は、これから電子工作を始めたいとお考えの方々に少しでもお役に立てばと、筆者自身が子どもの頃から趣味としてきた電子工作のノウハウを集めたものです。したがって、難しい回路理論やら動作原理などはできるだけ省略し、まずは自分の手で作って動かしてみるために必要なことを説明しています。実際に作るために必要な部品の知識、回路図作成法、プリント基板の作り方、工作道具の使い方など実際に使える「道具」としての書物にしました。このようなハードウェアの設計から、シングルボードコンピュータ、マイコンボードのプログラム作成まで、パーソナルコンピュータを電子工作のための道具としてフル活用しています。

　まずはこの本で電子工作を始めていただき、その次のステップでいろいろな応用回路を試してみようということになって頂けば、それらについては既に数多くの解説書が出版されていますので、動作原理や回路設計方法など、より深く学ぶことができると思います。

　このような電子工作の世界は、知識欲を充分に満足させてくれる知的な遊びとして、また、これからますます発展する電子工学の基礎を学ぶためにも最適なものだと思います。

　自分が作ったインターネットラジオで好きな音楽を聴きながら工作を楽しむのもよし、インターネットを使ってデータを観測するのもよし、何ともいえない満足感のある世界です。この素晴らしい電子工作を始めるために本書が少しでもお役に立てば幸いです。

　末筆になりましたが、本書の内容をよりわかりやすくする努力をしていただいた、技術評論社の淡野 正好さんに大いに感謝いたします。

2021 年 8 月　　後閑　哲也

目　次

| 第1章 | 電子工作の常識 | 13 |

▶▶ 1-1　「電子工作」ってなに？ 　14

▶▶ 1-2　回路図の見方・書き方 　16

1-2-1	回路図の基本的な要素	16
1-2-2	部品の略号と記号	16
1-2-3	電子回路の基本単位	19
1-2-4	回路図の接続と交叉	19
1-2-5	電源とグランド	21
1-2-6	その他の常識	22

▶▶ 1-3　電源とグランドのノウハウ 　24

| 1-3-1 | グランドと誤動作 | 24 |
| 1-3-2 | 電源の問題とパスコン | 26 |

▶▶ 1-4　回路図に描いてないこと 　28

1-4-1	部品の配置と実装方法	28
1-4-2	明確に描かれない配線	28
1-4-3	部品の特性や種類	29
1-4-4	機構部品	29
1-4-5	機能やタイミング関連	30
1-4-6	使用環境	30

第2章 電子部品の知識 　31

▶▶ 2-1 　電子部品の使い方 　32

2-1-1 電子部品の種別 32
2-1-2 電子部品の使い方のポイント 32
2-1-3 情報の入手方法 33

▶▶ 2-2 　抵抗器（レジスタ） 　35

2-2-1 抵抗器の種類 35
2-2-2 各種特性と使い方 37
2-2-3 抵抗値のE系列 38
2-2-4 抵抗値とカラーコード 39
2-2-5 合成抵抗値の求め方 40
2-2-6 抵抗器の実際の使い方 41
2-2-7 抵抗器の実装方法 42
2-2-8 チップ抵抗器 43
2-2-9 集積抵抗器（抵抗アレイ） 44
2-2-10 可変抵抗器（ボリューム） 45
2-2-11 半固定抵抗器 48
2-2-12 ジョイスティック 50

▶▶ 2-3 　コンデンサ 　51

2-3-1 コンデンサの回路図記号 51
2-3-2 コンデンサの種類 52
2-3-3 容量値と定格電圧 54
2-3-4 コンデンサの並列接続と直列接続 55
2-3-5 コンデンサの寸法 56
2-3-6 コンデンサの実装方法 58
2-3-7 バリアブルコンデンサ（バリコン） 58

▶▶ 2-4 　ダイオード 　62

2-4-1 回路図記号 62
2-4-2 ダイオードの基本特性 62
2-4-3 小信号用ダイオード 63
2-4-4 電源整流用ダイオード 65
2-4-5 ダイオードの実装方法 66

▶▶ **2-5** | **トランジスタと電界効果トランジスタ（FET）** **68**

2-5-1　トランジスタの種類 68
2-5-2　トランジスタの基本 69
2-5-3　トランジスタの規格表の見方 70
2-5-4　トランジスタの選び方 73
2-5-5　トランジスタの寸法と実装方法 73
2-5-6　電界効果トランジスタ（FET）の基本 75
2-5-7　電界効果トランジスタの規格表の見方 76
2-5-8　FET の選び方 79
2-5-9　トランジスタアレイ 79

▶▶ **2-6** | **アナログ IC** **81**

2-6-1　汎用オペアンプ 81
2-6-2　オペアンプの回路図記号 81
2-6-3　オペアンプの基本特性と使い方 82
2-6-4　オペアンプの規格表の見方 85
2-6-5　オペアンプの選び方 86
2-6-6　オペアンプの実装方法 87
2-6-7　電源用 IC：3 端子レギュレータ 88
2-6-8　電源用 IC：DC/DC コンバータ IC 90
2-6-9　オーディオパワーアンプ用 IC 91
2-6-10　モータ制御ドライバ IC 92

▶▶ **2-7** | **デジタル IC** **95**

2-7-1　ゲート 95
2-7-2　TTL と CMOS の違い 97
2-7-3　デジタル IC の規格表の見方 99
2-7-4　デジタル IC の種類 101
2-7-5　パッケージの寸法と実装方法 102
2-7-6　プログラマブルロジック IC 103

▶▶ **2-8** | **光関連半導体部品** **107**

2-8-1　発光ダイオード 107
2-8-2　セグメント発光ダイオード表示器 109
2-8-3　赤外線発光ダイオード 113
2-8-4　光受光デバイス 113

2-8-5 フォトインタラプタとフォトカプラ 115

▶ 2-9 ┃ 発振素子とフィルター素子 — 117

2-9-1 発振素子 117
2-9-2 セラミック振動子（セラロック） 118
2-9-3 水晶振動子（クリスタル振動子） 120
2-9-4 高精度水晶発振モジュール 122

▶ 2-10 ┃ センサとアクチュエータ — 123

2-10-1 温度センサ 123
2-10-2 加速度センサ（傾きセンサ） 124
2-10-3 距離センサ 125
2-10-4 アクチュエータ 127

▶ 2-11 ┃ リレー — 132

2-11-1 メカニカルリレー 133
2-11-2 半導体リレー 135

▶ 2-12 ┃ コイルとトランス — 137

2-12-1 コイルの種類 137
2-12-2 トランス 140

▶ 2-13 ┃ コネクタとソケット — 143

2-13-1 基板用コネクタ 143
2-13-2 多芯ケーブルコネクタ 144
2-13-3 同軸コネクタ 144
2-13-4 ピンジャック 145
2-13-5 ステレオプラグジャック 146
2-13-6 DC 電源用プラグジャック 146
2-13-7 IC ソケット 147

▶ 2-14 ┃ スイッチ — 149

2-14-1 スイッチの種類 149
2-14-2 個別スイッチ 149
2-14-3 デジタルスイッチ 151
2-14-4 ロータリースイッチ 152

2-14-5 ロータリーエンコーダと多方向スイッチ 152

▶▶ **2-15** その他の部品　　154

2-15-1 スピーカ 154
2-15-2 電子ブザー／圧電ブザー 154
2-15-3 液晶表示器 155
2-15-4 アナログメータ 155
2-15-5 電池ボックスとプラグ 156
2-15-6 放熱器 156
2-15-7 機構部品 156

第**3**章　設計の仕方の基礎　　159

▶▶ **3-1** トランジスタ回路の設計法　　160

3-1-1 トランジスタの機能 160
3-1-2 トランジスタのドライブ回路での使い方 162
3-1-3 電界効果トランジスタ（FET）の使い方 166

▶▶ **3-2** オペアンプ回路の設計法　　169

3-2-1 オペアンプの電源供給方法 170
3-2-2 直流増幅回路の設計法 172
3-2-3 交流増幅回路の設計法 175
3-2-4 コンパレータ回路 178

▶▶ **3-3** デジタル回路の設計法　　180

3-3-1 デジタル入力回路 181
3-3-2 デジタル出力回路 185

▶▶ **3-4** 電源回路の設計法　　192

3-4-1 独立の電源ユニットの場合 192
3-4-2 オンボード電源の場合 193
3-4-3 電源トランスの使い方 199

第4章 自作のノウハウ 203

▶▶ 4-1 | 回路の組み立ての方法 204

4-1-1 ブレッドボードによる方法 204
4-1-2 ユニバーサル基板による方法 205
4-1-3 プリント基板を自作あるいは注文する方法 206

▶▶ 4-2 | ブレッドボードの使い方 208

4-2-1 ブレッドボードの種類と構造 208
4-2-2 ブレッドボードへの部品実装の仕方 210

▶▶ 4-3 | 電子工作用の設計ツール 212

4-3-1 回路図・パターン図の作成ツール「Eagle」の使い方 213
4-3-2 Eagle による回路図の作成 215
4-3-3 Eagle によるパターン図の作成 218

▶▶ 4-4 | プリント基板の自作法 222

4-4-1 用意するもの 222
4-4-2 手順１：パターン図の作成 225
4-4-3 手順２：露光 228
4-4-4 手順３：現像の仕方 230
4-4-5 手順４：エッチングの仕方 231
4-4-6 手順５：感光剤の除去 232
4-4-7 手順６：穴あけ 232
4-4-8 手順７：基板の切断と仕上げ 235
4-4-9 パターンの修正 236
4-4-10 部品の実装組み立て 237

▶▶ 4-5 | 組み立て方のノウハウ 238

4-5-1 はんだ付けのノウハウ 238
4-5-2 表面実装部品のはんだ付けの仕方 243
4-5-3 ケース加工のノウハウ 249
4-5-4 加工法（切断） 251
4-5-5 加工法（穴あけ） 254
4-5-6 加工法（取り付け） 259

4-5-7 配線の仕方 **263**

4-5-8 ケースの種類 **265**

▶▶ 4-6 │ 測定器の使い方 **267**

4-6-1 デジタルマルチメータ **267**

4-6-2 デジタルマルチメータの使い方 **269**

4-6-3 オシロスコープの使い方 **273**

4-6-4 パソコンを利用した計測器 **277**

▶▶ 4-7 │ 動作チェックのノウハウ **281**

4-7-1 製作後のチェック **281**

4-7-2 電源投入時のチェック方法 **282**

4-7-3 調整 **285**

第5章 シングルボードコンピュータ、マイコンボードを使う 287

▶▶ 5-1 │ シングルボードコンピュータ、マイコンボードとは **288**

5-1-1 シングルボードコンピュータ、マイコンボードを使うとできること.... **288**

5-1-2 シングルボードコンピュータ、マイコンボードの種類 **289**

▶▶ 5-2 │ micro:bit の活用 **291**

5-2-1 micro:bit のハードウェアとソフトウェアの構成........................... **291**

5-2-2 プログラミング事始め.. **293**

5-2-3 開発環境の構築 **294**

5-2-4 サンプルプログラムを試す **295**

▶▶ 5-3 │ Arduino の活用 **297**

5-3-1 Arduino Uno R3 の概要.. **297**

5-3-2 Arduino IDE **298**

5-3-3 実際のプログラム作成.. **299**

▶▶ 5-4 ┃ Raspberry Pi の使い方 　　304

5-4-1 Raspberry Pi の概要.. 304
5-4-2 Raspberry Pi で何ができて何ができないか.............................. 304
5-4-3 ハードウェアとソフトウェアの準備 306
5-4-4 汎用入出力ピン（GPIO）の使い方...................................... 309
5-4-5 実際に動かしてみる 312

第6章 製作例 　　315

▶▶ 6-1 ┃ DSP ラジオの製作 　　316

6-1-1 DSP ラジオ IC の動作 316
6-1-2 DSP ラジオの回路設計と定数の決め方 318
6-1-3 DSP ラジオを組み立てる... 321
6-1-4 ラジオを聴く 323

▶▶ 6-2 ┃ 実験用電源の製作 　　324

6-2-1 基本検討 324
6-2-2 回路設計と組み立て 326
6-2-3 動作テストと調整 332

▶▶ 6-3 ┃ Arduino 活用 IoT センサの製作 　　334

6-3-1 全体構成と機能仕様 334
6-3-2 Arduino の拡張ボードの製作 336
6-3-3 IFTTT のアプレットの作成.. 339
6-3-4 Arduino のプログラム作成 346
6-3-5 動作確認 352

▶▶ 6-4 ┃ ラズパイでインターネットラジオの製作 　　354

6-4-1 インターネットラジオの全体構成 354
6-4-2 ラズパイのプログラムセットアップ 355
6-4-3 局選択リストの作成 357
6-4-4 スマホ／タブレット側の製作... 360

▶ 6-5 │ ラズパイ活用 IoT センサの製作 　361

6-5-1	全体構成と機能	361
6-5-2	複合センサの接続	362
6-5-3	ラズパイのプログラムの製作	362
6-5-4	ウェブサーバとして構成する	370
6-5-5	公開サーバとする	372
6-5-6	動作確認	376

部品の入手先 377

第 1 章

電子工作の常識

　電子工作を自分で思うままに設計し、作り、完成させたいと思うのは誰しもですが、いきなりできるわけでもありません。そこにはやはりノウハウがあり、基本的に知っていなければならないこともたくさんあります。

　そこでまずは、電子工作を始めるのに最低限必要とされる常識について説明していきます。これだけは知っていないと電子工作は始まらないという事柄ですが、大したことはありません、つまり常識です。

1-1 「電子工作」ってなに？

　電子工作の「電子」とは何のことでしょうか。ここで意味している電子とは、物質の原子核に含まれている電子そのものを意味しています。もともと電気を使う工作なのですから「電気工作」と呼ばれてもよいのではないかと思うのですが、なぜ「電子」と呼ばれるのでしょうか。

　この言葉が使われるようになった背景には、「真空管」から始まり「半導体素子」への急速な進歩と、その圧倒的な広がりにあります。つまりこれらの素子の進歩は、その中で動き回る「電子の振舞い」の研究の成果であり、電子そのものの動きを把握できるようになったことで、次々に新しい半導体素子を産み出すことができるようになりました。

　電子工作はそうやって新たに生まれた半導体素子を使った工作であることから**電子工作**と呼ばれるようになりました。したがって、これからご紹介する電子工作の作品は、全て半導体素子を使ったものとなっています。

　ではこの半導体素子と呼ばれるものにはどんなものが含まれるのでしょうか。これはもう、全部を挙げたらきりがないほど最近では多種類の素子があります。その中でも、我々が電子工作で使うものは主に表1.1.1のようなものです。それぞれの特性や機能、使い方については後の章で詳しく説明していきます。

◆表1.1.1　半導体素子の種類

名　称	特性、機能	用　途
ダイオード	電気を一方向だけ通す	整流：交流を直流に変換する 検波：変調された高周波に含まれる低周波を取り出す
トランジスタ	電流を増幅する	アンプ　：微小な信号を大きくする ドライブ：わずかな信号で大きな電流を制御する
光半導体 発光ダイオード 受光ダイオード 半導体レーザ等	発光、受光 画像取得	デジタルカメラ、ロボットなどのセンサ 通信用発光、受光素子
アナログIC	アンプなど多くの機能をICとして実装	計測用高精度アンプ 安定化電源、ステレオアンプ 高性能ラジオ受信機
デジタルIC	論理回路を構成	制御装置、計算機
マイクロコントローラ	演算機能やメモリ機能	家電機器、ロボット、パソコンなどの処理装置
各種センサ	光、温度、加速度、磁気などの検出	ロボット、制御装置などの検出器、測定装置

　これらの半導体素子をもとにして電子工作を進めていきます。本当なら自分ですべて設計できればそれに越したことはありませんが、全部を知ることは大変です。しかし実は、電子回路には標準的なパターンがいくつもあり、実際に新しい何かを作るときでも、それらの標準回路のほんの一部を変えたり、組み合わせたりするだけで大部分ができることが多いものです。

常識

標準的な回路を知識の中にどれだけ持っているかがポイント。

したがって、電子工作を自由に設計するためには、すでに設計済みの回路を自分の知識の中にどれだけ持っているかがポイントになります。

この知識を得るには、まずは他人の作った回路を真似て作り動かしてみることから始まります。そうやって製作を楽しんでいるうちにどんどん標準回路が頭に入っていき、やがて新たなものを作るときでもその標準回路をベースにして自分で考え出すことができるようになります。

最近ではICが高性能化し、ほとんど基本的な設計をしなくとも機能や性能を満足するものができるようになってしまいました。

それでも、やはり作ったものが動かないとき、ちょっとした付加回路を付けたいときや新しいアイデアを実現したいときなどには、この標準回路が有効にきいてきます。

そこで電子工作の常識は、「まずは真似して作る」ことです。本に掲載された記事を自分で試してみたり工作キットで作ったりしながら、できるだけ多くの標準回路を身につけることで、自由に電子工作を楽しめるようになるのです。

本書は、これらの標準回路そのものについては多くを説明しません。しかしそれらを実際に自作するときに分からないこと、製作上取り付きにくいことを説明することで、新たに電子工作を始めようという方々の障壁を少しでも減らすようにする目的で書きました。

常識

まずは回路を真似て作り、動かしてみる。キットからはじめてもかまわないので、とにかく製作する。

製作を楽しんでいるうちに、どんどん標準回路が頭に入っていき、やがて新たなものを作るときにその標準回路をベースにして自分で考え出すことができるようになる。

1-2　回路図の見方・書き方

　電子回路の働きを他の人に伝え、同じものを作れるようにするためのいわば「言葉」が回路図です。したがって回路図が読めないと、言葉がわからないのと同じで内容を理解することはできません。

　電子回路を趣味で始める場合でも、本当は自分で最初から設計できればよいのですが、アマチュアではそこまで全部はなかなかできません。そこで先人の作ったものを利用することになりますが、この場合でも、回路図が読めるのと読めないのでは利用して実現する範囲に圧倒的な差が出てしまいます。そこでまず回路図が読め、描けるようにしましょう。

▶▶ 1-2-1　回路図の基本的な要素

　電子回路を図として表現し内容を伝えるため、回路図には基本的に下記のような内容が表現されています。

　　① 使っている部品の区別
　　② 部品の種別、定数値
　　③ 部品同士の接続関係

　たったこれだけの内容ですから誰でも回路図は見ることができます。しかし、中に使われている部品や記号に基本的な約束事があり、これがもともとわかっていないと回路の働きを理解するのが難しくなってしまいます。いわゆる回路図を見ることができても、読むことができないということになります。

　そこで、これだけのことが理解できれば、回路図が読めるようになるということを中心に説明しましょう。

▶▶ 1-2-2　部品の略号と記号

　回路図を読めるようにするためには、回路図によく現れる部品の略号と記号についての知識が不可欠です。表1.2.1には、代表的な部品の略号と記号を説明してあります。これ以外にもまだまだたくさんの部品がありますが、表1.2.1は基本的にこれだけ知っていれば大部分の回路図は読めるレベルのものです。個々の部品の詳細については、次の章で説明しますので、ここではこんなものがあるんだという程度で覚えておいてください。

◆表 1.2.1(a) 代表的な電子部品と回路図記号、略号

略号	英文字	日本語	回路図記号	備考	参照ページ
C	Capacitor, Capacitance	コンデンサ 静電容量	C1 0.01 C3 10μF	全ての回路で使う、用途により多種類あり	51
D	Diode	ダイオード	D20 1S953	整流素子、高周波から電源用まで多種類ある	62
L	Inductor, Inductance	コイル インダクタンス	L1 FCZ7MHz	高周波回路の同調やフィルターとして使う	137
LED	Light Emitting Diode	発光ダイオード	LED5 red	発光する機能を持つダイオード	107
MOS-FET	Metal Oxide Semiconductor - Field Effect Transistor	金属酸化被膜電界効果トランジスタ	Q6 2SK2231	非常に高い入力インピーダンスを持つトランジスタの1種で、ON抵抗も低いので大電流が扱える	75
OP-AMP	Operational Amplifier	オペアンプ 演算増幅器	U10A LMC662	アナログ増幅回路をICにしたもので汎用素子として多く使われている	82
R	Resistor, Resistance Potentiometer	抵抗器 可変抵抗器	R1 10k VR2 10k	全ての回路で使う、電圧、電流の変換用	35
RFC	Radio Frequency Choke	高周波チョークコイル	RFC2 10uH	高周波のフィルター用コイル、スイッチング電源用としても使われる	137
SCR	Silicon Control Rectifier	シリコン制御整流素子	Q5 SCR	ON/OFFゲート機能を持つダイオード	135
SW	Switch	スイッチ	S1 SWST	スイッチ	149
T PT	Transformer Power Transformer	トランス 電源トランス	PT1 Power Transformer	交流を変圧して2次側に出力する、電源や高周波回路で多く使われる	140

◆表 1.2.1(b) 代表的な電子部品と回路図記号、略号

略号	名称	名称	回路図記号	説明	ページ
Tr	トランジスタ	Transistor	Q1 2SC2458	基本の半導体増幅素子	69
XTAL	水晶振動子 クリスタル振動子	Crystal Resonator	Y1 10MHz	高周波で周波数の安定な発振回路を得るのに使う	117
CERALOCK CSTSL	セラミック発振子	Ceramic Resonator	X1 8MHz	セラミック発振子・高周波で安定な発振回路用に使う マイコンなどのクロック源として使う	117
IC	デジタルIC	Digital IC	U1A 74HC00 / U10 74HC160	論理回路を構成する集積回路 74シリーズとして非常にたくさんの種類がある TTLタイプとCMOSタイプがある	95
MCU PIC	マイクロコントローラ マイクロコンピュータ マイコン	Micro Controller Micro Computer	U3 PIC16F818/819	ワンチップ型のマイクロコントローラが電子工作でも多く使われるようになった	121 173 183 184 190

▶▶ 1-2-3 | 電子回路の基本単位

回路図にある部品図の近くにはいろいろな数字と記号が描かれています。この中に部品の値（定数）が含まれているのですが、それらには単位が付いています。基本的な単位には表1.2.2が一般に使われます。

参考

・nA
　（ナノアンペア）
・μA
　（マイクロアンペア）
・mA
　（ミリアンペア）
・pF
　（ピコファラッド）

◆表1.2.2　電子回路の基本単位

電気定数	記号	意味	読み方	よく使う単位
電圧	**V**	Volt	ボルト	μV、mV、V
電流	**A**	Ampere	アンペア	nA、μA、mA、A
電力	**W**	Watt	ワット	μW、mW、W
抵抗	**Ω**	Ohm	オーム	Ω、kΩ、MΩ
インダクタンス	**H**	Henry	ヘンリー	μH、mH
静電容量	**F**	Farad	ファラッド	pF、μF
周波数	**Hz**	Hertz	ヘルツ	Hz、kHz、MHz、GHz

（注）実際の回路図では、μはuで代用し、Ωは省略することが多い。

さらに、補助単位として表1.2.3のものが多く使われています。大文字と小文字の使い分けも慣用的に表のようにしています。

参考

2mA =
　0.002A
2A =
　2000mA

◆表1.2.3　補助単位一覧表

記号	単位	読み
G	10^9	ギガ
M	10^6	メガ
k	10^3	キロ
m	10^{-3} (0.001)	ミリ
μ	10^{-6} (0.000001)	マイクロ
n	10^{-9} (0.000000001)	ナノ
p	10^{-12} (0.000000000001)	ピコ

▶▶ 1-2-4 | 回路図の接続と交叉

回路図で部品同士を接続することを表現するために、一般には直線で結びます。この時混乱するのは、直線同士が交叉している時の接続です。回路図では一般に交叉した直線は下記の条件としています。

① T字交叉は接続されている

行き場のないT字交叉なので直感的に接続されていることは分かるのですが、紛らわしいのでできるだけ黒丸をつけるようにします。

② 十字交叉の場合、交叉点が黒丸なら接続、なければ横切っているだけ

この十字交叉が最も紛らわしいので、接続する交叉はできるだけT字交叉とし、単なる横切る交叉もできるだけ少なくなるように回路図の線の描き方を工夫します。

③ **十字交叉の交叉点で線が弧を描いていれば単に横切るだけ**

最近はあまり使われなくなったのですが、十字交叉で明確に接続されていないことを表現しています。

これらを図で表現すると、図1.2.1のようになります。

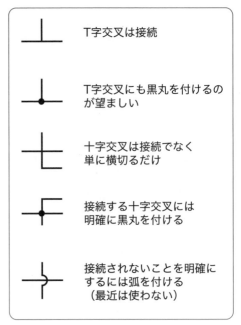

	T字交叉は接続
	T字交叉にも黒丸を付けるのが望ましい
	十字交叉は接続でなく単に横切るだけ
	接続する十字交叉には明確に黒丸を付ける
	接続されないことを明確にするには弧を付ける（最近は使わない）

◆図1.2.1　回路図の接続と交叉

④ **まとめた配線（バス配線）**

マイクロコントローラが多く使われるようになってきて、同じ関係の接続線が多数本あるとき、途中の配線をまとめて太線で描くことがあります。これはバス接続と呼ばれ、それぞれ対応する線が1対1で接続されていることを表しています。これは図1.2.2のように回路図を見やすくするために使われます。

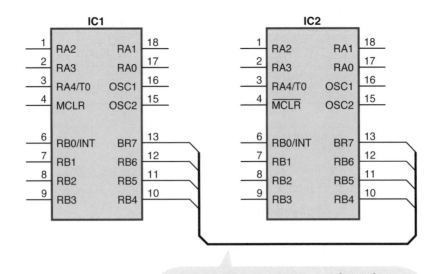

途中は1対1で接続されていることを省略している

◆図1.2.2　バス接続の描き方

▶▶ 1-2-5 | 電源とグランド

回路図のなかで表現はされていますが、明確に接続することが表現されていないのが電源とグランドです。記号としては幾つか種類がありますが、代表的なのは図1.2.3です。

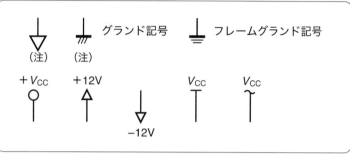

（注）JISなどの公的規格でのグランド記号

◆**図1.2.3 電源とグランドの回路図記号**

これらの記号があった場合、実際にはどこに接続するのでしょうか。基本は、電源記号はすべて電源のプラスまたはマイナスへ、グランド記号はすべて電源のグランド（0V端子）へ接続することになっています。しかしそれ以外にも記号でいろいろ表現があり、下記のようにします。

① 電源供給

電源記号に5V、－12Vなど電圧値が記入されている場合には、それぞれ電源の5V、－12Vの供給元に接続していることを表しています。また明確に電圧値ではなく、V_{CC}とか＋Vとかの記号で表現されているときもあります。このような場合にも、電源の供給元に同じ記号があり、そこと接続されていることを表しています。

② グランド（GND）

グランドは基本的にすべて電源の0V端子に接続します。特に電源がプラスとマイナスがある場合には、0Vの端子とマイナスを間違えないようにする必要があります。電源が1個の電池の場合には、グランドはマイナス側となります。

さらに、あまり明記されていることは少ないのですが、シールド線が必要な回路のような場合には、フレームグランド記号が描かれていることがあります。フレームグランドの接続先は、ケースかシャーシなどの周囲の筐体に接続し、グランド（0V端子）には接続しないようにします。特に微小な電圧を計測するような回路の場合、このフレームグランドをきちんとケースに接続しないとノイズに悩まされることになってしまいます。

③ ICの電源とグランドは省略される

デジタルICやオペアンプの場合には、電源とグランドの接続ピン番号が統一されていて決まっているので、回路図に特に描かないこともしばしばあります。したがってパターン図を描くときや、配線するときには忘れないように注意が必要

です。

図1.2.4は実際の回路の電源とグランドがどこに接続されるかを表したものですが、特にグランドはグランド記号を全部接続して、電源の0V端子に接続する必要があります。

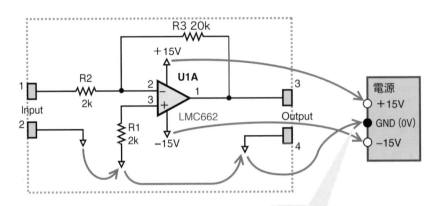

グランドは全部まとめて
電源の0V端子に接続する

◆図1.2.4　電源とグランドの実際の接続

▶▶ 1-2-6 │ その他の常識

回路図を描くうえでその他に習慣となっていることには、次のようなことがあります。

① 信号の流れは左から右へ

外部からの信号の入力部や、スイッチなど何らかの操作を加えるものはできるだけ左側に描きます。そして、左から右へ順次信号が流れて処理されていくようにします。そして外部に出力される部分が一番右側に来るようにします。

② 電源ラインは上側にグランドは下側に

おおまかにグランドは部品の下側に記号を下向きに描き、電源線は部品の上側に描き、電源記号はやはり上側で上向きに描きます。ただしマイナス電源の場合は逆に下側で下向きにします。また電源を外部から加える電源入力部は図面の右側に描きます。

③ 部品には部品番号を付ける

・抵抗器 → p.35
・コンデンサ
　→ p.51

各部品には種類を表す英文字と、連番の組み合わせによる部品番号を付けていきます。これで別に作成する部品表との間で一意に区別がつくようにします。そして各部品には定数値を併記します。例えば抵抗なら「R1 100k」とし、コンデンサなら「C2 10μF」というように描きます。

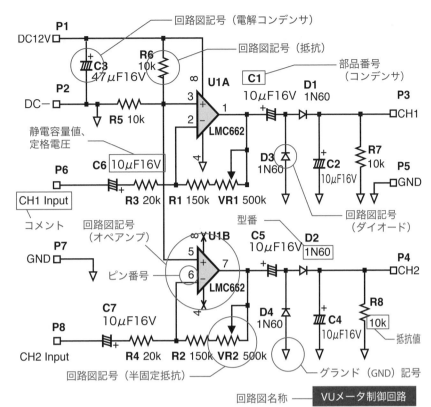

◆**図1.2.5　回路図に書かれている記号、番号**

④ コメントテキストをできるだけ付加する

　例えばスイッチなどにはスイッチの機能を示す「RESET」とか「UP」とかの
コメントを書いておくと回路図が読みやすくなります。この他にも機能ブロックの
意味とか、電源の範囲とか、後で読む人ができるだけ回路図を見やすくするよう
な工夫をします。

⑤ 回路図名称、作成日時、作成者、版数などの欄を作成する

　回路図の右下隅に欄を設け、その回路図が何であるか、いつ誰が作成したかな
どが分かるようにします。また、版数を付けておくことで、自分でも後から見た
ときにどれが最新版か悩むことがなくなります。さらに訂正内容もコメントで追加
しておけばベストでしょう。

⑥ IC のピンには記号を付ける

　ICのピンにはピン番号だけでなく、データブックに示されている各ピンの機能
を表した略号を付けておきます。こうすると、いちいちICのデータブックを見な
くてもよいので、回路図がぐっと見やすくなります。

23

1-3 電源とグランドのノウハウ

　ここでは、電子工作でもっとも大切な電源とグランドに関連する工作、設計ノウハウを説明します。これさえきちんと守れば、電子工作はすべてうまくいくというほど大切なノウハウです。

▶▶ 1-3-1 グランドと誤動作

　回路図ではグランド記号で表現されているところは、全部電源のグランド端子に接続すればよいことになっています。しかし、単純に接続しただけでは正常に動作せず、時々変な動きをする現象に悩まされることがあります。

　変な動作とは、下記のような現象をいいます。

① デジタル回路で時々誤動作する

　マイクロコントローラなどを使った高速の回路のときなど、普通は正常に動作しているのだけど、時々正常でない動きをすることがあります。

② オーディオアンプを作ったが、ブーンというノイズが入る

　これは通称ハムノイズと呼ばれているもので、商用電源の信号が微小な入力信号線に混信しているために起きます。

③ ラジオを作ったが発振して止まらない

　増幅した高周波信号が前段に回り込んで、さらに増幅されてしまうために起きる現象です。

④ 微小な電圧を計測するとき、測定ごとに値が変動する

　測定電圧にノイズが混信しているために安定しない値となってしまうことがあります。

鉄則

　グランドをおろそかにすると、ノイズや誤動作の原因を招いてしまう。グランドに関する常識を守って設計すること。

　このような現象はグランドの接続の仕方によって起きていることが大部分です。グランドは電子回路のすべての基準になります。完全にゼロボルトの電圧でなければなりません。ところが、例えば図1.3.1のように、細い線やプリント板の細いパターンでグランドに接続しているとき、B点からグランド基準点（電源の0ボルト端子にあたる）に向かって大きな電流や周波数の高い電流が流れると、そこの配線やパターンで電圧降下が発生し電位差（つまり電圧）が発生してしまいます。そうすると、A点のように同じグランドとして接続されているにも関わらず、この電位差のために、グランドが0ボルトでないところが発生してしまいます。

　その結果、回路が正常に動作せず、誤動作したりノイズが混入することも起こり得ることになります。

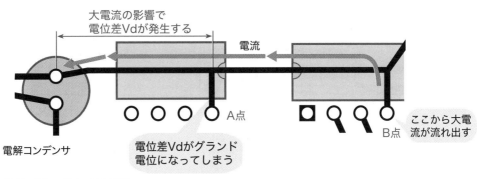

大電流の影響で
電位差Vdが発生する

電流

電解コンデンサ

A点

B点

ここから大電
流が流れ出す

電位差Vdがグランド
電位になってしまう

◆**図1.3.1** グランドの影響

・グランドは太く短く

常識

グランドは太く短く
が基本。

グランドに関連する問題で、誤動作を避けるにはグランドは「太く短く」が基本です。プリント板であれば、電源のパターンは「幅広く短く」ということになります。難しくいうと「インピーダンス」を低くするということになります。

・1点アース

常識

〔1点アース〕グランドとすべき点を別々の独立した短距離の配線で、電源のグランド基準の1点に結ぶ。

もう一つの解決方法は、1点アースです。1点アースという言葉もよくいわれる基本です。これは上記と同じことなのですが、多少違うのは誤動作だけでなく低周波回路や高周波回路での「ノイズ」に関連していることです。

これは図1.3.1でアースに向って大電流が流れるのではなく、グランドラインに流れる電流が高速に変動すると（高周波になると）、グランドラインが抵抗の働き（インピーダンスという）をしてしまい、途中のグランド電位がわずかに変動するため、増幅度が高いアンプのようなときには、本来の信号に対する雑音となって増幅されてしまうのです。これが特にオーディオアンプや高周波アンプなどの、高い増幅度のアンプのノイズとして頻繁に頭を悩まされる問題なのです。

これを避けるには、グランドラインで影響されないように、グランドとすべき点を別々の独立した短距離の配線で、電源のグランド基準点の1点に結ぶようにします。これが1点アースと呼ばれる配線方法です。

具体的には図1.3.2のように、C点もD点もグランド基準点から独立に短く配線されていると、D点からの電流による電位差はC点には全く現れないことになり、ノイズも発生しません。この1点アースの原理は、線材による配線の場合にも当てはまります。

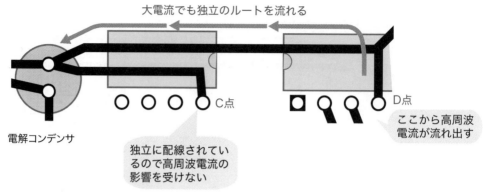

大電流でも独立のルートを流れる

C点

D点

ここから高周波
電流が流れ出す

電解コンデンサ

独立に配線されてい
るので高周波電流の
影響を受けない

◆図1.3.2　1点アースによる改善

▶ 1-3-2 ｜ 電源の問題とパスコン

常識

安定した電源を使う
こと。

　1点アースによるノイズ対策も、これが有効なのはグランド基準点が確実に0ボルトを保っている場合です。このためには外部変動に対して、安定した供給ができる電源を使う必要があります。「安定に」ということは、0ボルト基準点が変動しないという意味です。

　つまり、

① 電流をたくさん流すときも少ないときも同じように供給できること。
② 高い周波数で電流が変動しても追従して安定に供給できること。

が必要とされます。

参照

・コンデンサ
→ p.51

　これを難しくいうと、電源の出力インピーダンス、つまり内部抵抗が低いということが必要です。これを実現する具体的な方法には**コンデンサ**を使います。

　コンデンサは電気を貯めておくことができる素子です。そして接続された相手に貯めた電気を放電することもできます。このコンデンサの機能を利用して上記①、②を実現することができるのです。

　例えば図1.3.3のように、電源との接続部分に大容量の電解コンデンサをつけることで、急に大電流を流すときや急に電源電圧が下がったときなどでも、コンデンサに蓄えられた電気を放電することで対応できるので、負荷側には影響を与えません。つまり安定した電源を供給できることになります。

　またこれとは別に、図1.3.3のように電源の配線の途中で、ICなどの負荷の電源ピンの近くで、電源とグランドとの間にコンデンサを挿入します。すると、急に負荷に電気をたくさん流さなければならないとき、電源からすぐには届かない場合でも、一時的にコンデンサから放電して急場をしのぎます。この際、コンデンサに高周波でも動作するものを選べば、高い周波数で電流が変動するときにも、やはりこのコンデンサから電源を一時的に放電して供給することで、電源から直接供給するのが間に合わなくても安定に供給することができるのです。このため、負荷に安定な電源を供給できるとともに、他の負荷への影響を出さないですみます。

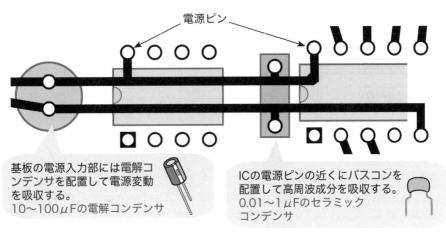

電源ピン

基板の電源入力部には電解コンデンサを配置して電源変動を吸収する。
10〜100μFの電解コンデンサ

ICの電源ピンの近くにパスコンを配置して高周波成分を吸収する。
0.01〜1μFのセラミックコンデンサ

◆図1.3.3　パスコンの配置

用語解説

・パスコン
　電源回路の途中に挿入するコンデンサ。電源の供給を手助けし、グランドに流れるノイズ電流を平均化して減らすことができる。

常識

　ICの電源ピンのすぐ近くに、必ず『バイパスコンデンサ』をつけること。

　このように電源回路の途中に挿入するコンデンサのことを**バイパスコンデンサ**と言い、略して**パスコン**と呼びます。パスコンの効果は電源の供給を手助けすることで、前項で説明した、グランドに流れるノイズ電流を平均化して減らすことができます。特に高い周波数で動作するデジタル回路では、誤動作を効果的に減らすことができます。デジタル回路の基板を見ると、写真1.3.1のように、ICのすぐ近くにコンデンサが実装されているのをよく見かけますが、これがパスコンです。

小型セラミックコンデンサがIC1個につき1個ずつ配置されている

電源の供給元には、大きめのタンタルコンデンサが配置されている

◆写真1.3.1　パスコンの例

　我々の電子工作でも、デジタルICを使う場合、デジタルICの特性からICの出力が変化するとき一瞬大きな電流が流れるので、少なくとも1個か2個のICにつき1個のバイパスコンデンサをICの電源ピンのすぐ近くにつけるようにしましょう。これで誤動作の悩みから解放されます。

1-4 回路図に描いてないこと

用語解説

・FPGA
〔読み方：エフピージーエー〕
プログラミングすることができるIC。外部からプログラムを書き込むことで、自由に回路を構成できるようにしたIC。

・マイコン
マイクロコントローラ。PIC、H8などがある。

参照

・FPGA → p.95

一般的な（標準的な）規則に従って描かれた回路図には、明確に表現されていないことがいくつかあります。このことが我々アマチュアが回路図から実際に自作することを難しいものにしているのかも知れません。しかし、これにもある一定の規則や経験則があり、慣れれば苦にならなくなるものです。

それでも回路図からは全く動作や機能が理解できないものがあります。それは、最近多くなったFPGA（Field Programmable Gate Array）やマイコンなどの、プログラムで機能が組み込まれる場合です。これらは回路図を見ただけでは、機能や動作は全くわかりません。あくまでもプログラムの理解が必要です。それでは、標準的に回路図に描かれないことや、回路図に現れない部品を説明していきます。

▶ 1-4-1 部品の配置と実装方法

アドバイス

失敗してもかまいません。そこから発見できるものもあります。
とにかく「習うより慣れろ」だと思います。実際に製作して経験で学んでください

部品をどのように配置して配線をどう通すかは、回路図には描かれません。実際に組み立てるときには非常に重要なことなのですが、回路図上は全く明記されないのです。例えば、特に短く配線しなければならないとか、太い線材を使う必要があっても、回路図には明記されていません。高性能のオーディオアンプなどでは、このあたりがノウハウとなっていますが、これはもう実際に製作してみて経験で学ぶしか他に方法はありません。

また、高周波回路では、配置や配線ルートがまずいと異常発振したりすることがあります。これもノウハウで一応の経験則がありますが、経験を積むしかありません。

このような経験則が少しでも伝わるように、雑誌などの紹介記事では、必ず回路図以外に組立図も一緒に説明しています。この組立図で部品の配置や実装方法を知ることができます。そして作ってみて経験してノウハウを学ぶことになります。

▶ 1-4-2 明確に描かれない配線

回路図では明確に接続関係が表記されないものがいくつかあります。これらの大部分は一定の規則があって常識ということになっているものです。例えば下記のようなものがあります。

常識

・グランドの接続線は幅広く。
・空いているスペースはすべてグランドに接続する。

① 電源とグランドの配線

電源やグランドの記号で終端されている配線は、同じ記号が全て配線で接続されているものと見なします。プリント基板の場合には、グランドの接続線はできるだけ幅広くし、図1.4.1のように空いているスペースはすべてグランドに接続するパターンとします。これによりノイズに強い回路とすることができます。

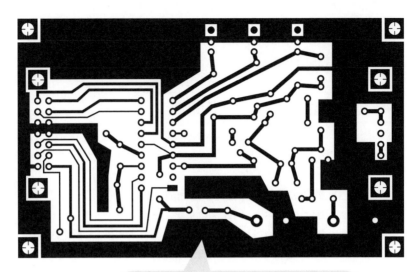

グランドの接続をべたにして全体を覆うことで、
グランドの0レベルが安定する。

◆図1.4.1　グランドパターンの例

配線やパターン作成
時に、ピンの接続を
忘れないようにするこ
と。

・DIP
〔読み方：ディップ〕
　長方形のパッケージ
の両側に、入出力用
のピンを配置したも
の。

② IC の電源とグランド

　標準デジタルICの14ピンや16ピンなどのDIP（Dual Inline Package）タイプ
のものは、電源とグランドピンが決まっています。またオペアンプICなども電源
とグランドピンがほぼ共通して決まっているため、回路図上は省略することが多
くあります。したがって配線やパターンを作成する際には、ピンの接続を忘れな
いようにすることが必要です。

▶▶ 1-4-3 | 部品の特性や種類

使用する部品の特
性を知っておくこと。

　回路図には、特別のもの以外は部品の種類の指定は表現されません。どの種類
の部品を使うべきかには経験則があり、それに則っていきます。これも雑誌記事
などで組立例の紹介記事を参照していれば、自然にわかるようになってくるので
あまり気にしなくともよいでしょう。
　それでも部品ごとにどんな種類があって、どんな特性を持っているかは知って
おくことが肝心です。その際に気にすべきポイントは、温度特性、周波数特性、
許容電力、大きさ、精度などです。これらについては次章以降で詳しく説明して
いきます。

▶▶ 1-4-4 | 機構部品

　組み立てるときに必要となるケースやソケットなどの機構関連の部品ですが、
これらもやはり回路図には表記されません。

① IC などのソケット

　デジタルICなど実際に実装するときにはICソケットを使うことが多くありま
すが、ソケットは明記されません。

② ケースなどの機構部品

ケースや、取り付けの金具、放熱板や絶縁シートなど、多くの機構部品は回路図には描かれません。

▶▶ 1-4-5 │ 機能やタイミング関連

実際の動作や、信号のタイミングについては回路図には描かれません。また組立図などにも表記されないので、全く別の解説が必要となります。

① 信号の動作タイミングは記述されない

場合によっては回路図に信号のタイムチャートが一緒に描かれている場合もありますが、通常は描かれていません。これを回路図から読み取ることが必要になります。必要なタイミングは、使用している部品の規格表から知ることができます。したがって、これらの部品の規格表を読めるようにしておく必要があります。

② IC の機能や動作

特に最近の大規模なICを使った回路は、回路図を見ただけでは動作を理解することは不可能です。これは、LSIの説明書で機能を理解した上で回路図を読むしかありません。またFPGAやPLDなどのプログラマブルなICや、マイコンが使われた回路図は、回路図からも部品の規格表からも、全く動作を理解することは不可能で、FPGAやマイコンなどのプログラムを理解しなければどうしようもありません。

参照

・FPGA、PLD
　→ p.95

▶▶ 1-4-6 │ 使用環境

回路図で製作されたものが前提としている使用環境、例えば、周囲温度、湿度、塵埃(じんあい)の程度、電源の変動などなど、これらの使用条件は回路を設計する上では非常に重要な要素なのですが、なぜか回路図には表現されません。これを知るには設計仕様書のようなものが必要となってしまい、なかなか調べることは難しいようです。したがって、使用している部品の規格から推定し、あとは自分で考えて確認するしかないようです。

ここまで考えて回路設計ができるようになれば、もう一人前の設計者です。あとは自分で考えるだけです。

第2章

電子部品の知識

　私たちが電子工作をするときよく使う電子部品を説明します。どの部品にもいくつかの種類があり、それぞれに性能や特徴があります。私たちは特徴を知ったうえで最適な部品を選ぶことが必要とされます。特に回路図内では種類を特定されないので、部品の特徴を当てはめて自分で選択します。したがって電子部品の知識はできるだけたくさん知っていることが必要です。

　しかも新しい電子部品が次々と開発され、その都度性能が改善されているので、これまでできなかったことができるようになることもしばしばあります。電子部品の新製品情報にはいつも気をつけ、展示会などできる限り参加し、これらの新しい情報を仕入れる努力をしましょう。

2-1 電子部品の使い方

　電子部品を使ううえで共通して知っているべきことがあります。それはまず電子部品にはどんな種類があるかということと、使い方にどんなポイントがあるのかということです。

▶▶ 2-1-1 ｜ 電子部品の種別

　まず電子部品を大別すると、下記3種類に分けられます。

① 能動部品

　入力と出力を持ち、電気を加えることで、入力と出力に一定の関係を持つ素子を能動素子と呼びます。この能動素子単体または組み合わせた部品を能動部品と呼びます。

（例）トランジスタ、IC、ダイオード、オペアンプなど。

② 受動部品

　自身では機能しないが、能動素子と組み合わせることで機能する部品です。

（例）抵抗、コイル、コンデンサ　の3要素がある。

③ 補助部品

　素子を接続したり固定したりするための部品です。

（例）リレー、コネクタ、基板、端子、スイッチ、線材など。

▶▶ 2-1-2 ｜ 電子部品の使い方のポイント

　電子部品は多くの種類がありますが、それぞれ使い方にノウハウがあります。電子工作には、これら全てを知る必要はありませんが、知っていればそれなりに上手な工作ができます。

　以下では部品ごとにそれらの使い方を説明していますが、使い方でのポイントには次のような内容が含まれます。

常識

部品の特性、特徴を知った上で使用すること。

① 部品の種類

　同じ部品でもいくつかの種類があります。しかも種類により特性に特徴があり、その特徴を知りながら使うことが、よりよい性能を引き出すことになります。

② 規格

　各部品にはその部品を使うために考慮しなければならない規格が定められています。規格を上手に使いこなすことが設計です。

鉄則

部品は最大定格の範囲内で使用すること（余裕を持って使うこと）。

③ 最大定格

　それぞれの部品には、最大定格というものがあり、その範囲内で使うことが前提になっています。これを超えて使えば著しく部品寿命を縮めたり、最悪の場合、部品の破壊につながりますので気をつけることが必要です。また、特に最大定格に対して余裕を持って使うことをディレーティングといい、部品の特

性をさらに活かし、部品の寿命を縮めることがありません。

④ **寸法、取り付け方法**

部品には同じ種類でも大型のものも小型のものもあります。また取り付けに絶縁が必要など、特徴を知ったうえで使い分けます。

⑤ **発熱への考慮**

電子部品の多くは発熱する特徴があります。特に大電流を扱う部品については、放熱を十分に考慮しておくことが必要です。

常識

発熱するもの、大電流を扱う部品は放熱を十分考慮すること。

参照

・放熱器 → p.156

▶ 2-1-3 │ 情報の入手方法

各部品の規格などの入手はなかなか大変です。その入手方法には下記のような方法がありますが、最近はインターネットで各社のウェブサイトから、個人でも容易にデータが入手できるようになりましたので、アマチュア工作には非常に便利になりました。

アドバイス

部品のデータシートを入手するには、インターネットを利用すると便利です。

① **各社のデータブック（データシート）**

各部品メーカが発行しているデータブック（データシート）を参考にする方法です。しかし最近は、各社ともインターネット経由での公開に移行し、データブックは発行しない方向になっています。

② **各種展示会でのデータ入手**

これは特に新製品情報などの入手に有効で、いろいろな展示会が季節ごとに開催されていますので、できるだけ参加して情報入手に努めます。またこのような会場では、各社のデータをまとめたCD-ROMを配布していることも多く、ぜひゲットしておきましょう。CD-ROMはメーカの大部分の部品規格表が格納されていて非常に便利に使えます。

③ **ウェブサイトからの入手**

最近はほとんどがこの方法で必要な情報を入手可能となっています。アマチュアには非常にありがたいことです。主要なパーツのメーカは表2.1.1となっています。

COLUMN 電子部品のデータシートを入手する方法

インターネットを利用すると簡単です。方法は、Google、yahoo、goo などの検索エンジンを利用し、キーワードを入力して検索します。

・Google で検索

まず、「Google」にアクセスします。「アナログ・デバイセズ」のデータシートを検索したい場合は、「Google」のキーワードを入力する欄に「アナログ・デバイセズ」と入力し、「Google 検索」ボタンをクリックします。検索結果が表示されるので、目的のホームページを選択します。

膨大な検索結果の中から目的のものを探し出すのは面倒なので、特に「オペアンプ」に関しての情報が必要であれば、「アナログ・デバイセズ　オペアンプ」と入力して検索することもできます。詳しい使い方は関連書籍または、Web でお調べください。

◆表 2.1.1　主要電子部品メーカ一覧表

電子部品種類		メーカ名	備　考
抵抗、 コンデンサ		村田製作所	セラミックコンデンサ、チップ積層セラミックコンデンサが有名。他にも多種類のコンデンサがある
		パナソニック	チップコンデンサ、積層セラミックコンデンサなど多種類の製品がある
		ニチコン	アルミ電解コンデンサ、フィルムコンデンサなど
		エルナー	アルミ電解コンデンサ、タンタルコンデンサが有名
		KOA 株式会社	集合抵抗、高精度抵抗
		ルビコン株式会社	アルミ電解コンデンサ、フィルムコンデンサ
		東京コスモス電機	可変抵抗器が有名
半導体		テキサス・インスツルメンツ	デジタル IC が有名。アナログ IC も多種類
		アナログ・デバイセズ	アナログ IC が有名
		マイクロチップ・テクノロジー	PIC マイコン、メモリが有名
		ルネサスエレクトロニクス	マイコン、メモリ、トランジスタなど
		新日本無線	電源用 IC、オペアンプがある
		パナソニック	AV 用など多種類の製品がある
センサ、 発光ダイオード、 リレー		村田製作所	超音波センサなど幅広い製品がある
		シャープ	発光ダイオードが有名
		パナソニック	リレー、湿度センサなど多種類の製品がある
		浜松ホトニクス	光関連センサが有名
		オムロン	制御機器とセンサが有名
コイル、 高周波トランス、 発振子、 フィルタ		TDK	インダクタ全般、多種類の製品がある
		京セラ	クリスタル発振子、クリスタル発振器で有名
		村田製作所	セラミック発振子、セラミックフィルタなど幅広い製品がある
コネクタ、 ソケット、 スイッチ		ヒロセ電機	あらゆるコネクタ、ソケットが有名
		山一電機	コネクタ、ソケットが有名
		日本航空電子工業（JAE）	特殊スイッチ
		NKK スイッチズ	多種類のスイッチがある
		アルプスアルパイン株式会社	スイッチ、可変抵抗器など多種
ケース		タカチ電機工業	あらゆる種類のケースがある
基板		サンハヤト	感光基板、IC 変換基板など多種類
モータ		オリエンタルモータ	本格的なモータのラインアップがある
		マブチモータ	小型 DC モータは有名

（注）各メーカのウェブサイトより、製品情報やカタログ、データシートを検索して、必要な情報を入手してください。

2-2 抵抗器（レジスタ）

用語解説

・抵抗
　電圧、電流を制御する部品。

参考

・オームの法則
　R＝V／I

アドバイス

　抵抗器には極性はありません。

抵抗器とはその名前の通り、電気の流れを邪魔する働きをします。この邪魔する大きさを「電気抵抗」といい、単位は「オーム：Ω」で表されます。そしてこの電気抵抗は下記のように求められます。これが有名な**オームの法則**です。

（電気抵抗）＝（抵抗の両端の「電圧」）÷（流れる「電流」）〔単位はΩ〕

もうひとつの抵抗器の大きな特徴は、発熱体であることです。抵抗器による発熱量は電流の2乗に比例したものとなりますので、常に抵抗体の電力容量に注意することが必要です。

回路図での表現は表2.2.1のような図で表します。

参考

・mΩ
　（ミリオーム）
・Ω
　（オーム）
・kΩ
　（キロオーム）
・MΩ
　（メガオーム）

◆表 2.2.1　抵抗器の回路図記号

回路図記号	略号	記号	名称	機能・特徴
R1 ⏛ 10k	R	mΩ Ω kΩ MΩ	抵抗	電圧、電流の制御 用途によって多種類あり 直流から高周波まで使用可能 小電力用から大電力用まである

▶▶ 2-2-1　抵抗器の種類

抵抗器は材料により数多くの種類が用意されています。それぞれに最適な使い方があり、工作のときにもいくつかの種類を使い分ける必要があります。

表2.2.2は工作でよく使う抵抗器の種類です。その他にも多種類ありますが、この表以外のものは特殊用途ということになります。

COLUMN　抵抗器

「JIS 電気用図記号の改訂」に合わせて、平成14年度から中学の教科書の電気用図記号が変更されました。抵抗器は下記のような記号になっています（ただし、本書では従来の記号を用いることにします）。

新しい図記号　　従来の図記号

◆表 2.2.2　抵抗器の種類一覧表

抵抗器種類	外観	特徴	使い方
カーボン皮膜抵抗器		細いセラミック筒の表面にカーボン皮膜を形成したもので、汎用で安価なので最もよく使われる。 抵抗範囲：1.0Ω～3.3MΩ(E24系列値) 電力範囲：1/8W,1/6W,1/4W,1/2W 公称誤差：±5%(J) 温度係数：+350～1500ppm/℃	高精度、大電力以外の大抵のところで使う。
金属皮膜抵抗器		セラミック筒の表面にニッケルクロム系またはタンタルニウム系の金属皮膜を蒸着させたもので、抵抗値が安定していて雑音発生も少ない、高精度でよい温度特性を持つ。 抵抗範囲：20Ω～2MΩ(E96系列値) 電力範囲：1/8W,1/6W,1/4W,1/2W 公称誤差：±0.5%,1%,2% 温度係数：±25～±250ppm/℃	アナログ回路などで高精度を求めるときや、オーディオで雑音を少なくしたいときなどに使う。
酸化金属皮膜抵抗器		セラミック筒の表面に、酸化第二スズの皮膜を形成したもので、熱に強く小型でも大電流を流せる。 抵抗範囲：10Ω～100kΩ(E24系列値) 電力範囲：0.5W,1W,2W,3W 公称誤差：±2%,5% 温度係数：±200～±350ppm/℃	電源などの電流が大きいところに使う。
巻線抵抗器 (電力型) ホーロー抵抗器 セメント抵抗器		巻き線をホーローの中に巻き込んだり、セメントセラミック容器の中に封じ込めたもので、大電力用。 抵抗範囲：0.01Ω～400kΩ 公称誤差：±5% 電力範囲：2W～100W	電力の大きなものが必要なときに使う。耐電力と抵抗値が印刷されている。
チップ抵抗器		厚膜形成により小型平板の上に抵抗を作ったもので、表面実装に使う。 抵抗範囲：0.1Ω～10MΩ 電力範囲：1/16W,1/10W,1/8W,1/4W,1/2W,1W 公称誤差：±0.5%,1%,2%,5% 温度係数：±100～600ppm/℃	表面実装用の小型抵抗で、角型平板構造となっている。電力によりサイズが異なる。

▶▶ 2-2-2 | 各種特性と使い方

　　抵抗器は理想的には常に一定の値を保持していて欲しいのですが、実際にはいろいろな条件で変化するため、使い方に注意が必要なものがあります。下記に使用上の注意事項を列挙します。

① 定格電力

常識

定格電力の範囲内
で使用すること。

　　抵抗器に電流が流れると必ずそこで熱に変化します。その熱の許容範囲が定格電力なのですが、普通使うときには、定格電力の１／２以下で使います。このように余裕を持って使うことを**ディレーティング**といいます。

② 抵抗温度係数

　　抵抗値は温度により変化します。どれぐらい変わるかというと、＋300ppm/℃の温度係数の抵抗では、温度が20℃上がると抵抗値は0.6％大きくなってしまいます。したがって精密アンプなどを作るときには、このことを設計上配慮する必要があり、設計範囲に入らないときには**金属皮膜抵抗器**などの高精度抵抗器を使います。

③ 周波数特性

　　抵抗器は周波数が高いところで使うと、構造上、コイルやコンデンサと同じ要素が含まれて来てしまい純粋な抵抗ではなくなってしまいます。しかし普通のカーボン抵抗器なら数10MHzまでは気にしなくても大丈夫です。一方、巻線抵抗器は構造がコイルそのものですから高周波には使えません。

④ 熱による劣化

　　特に大きな電流が流れるところに使う抵抗器は経年変化や劣化が現れてくるので、十分に余裕を持った使い方が必要です。

⑤ 雑音特性

　　抵抗器は本質的に熱雑音を発生します。オーディオで特に低雑音が必要なときなどには、特別に低雑音用の特殊抵抗器が使われますが、一般には金属皮膜抵抗器がよい特性を持っています。

2-2-3 │ 抵抗値のE系列

抵抗器には用途による種類があることがわかりましたが、抵抗値にはどんなものがあるのでしょうか。

表2.2.2では非常に広い範囲の抵抗値となっていますが、この間のどんな値でもというと無限の種類となってしまいます。そこでJISで値の標準値が決められています。これをE系列といい、例えば1から10までの1桁の間を何等分するかによって「E3、E6、E12、E24、E96」と呼ばれています。つまり12個に分けた場合をE12系列というわけです。ただし等分といっても等比級数での等分なので、表2.2.3のように一見中途半端な値になっています。

◆表 2.2.3　E 系列の値

2.1kΩの抵抗器が必要だが、表にはありません。どうしたらいいの？

〔回答〕

E24系列の2.0kΩを使用します。表中に公称誤差と書いてありますが、これは許容差のことで、E24系列の2.0kΩの許容差は±5%ですから、2.1kΩの代用として使えます。

高精度が必要な場合は、E96系列から選択します。

値の系列	E6系列	E12系列	E24系列	E96系列
公称誤差	±20%	±10%	±5%	±1%
抵抗値1桁中に存在する標準の抵抗値	1.0	1.0	1.0	等比級数で96等分（詳細省略）
			1.1	
		1.2	1.2	
			1.3	
	1.5	1.5	1.5	
			1.6	
		1.8	1.8	
			2.0	
	2.2	2.2	2.2	
			2.4	
		2.7	2.7	
			3.0	
	3.3	3.3	3.3	
			3.6	
		3.9	3.9	
			4.3	
	4.7	4.7	4.7	
			5.1	
		5.6	5.6	
			6.2	
	6.8	6.8	6.8	
			7.5	
		8.2	8.2	
			9.1	

▶ 2-2-4 │ 抵抗値とカラーコード

実際の抵抗値は表2.2.3のE系列値を10の何乗倍かしたものとなっています。通常よく使う抵抗の単位は下記となります。しかし、最近の抵抗器は非常に小型になったため、数字を直接書けないので、色のついた数本の線で、抵抗の値、誤差を表しています。これを**カラーコード**と呼び表2.2.4のように数値と対応しています。

 どうしよう

カラーコードの順番を忘れてしまった。

こういうとき、マルチテスタ（マルチメータ）があると便利です。マルチテスタで抵抗値を測定することができます。

参照

・デジタルマルチメータ → p.267

◆表2.2.4　カラーコード表

カラー	各桁数値 （100位、10位、1位）	乗数	公称誤差
黒	0	$\times 10^0$	——
茶	1	$\times 10^1$	± 1%(F)
赤	2	$\times 10^2$	± 2%(G)
橙	3	$\times 10^3$	——
黄	4	$\times 10^4$	——
緑	5	$\times 10^5$	±0.5%(D)
青	6	$\times 10^6$	——
紫	7	$\times 10^7$	——
灰	8	$\times 10^8$	——
白	9	$\times 10^9$	——
金		$\times 10^{-1}$	± 5%(J)
銀		$\times 10^{-2}$	±10%(K)
色なし			±20%(M)

アドバイス

最もよく使われるカーボン皮膜抵抗器もカラーコードを使っているので、これはどうしても覚える必要があります。

アドバイス

印刷が端のほうに寄っている方が最初の線です。

通常のカーボン皮膜抵抗器は、図2.2.1のように4本のカラー線で抵抗値が表現されています。カラーコードのどちらが初めかを見分けるには、印刷が端の方に寄っている方が最初の線です。このカラーコードによって抵抗値と誤差を読み取ります。

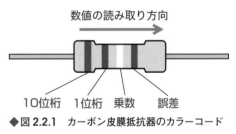

数値の読み取り方向

10位桁　1位桁　乗数　誤差

◆図2.2.1　カーボン皮膜抵抗器のカラーコード

例えば、カーボン皮膜抵抗器でカラーコードが第1色帯から順に茶黒赤金だったとしたら、抵抗値はいくつになるでしょうか？

［第1色帯(10の位)第2色帯(1の位)］×10の［第3色帯］乗〔Ω〕

茶…1　　黒…0　　赤…2　　金…±5%

したがって下記となります。

$10 \times 10^2 = 1000$〔Ω〕$= 1$〔kΩ〕　公称誤差±5%

さらに高精度の金属皮膜抵抗では E 96系列を使うため、有効数値が3桁となります。そこで、これをカラーコードで表現するために、図2.2.2のようにカラー線を5本使っています。このときははじめの3本をそのまま数値とし、4番目で乗数をかけてやり、5本目が誤差という見方をします。

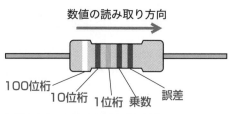

数値の読み取り方向

100位桁　10位桁　1位桁　乗数　誤差

◆図2.2.2　高精度金属皮膜抵抗器のカラーコード

2-2-5　合成抵抗値の求め方

用語解説

・合成抵抗
直列または並列に接続し作り出した抵抗値。許容電力が不足する場合にも、直列または並列接続することで増やすことができる。

前項のように抵抗はすべての値が用意されているわけではありませんから、設計したぴったりの値の抵抗があるとは限りません。このような場合、入手可能な抵抗を使って、直列や並列に接続すると、特別な値に合わせることができることがあります。また許容電力が不足する場合にも、直列や並列接続することで増やすことができます。抵抗を直列や並列にしたときの**合成抵抗値**と合成許容電力は図2.2.3のようになります。

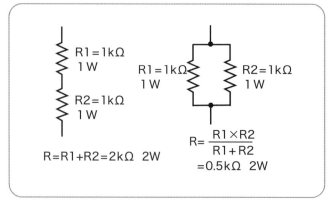

R1=1kΩ 1W
R2=1kΩ 1W
R=R1+R2=2kΩ　2W

R1=1kΩ 1W　R2=1kΩ 1W
$$R = \frac{R1 \times R2}{R1 + R2} = 0.5k\Omega \quad 2W$$

◆図2.2.3　抵抗の直列、並列接続

参考

・合成抵抗
R = 1.2k・3.6k ／
(1.2k + 3.6k)
= 900 Ω

・合成抵抗
R = 200k + 1800k
= 2000k
= 2M Ω

この特徴を活用すると、E24系列の抵抗値を使って、別の値を作り出すことができます。例えば、E24系列の2個の抵抗の直列または並列接続をすると、表2.2.5のような組み合わせが考えられます。

表から、900Ωが必要なときは、1.2kΩと3.6kΩを並列に接続すればよいことになります。あるいは、分圧比が10倍で合成抵抗値を1MΩ以上にしたいときは、200kΩと1.8MΩの抵抗を直列に接続すればよいことになります。

◆表2.2.5　並列接続による合成抵抗

回路構成	抵抗A Ra	抵抗B Rb	合成抵抗値 または分圧比
並列接続	47	270	40
	75	150	50
	12	24	8
	12	36	9
直列分圧回路	1.0	1.0	2:1
	3.0	12	5:1
	2.0	18	10:1
	1.0	24	25:1

・分圧比
　電圧を低くしたいとき、抵抗を使って下げることができる。そのときの電圧を下げる比率を分圧比と呼び、抵抗の比で決まる。

抵抗の組み合わせで、希望する抵抗値を作り出すときに必要な組み合わせを自動的に計算してくれるソフトウェアがフリーソフトとして公開されています。インターネットで検索すれば見つかります。

▶ 2-2-6 抵抗器の実際の使い方

■分圧回路用の抵抗の使い方

抵抗を実際の回路で使う場合、例えば電圧を下げるときには図2.2.4のような分圧回路と呼ばれる直列回路を使います。入力電圧V_iに対し出力電圧V_oは必ず小さくなります。その比は図の式1のように抵抗の比で決まります。

この回路で注意しなければならないことは、V_o側の先に接続されるものの入力抵抗（R_x）がR_bに対して十分高抵抗でなければならないという条件が付くことです。もともとR_xは図のようにR_bに並列に接続された抵抗となっているわけですから、その並列抵抗値R_oは図の式2のようになります。ここでR_xがR_bに比べて十分大きければ式2のようにほぼR_bとなり無視できることになりますが、R_xが大きくないと無視できなくなりR_bとR_xの並列抵抗値R_oとして考えることが必要になります。この理由のため、V_oにはオペアンプなどの高入力抵抗のものを接続します。

もうひとつ必要な条件はV_iを供給する側で、流す電流Iを十分供給できるということが必要です。

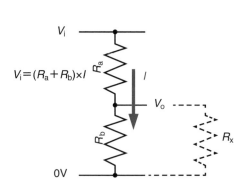

【式1】
$$\frac{V_o}{V_i} = \frac{R_b \times I}{(R_a + R_b) \times I} = \frac{R_b}{R_a + R_b}$$

$$V_o = \frac{R_b}{R_a + R_b} \times V_i$$

【式2】R_bとR_xの並列抵抗値 R_o

$$R_o = \frac{R_b \times R_x}{R_b + R_x} \fallingdotseq \frac{R_b \times R_x}{R_x} \fallingdotseq R_b$$
$$(R_x \gg R_b の場合)$$

◆図 2.2.4　分圧回路の動作

実際の設計でR_a、R_bの値を決める際には、流す電流Iの大きさによって値が決定されます。例えば、$V_i = 15V$のとき$V_o = 3V$となるようにするための抵抗値を求めるものとし、流す電流Iを10mAとすると、まず、

　　$R_a + R_b = 15V \div 10mA = 1.5k\Omega$

となります。次に$R_a + R_b$とR_bの比が15対3ですから、

　　$R_a = 1.5k\Omega \times (15 - 3) \div 15 = 1.2k\Omega$

　　$R_b = 1.5k\Omega \times 3 \div 15 = 0.3k\Omega$

となります。

　ここで10mAでは消費電流が増えてしまうということで、電流Iを1mAとすると、それぞれの抵抗値は10倍となって$R_a = 12k\Omega$、$R_b = 3k\Omega$とすることになります。

■電流制限用抵抗の使い方

　次に電流を制限する目的には、単純に抵抗を直列に挿入します。例えば発光ダイオード（LED）を安定に点灯させるには一定の電流を流す必要があります。この場合図2.2.5のように電源との間に直列に抵抗を挿入して電流を制限します。電圧Vが一定であれば、図中の式1で決まる電流がLEDに流れることになります。LEDはダイオードですから順方向電圧V_fは一定値となるので、電源電圧が一定であればLEDに流れる電流も一定ということになります。さらにこのような場合、抵抗とダイオードの位置は図のようにどちら側にあっても同じです。

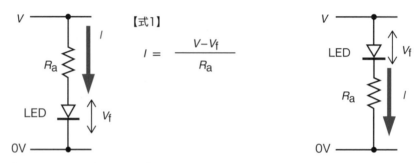

【式1】

$$I = \frac{V - V_f}{R_a}$$

◆図2.2.5　発光ダイオードの電流制限

　実際の設計での抵抗値の値は流す電流Iの大きさによって決定されます。例えばLEDのデータシートから流す電流を5mAとすれば十分光ることがわかったとすれば、電圧Vを5Vとしたとき、LEDのデータシートから順方向電圧V_fが2Vと読み取れたとすると、

$$R_a = (5V - 2V) \div 5mA = 600\Omega$$

ということになります。

▶ 2-2-7 ┃ 抵抗器の実装方法

　これらの抵抗器を、プリント基板に実装するときには、次のようなことを注意します。

常識

抵抗器にストレスがかからないように、根元から約1～3mmのところで曲げるようにする。

参照

・はんだ付けの方法
→ p.238

常識

　大型の皮膜抵抗器の場合は、プリント基板より少し浮かせて取り付ける。

① 穴のピッチを図2.2.6のようにして、抵抗器本体に無理がかからないようにします。また、リード線を曲げるときには、根元ぎりぎりで曲げると抵抗器にストレスがかかり壊れることもあるので、根元から約1～3mmのところで曲げるようにします。また大型の抵抗器を縦型に取り付けるのは、不安定で長期間の振動で抵抗のリード線が折れることもあるので避けるようにします。

② **大型の皮膜抵抗器の場合**：熱が発生するので、プリント基板より少し浮かせて取り付けて、熱が周囲の部品に悪影響を及ぼさないようにします。また周囲に配置する部品も熱の影響が出ないように空間をあけて配置するようにします。

③ **セメント抵抗の場合**：プリント基板にぴったり密着させて取り付けますが、リード線をはんだ付けするパターンを広くして熱がパターンそのものにも逃げるよ

1
2
3
4
5
6

常識

熱がパターンに逃げ
るようにし、熱の影響
を受けやすい部品を周
囲に配置しない。

うにします。またこの場合も、周囲には熱の影響を受けやすい部品の配置は避けます。

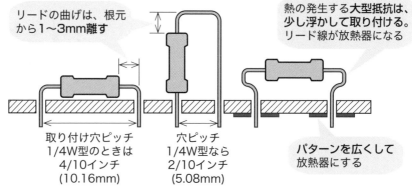

◆図2.2.6　抵抗器のプリント基板への取り付け方法

▶ 2-2-8 │ チップ抵抗器

アドバイス

チップ抵抗器には
リード線が付いていま
せん。はんだ付けは、
「表面実装部品のはん
だ付け」を参照して行っ
てください。

なお、チップ抵抗器
には極性はありませ
ん。

表面実装用の小型平板構造の抵抗で、一般用の炭素厚膜形成によるものと、高精度用の金属厚膜形成によるものがあります。

チップ抵抗器は本来小型であるため、高周波特性に優れていて、金属厚膜であれば温度特性や雑音特性も優れています。ただ、許容電力が小さいので、定格電力を超えることがないように注意する必要があります。

定格電力により寸法が異なっており、電力値よりもタイプ名で呼ばれることが多いようです。タイプ名は実は外形寸法を表しています。寸法の呼称と許容電力値は表2.2.6のようになっています。

◆表2.2.6　チップ抵抗の寸法

タイプ名	寸法（mm）		定格電力〔W〕
	L	W	
0402	0.40	0.20	1／30
0603	0.60	0.30	1／20
1005	1.00	0.50	1／16
1608	1.60	0.80	1／16
2012	2.00	1.25	1／10
3216	3.20	1.60	1／8
3225	3.20	2.50	1／4
5025	5.00	2.50	1／2
6432	6.40	3.20	1

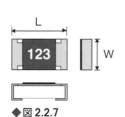

◆図2.2.7

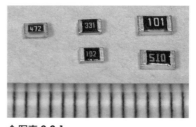

◆写真2.2.1

■チップ抵抗器の抵抗値

チップ抵抗器の抵抗値は、表面にE24系列の場合は3桁の数値で表記されています。この値は最初の2桁が実数で最後の桁が10の階乗数を表しています。

つまり「101」と表記されていれば、$10 \times 10^1 = 100\,\Omega$、「472」であれば、$47 \times 10^2 = 4.7\text{k}\Omega$となります。チップ抵抗を実装するときには、特に電力値の大きいチップ抵抗器の場合には、パターンを大きめにして、熱の放散がし易いようにしてやるのがコツです。

(どこいった〜)

▶▶ 2-2-9 | 集積抵抗器（抵抗アレイ）

サーメット系の抵抗器で、セラミックの絶縁基体の表面に絶縁体と金属の混合物を高温で焼成したもので、厚膜と薄膜の2種類があり、それぞれ表2.2.7に示すような特徴があります。

◆表2.2.7 抵抗アレイの特徴

名　称	集積抵抗器（抵抗アレイ）	
	厚膜型	薄膜型
特　徴	印刷法で抵抗体を形成したもので、集積抵抗の大部分がこの方式で製造されている。同一抵抗値で接続形態が限定されている。	蒸着法で抵抗体を形成したもので、高抵抗値が可能。実装された抵抗同士の特性が揃っており、相対誤差が非常に優れている。
性　能	定格電力：1/8W／素子 公称誤差：±5%、±2% 温度係数：250ppm/℃ 相対誤差：50ppm/℃	定格電力：1/10W、1/20W／素子 公称誤差：±0.1%、±0.5% 温度係数：50ppm/℃ 相対誤差：5ppm/℃
使い方	デジタル回路のプルアップ抵抗、発光ダイオードなどの電流制限抵抗として使用	オペアンプの周辺抵抗、A/D変換器のラダーなどの高精度が必要なところで使用
回路図記号	一括接続タイプ	独立タイプ 4Sタイプ
外　観		

例えばLEDの電流制限用抵抗として下図のように使います。

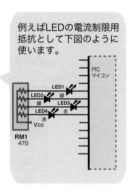

・プルアップ抵抗
マイコンの入出力ピンにスイッチを接続するような場合、スイッチがオフのときにピンに電源電圧が加わるように電源とピン間に接続する抵抗。
・プルダウン抵抗
入力がない場合に、電位をグランドに確実にするため、ピンとグランド間を接続する抵抗。

注意
集積抵抗器には、縦線または丸の目印(1番ピンマーク)が付いています。取り付ける際は、向きに注意してください。

集積抵抗器（抵抗アレイ）の内部実装は、接続配線方法により大きく分けて2種類あります。

① 一括タイプ

全部の抵抗の片方を接続して1ピンに出しているタイプで、電源やグランドにまとめて接続し、**プルダウン抵抗やプルアップ抵抗**として使います。

② 独立タイプ（Separateタイプと呼ぶ）

1個ずつの抵抗が独立してピンに出ているタイプで、オペアンプ周辺や、電流制限用保護抵抗などに使います。

また内部に実装されている抵抗数も3個から12個に大別されていて、外形寸法もその抵抗器の実装個数により表2.2.8、図2.2.8のようになっています。

◆表2.2.8　集積抵抗器の実装個数と寸法

抵抗の実装数	4	8	10	12
ピン数（一括タイプ）	5	9	11	13
L（本体の長さ）	12.6	22.7	27.8	33.0

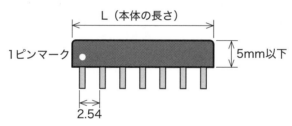

◆図2.2.8　集積抵抗器の寸法

集積抵抗器の取り付けは、1／10インチピッチのICと同じ取り付け穴で行います。ピンの幅もICと同じになるようにされていて、シングルインラインのICと全く同じです。

▶ 2-2-10　可変抵抗器（ボリューム）

用語解説

・可変抵抗器
抵抗を可変できるようになっている部品。3種類の変化特性がある（p.47参照）。

可変抵抗器（ボリューム）とは、文字通り、抵抗を可変できるようになっている部品です。構造的には、抵抗体の上を可動片がスライドするようになっていて、可動片のある位置により、抵抗が変化するようになっています。したがって端子は3つあることになります。

可変抵抗器の回路図記号としては、表2.2.9が使われます。

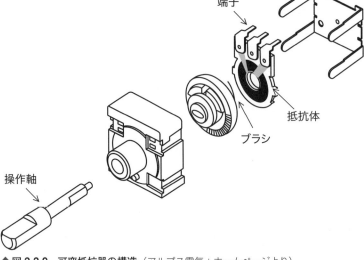

◆図2.2.9　可変抵抗器の構造（アルプス電気：ホームページより）

◆表2.2.9　可変抵抗器の回路図記号

回路図記号	略号	単位記号	名称	機能・特徴
VR2　10k または R3 200	VR POT	Ω kΩ MΩ	可変抵抗器 ボリューム 半固定抵抗器	抵抗値を連続的に可変する音量調整や位置調整用に使う。 また半固定抵抗はアンプのゲインなどの調整用に使う。

　可変抵抗器には、多くの種類があります。まずその形や構造によって大きく表2.2.10の2種類に分かれます。

◆表2.2.10　可変抵抗器の種類

タイプ名	パネル取り付けタイプ
外観	
特徴	パネルにねじで固定し、シャフトを外部に出して、つまみで変化させることができるタイプ
性能	抵抗値：1kΩ〜2MΩ 寸法：9φ、16φ、27φ 連動：1連〜4連
使い方	いずれもパネルにナットで固定する。丸穴だけでよいので取り付けが簡単

次に抵抗器を形成する抵抗体による種類でいくつかに分類されます。この抵抗体には表2.2.11の3種類がよく使われています。

◆表2.2.11　可変抵抗器の抵抗体の種類と特徴

抵抗体	特　　徴
炭素皮膜系	安価で特性もある程度よいので、最も多く使われている。しかし、皮膜がだんだん薄くなって劣化する現象がある。
金属皮膜系	金属皮膜系のため、耐久性と雑音特性に優れており、高級ステレオや測定器などに使われている。
巻線	巻線抵抗を使ったもので、大電流に耐えることができる。しかし、比較的小さな抵抗値のものしかできない。

■可変抵抗器の変化特性

アドバイス

オーディオの音量調節にはAカーブを利用します。

可変抵抗器には、シャフトの回転角に対する抵抗変化の仕方により図2.2.10のような3種類があります。実際に使われているのはAカーブとBカーブの2種類だけで、特によく使われるのはBカーブで回転角に単純に比例して抵抗が変化します。これに対してAカーブは、対数曲線に沿った形で抵抗が比例します。目的は、音量や光量などを人間が感じる強さは、対数曲線に従うという特性があるため、人間に比例していると感じさせる調整では、Aカーブが必要とされるためです。

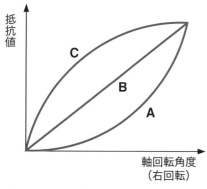

変化特性	特　　徴
Aカーブ	回転角に対して、対数変化する。このような特性の用途は、主に**オーディオ用**で、例えば音量調節が回転角に対し、耳で聞いた音量感覚が直線的に変化させたいときに使う（対数特性的なもの）。
Bカーブ	回転角に対して**直線的に抵抗値が変化**する。一般には、こちらのほうがよく使わる。
Cカーブ	入手は難しく一般には使われていない。

◆図2.2.10　可変抵抗器の変化特性

■取り付けのポイント

シャフトのあるパネル取り付け型の可変抵抗器は大きさが何種類かありますが、取り付け寸法はほとんど同じになっていて、図2.2.11のようにします。取り付けのときのポイントは下記のようになります。

① 空回り防止用の突起の穴あけを忘れないこと

本体のケースにシャフトと一緒に本体が回ってしまわないように、空回り防止用の突起があります。これをパネルにあけた穴に挿入して引っかかるようにします。

注意

シャフトを切断する際、本体に無理な力が加わらないように気を付けること。

② シャフトは適当な長さで切断する

切断は、シャフト側を万力で固定して、金きり鋸で切り落とします。

③ 後から配線するときに配線用の端子が隠れないように取り付けること

ケースの外からはんだこてが入る位置に、端子が見えるようにしておきます。

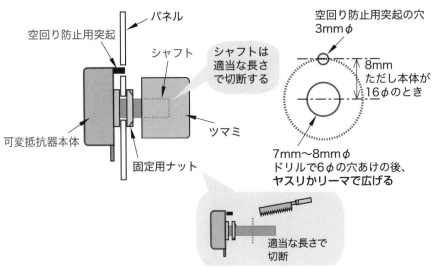

◆図2.2.11　可変抵抗の取り付け方

▶▶ 2-2-11 ｜ 半固定抵抗器

用語解説

・**半固定抵抗器**

抵抗を可変できるようになっている部品。一度変更（調整）したら、あまり動かさないところに使う。主に、性能調整用に使われる。

プリント基板などに実装される可変抵抗器で、計測用アンプなどのゲイン調整や、オフセット調整などいろいろな目的で使用されます。

回路図記号としては、可変抵抗と同じ表2.2.12が使われます。

◆表2.2.12　半固定抵抗器の回路図記号

回路図記号	略号	単位記号	名称	機能・特徴
VR2　10k または R3 200	VR POT	Ω kΩ MΩ	半固定抵抗器	プリント基板などに取り付け、アンプのゲインやオフセットなどの微調整に使う。

半固定抵抗器には、多回転型と1回転型があり、多回転型は高精度型ともいい、15回転や25回転で可変範囲を一巡するので微妙な設定が可能となっています。半固定抵抗器にも使用している抵抗体による区別がありますが、最近は大部分がサーメット系となっているようです。外観と性能は表2.2.13のようになっています。

◆表2.2.13　半固定抵抗器の外観と性能

項　目	1回転型半固定抵抗器	多回転型半固定抵抗器	チップ型1回転半固定抵抗器
外観写真			
性能	1回転型	多回転型	1回転型
抵抗範囲	10〜5MΩ	10〜2MΩ	50〜2MΩ
許容差	±20%	±10%	±20%
定格電力	0.5W	0.5W	0.125W
温度係数	±100ppm/℃	±100ppm/℃	±100ppm/℃
使い方	いずれもプリント基板の3つの取り付け穴に直接はんだ付けして固定し使用する。		プリント基板に表面実装して固定。抵抗値の表記はないものが多い。

■取り付けのポイント

　半固定抵抗器の寸法と取り付けは図2.2.12のようにしますが、このときの注意事項は下記のようなことです。

アドバイス

　半固定抵抗器はドライバで調整します。そのため、実装後にドライバがとどかないと調整できません。

① 調整ねじの上を塞（ふさ）がないこと

　あとで調整するドライバが入らないことがないようにしておくことで、特に横向きに調整ねじがあるものは注意が必要です。

② 端子に無理がかからないようにすること

　取り付けが合わないと端子にストレスがかかり、勝手に調整位置がずれてしまうこともあります。

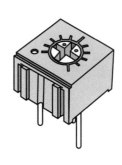

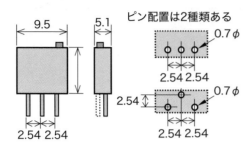

(a) 多回転型

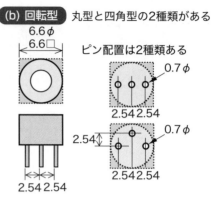

(b) 回転型　丸型と四角型の2種類がある

ピン配置は2種類ある

【抵抗値の表示例】　半固定抵抗器には、それぞれ抵抗値が表示されている。例えば、「303」と表示されていれば、
$30×10^3=30kΩ$
「502」と表示されていれば、
$50×10^2=5kΩ$
となる。

◆図 2.2.12　半固定抵抗の寸法と取り付け方

2-2-12 ジョイスティック

可変抵抗の変わり種として**ジョイスティック**と呼ばれるものがあります。

レバー操作で前後左右自由に操作できるようにした操作用のデバイスで、写真2.2.2のような外観をしています。動作原理は、直角方向に配置された2個の可変抵抗が、操作レバーに連動して動くことで、XとY軸の操作量がレバーの位置に比例して出力されるようになっています。レバーを離すとばねで中心位置に戻るようになっています。小型のものから大型のものまで各種が市販されています。

2軸ジョイスティック
（Parallax製）
方向：上下、左右
オートリターン付き
可変抵抗：10kΩ
電圧：Max 10VDC

2軸ジョイスティック
（ツバメ無線製）
方向：上下、左右
オートリターン付き
可変抵抗：10kΩ

XとY方向の可変抵抗
軸がレバーと連動して回る

◆写真 2.2.2　ジョイスティックの例

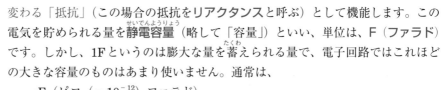

2-3 コンデンサ

参考

日本ではコンデンサと呼ばれていますが、アメリカではキャパシタ（capacitor）と呼ばれています。

常識

定格電圧の範囲内で使用すること。
コンデンサには極性があるもの（電解コンデンサ）がある。

コンデンサは、直流には電気を貯（た）める働きを、交流には周波数により抵抗値の変わる「抵抗」（この場合の抵抗を**リアクタンス**と呼ぶ）として機能します。この電気を貯められる量を**静電容量**（せいでんようりょう）（略して「容量」）といい、単位は、F（ファラド）です。しかし、1Fというのは膨大な量を蓄えられる量（たくわ）で、電子回路ではこれほどの大きな容量のものはあまり使いません。通常は、

　　pF（ピコ（$= 10^{-12}$）ファラド）

　　μF（マイクロ（$= 10^{-6}$）ファラド）

を用います。

また、コンデンサの電極間にかけることのできる最大電圧を**定格電圧**（ていかくでんあつ）（耐電圧）といい、これ以上の電圧を加えるとコンデンサがこわれます。またコンデンサには極性（きょくせい）（＋、－の区別）があるものがあり、これを逆に接続すると性能が出ないだけでなく、俗に「パンク」といって破裂して壊れますので注意が必要です。

2-3-1 コンデンサの回路図記号

コンデンサにはいくつかの種類がありますが、回路図で表現するときには表2.3.1の3通りが多く使われています。特に回路図では単位を省略する場合も多いので数値で単位を判断します。

◆表2.3.1　コンデンサの回路図記号

回路図記号	略号	単位記号	名称	機能・特徴
C4 ┤├ 20pF	C	pF	コンデンサ	小型の同調回路用で容量が小さい。セラミックコンデンサが多く使われている。
C1 ┤├ 0.01	C	μFだが省略される	バイパスコンデンサ	高周波バイパス用セラミックコンデンサが多く使われている。容量は0.1、0.02など小数点つきで表現される。
C3 ┤├ 10μF 25V	C	μF　V	電解コンデンサ	低周波バイパス、平滑用。極性有り。耐電圧に注意。耐電圧を容量値と一緒に併記することも多い。

▶▶ 2-3-2 | コンデンサの種類

　コンデンサには、主にその容量値を実現するために使う**誘電体**の材料により多くの種類があります。しかし私たちが電子工作でよく使うコンデンサの種類はあまり多くはなく、表2.3.2(a)、(b)のようなものです。

　それぞれに、容量、耐電圧、周波数特性（両端にかける周波数をどの程度高くできるか）、漏れ電流、内部抵抗、などなどによってさまざまな特徴があり、使い

◆表 2.3.2(a)　コンデンサの種類

種類	外　観	特　徴	使い方
アルミ電解コンデンサ	表面実装タイプもある	容量が大きい（1μF〜15,000μF） ±の極性がある 定格電圧がありそれ以下で使用（2V〜500V） 許容差が大きい（±10%、±20%、−10%〜＋30%） 低周波帯域用（DC〜数100kHz）	・直流回路の電源フィルタや交流回路のカップリングやフィルタとして使う ・使用可能周波数が低いので要注意 ・オーディオ用で特別低雑音用という種類もある ・2本のリード線の長い方がプラス極
タンタルコンデンサ		小型で容量が大きい（0.1μF〜220μF程度） ±の極性がある 定格電圧が比較的低い（3V〜35V）	・周波数特性が比較的よい（DC〜数10MHz） ・漏れ電流が少ない ・周波数特性が比較的よいので、ノイズリミッタやバイパス、カップリング、電源フィルタとして使う ・逆極性で使うと破裂するので要注意
セラミックコンデンサ		比較的容量が小さい（数pF〜数千pF） 適用周波数帯域が広い（数kHz〜数GHz） 定格電圧があるが高電圧に耐える（25V〜20kV） 温度補償用として温度係数が管理されているものがある（写真左端の円盤上部に色づけされているもの） 許容差は大きい（±10%、±20%）	・高周波帯域での使用に適しているので高周波用バイパス、同調用、高周波フィルタとして使う ・極性はないのでどちら側でもよい

分けが必要です。特にコンデンサを使うときには周波数特性が重要で、おおまかに、高周波用にはセラミックコンデンサを、低周波用には電解コンデンサを使います。オーディオなどで特に低雑音にしたいときにはフィルムコンデンサを使います。

　ちなみにアルミ電解コンデンサは、誘電体にアルミを使用したコンデンサで、内部構造は図2.3.1のようになっています。

◆表2.3.2(b)　コンデンサの種類

種類	外観	特徴	使い方
積層セラミックコンデンサ		セラミックコンデンサに比べ容量が大きい（数100μFまで） 適用周波数帯域が広い 定格電圧はセラミックに比べ低い 温度による容量変動が大きい	・安価であるため電源のバイパス用に多用される
チップ型積層セラミックコンデンサ		小容量から大容量まである（数pF～数10μF） 適用周波数が広い 定格電圧は低い（数10V程度までのものが多い） 容量値の表示がないので要注意	・安価であるため電源のバイパス用に多用される ・リード線がないので高周波回路に最適
フィルムコンデンサ	 （マイラーコンデンサ、ポリカーボネートコンデンサ、ポリスチレンコンデンサ、ポリプロピレンフィルムコンデンサ）	種類が多いが全体的に周波数特性に優れている 絶縁抵抗が高く漏れ電流が少ない 容量は比較的小さい（数pF～数100μF程度） 温度特性がマイナスのものは温度補償用に使う 極性はない マイラコンデンサとも呼ばれる 定格電圧：10V～6kV	・温度特性に優れ雑音特性が良いためオーディオに多用される ・熱に弱いのではんだ付けに要注意 ・もれ電流が少ないのでサンプルホールド回路などに使う ・ポリプロピレンフィルムコンデンサは特に絶縁特性がよく、測定器などに使われる
電気二重層コンデンサ		特別に大容量なコンデンサ（0.01F～数千F） 定格電圧が比較的低い（数Vが一般的） 周波数特性は悪い ±の極性がある 商品名：スーパーキャパシタ、ゴールドキャパシタ	・直流の蓄電用、バッテリの代用として使える ・メモリのバックアップ電池代用やモータ駆動用に使う

用語解説

・誘電体
　直流電流を通さない絶縁体だが、電極間に挿入すると、空気よりたくさんの電荷を蓄えられるようになる。これで小型で大容量のコンデンサができる。

常識

　使用する際は、特徴に合わせて使い分けること。
　高周波用：セラミックコンデンサ。
　低周波用：電解コンデンサ。
　オーディオ、特に低雑音にしたいとき：フィルムコンデンサ。

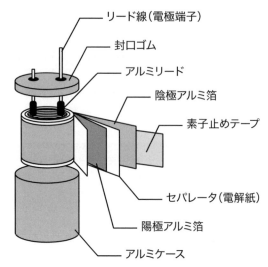

リード線（電極端子）
封口ゴム
アルミリード
陰極アルミ箔
素子止めテープ
セパレータ（電解紙）
陽極アルミ箔
アルミケース

◆**図 2.3.1　アルミ電解コンデンサの構造**（日本ケミコン (株) より引用）

▶▶ 2-3-3 ｜ 容量値と定格電圧

　コンデンサの大きさつまり容量値はどう表現されているかを説明します。コンデンサの容量は許容差が大きく精度は高くないので、容量値を細分しても意味がないため、抵抗の項で説明したJISのE系列の中で、「E3系列」か「E6系列」が採用されています。したがって一般に入手できる値は下記となります。

　　　E3系列　1.0　　　2.2　　　　4.7
　　　E6系列　1.0　1.5　2.2　3.3　4.7　6.8

　実際のコンデンサには、上記値と桁表示を一緒にして下記のような2つの方法で容量値が示されています。

■電解コンデンサ、タンタル電解コンデンサ、電気二重層の場合

参考

・コンデンサの実装
方法 → p.58

普通は下記のような2項目が直接数値で表現されています。
　　220 μF → 静電容量値
　　10V　　→ 定格電圧
　　「ー」記号と色帯があって
　　短い方が負極側のリード

■セラミックコンデンサやフィルムコンデンサの場合

　一般的に下記4桁の表現となっています。単位は「pF」です。
　　223K　→　これは 22×10^3 pF ＝ 0.022 μF　±10%
　　　上位2桁　　容量値有効数値2桁
　　　3桁目　　　10の階乗数
　　　4桁目　　　許容差

これを簡単に見るための早見表が表2.3.3になります

許容差の表示は次の通りです。
　J：5%以内　　　K：10%以内
　M：20%以内

◆表2.3.3　コンデンサ容量早見表

表示	pF	nF	μF
101	100	--	--
221	220	--	--
102	1000	1	0.001
103	--	10	0.01
223		22	0.022
473	--	47	0.047
104	--	--	0.1
105	--	--	1

アドバイス

ちなみに、
　0.0022 μ F =
　2200pF
です。

▶ 2-3-4 ｜ コンデンサの並列接続と直列接続

参照

・合成抵抗 → p.40

　コンデンサを並列や直列に接続したときの容量、耐圧は、図2.3.2のように求めることができます。これで、1個では容量が不足するときは、数個並列に接続すれば2倍、3倍と増えます。電源の平滑用の場合には、複数個のコンデンサを並列接続すると特性が改善されます。

　また耐圧が不足する場合には、コンデンサを直列接続にすると、高めることができますが、容量が異なると容量の小さい方に高い電圧が加わりますので注意が必要です。さらに、直列にすると合成容量が小さくなることにも注意が必要です。

注意

　容量が異なるコンデンサを直列に接続すると、容量の小さい方に高い電圧が加わるので注意すること。さらに直列に接続した場合、合成容量は小さくなるので注意。

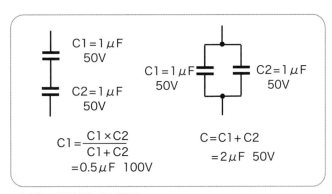

◆図2.3.2　コンデンサの直列、並列接続

2-3-5 | コンデンサの寸法

コンデンサには多くの種類がありますが、その中でも電子工作によく使うコンデンサの、容量と寸法はそれぞれ下記のようになっています。

(1) セラミックコンデンサ（積層セラミックコンデンサ）

セラミックコンデンサ（積層セラミックコンデンサ）は、一般に使うのは大部分定格電圧が50Vの円盤型のもので、その容量と寸法は表2.3.4、図2.3.3となっています。許容差の違いにより大きさが2種類あります。

◆表2.3.4 セラミックコンデンサの容量と寸法

容量値〔pF〕	D（直径）	d（リード太さ）	F（取付け寸法）
1～1,500	4	0.4	2.5、整形5.0
～1,800	4 or 5	0.4	2.5、整形5.0
～2,700	4 or 6	0.5	5.0
～4,700	4 or 7.5	0.5	5.0
～5,600	5 or 8	0.5	5.0
～8,200	6 or 10.5	0.5	5.0
～10,000	8 or 11	0.5	5.0

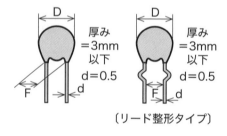
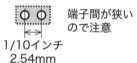

◆図2.3.3 セラミックコンデンサの寸法と実装

(2) アルミ電解コンデンサ

注意

電解コンデンサを取り付ける際は、極性に注意。足が長い方が＋。

アルミ電解コンデンサは、容量と定格電圧で分類され、非常に種類が多くなっています。基板取り付けが可能なリードタイプでは、定格電圧は6.3Vから50V程度までで、容量値は1μFから15,000μF程度までとなっています。基本的な寸法は図2.3.4に示す7種類の直径の円筒形となっています。

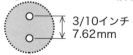

D	5	6.3	8	10	12.5	16	18
F	2	2.5	3.5	5	5	7.5	7.5
d	0.5	0.6	0.6	0.6	0.6	0.8	0.8

◆図2.3.4 アルミ電解コンデンサの寸法

(3) チップ型（積層）セラミックコンデンサ

　最近は大容量のチップ型が開発され、高周波特性もよいので電源のバイパス用コンデンサとして多用されています。**チップ型（積層）セラミックコンデンサ**のサイズは、表2.3.5が代表的なものです。

◆表 2.3.5　チップ型（積層）セラミックコンデンサの寸法

タイプ名	寸法			備考
	長さL	幅W	厚みT	
1005	1.0	0.5	0.5	容量と耐圧が高くなると厚みが増す
1608	1.6	0.8	0.8	
2012	2.0	1.25	0.85、1.0、1.25	
3216	3.2	1.6	0.85、1.15、1.6	

参考

　写真のように、表記がない（捺印していない）ものが多いので、保管時に区別しておくとよいでしょう。

◆図 2.3.5

◆写真 2.3.1　チップ型（積層）セラミックコンデンサ

(4) フィルムコンデンサ

　フィルムコンデンサは、フィルムに使う材料により非常に多くの種類があります。いずれも絶縁特性がよく、周波数や温度による容量変化も小さいため、高精度のアナログ回路によく使われます。フィルムコンデンサの寸法は、種類と容量、耐圧により大きく異なりますので、メーカのデータシートで確認する必要があります。

　またフィルムの特性上、熱に弱いので、取り付けの際のはんだ付けはできるだけ手早く行うのがコツです。

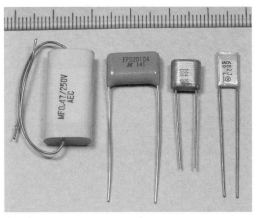

◆写真 2.3.2　フィルムコンデンサ

2-3-6 コンデンサの実装方法

セラミック、電解コンデンサのプリント基板への実装は図2.3.6のようにします。このとき以下のことに気をつけてください。

参考

電解コンデンサは基板に付くように取り付け、セラミックコンデンサは、無理に押し込まずに取り付けます。

注意

その他、右にあげた注意事項を守って実装するようにしてください。

① セラミックコンデンサのリード線の根元には塗装がしてあるので、あまりぎりぎりまで押し込むと、はんだ付け不良となり、接触不良となりやすい。

② 電解コンデンサなど極性のあるものの実装の向きに注意。

③ セラミックコンデンサや電解コンデンサのリード線の間隔と穴位置が合わないと、無理なストレスがかかり破損したり、容量の変化を起こすことがある。

④ 定格電圧を超えないように使う電圧を確認すること。

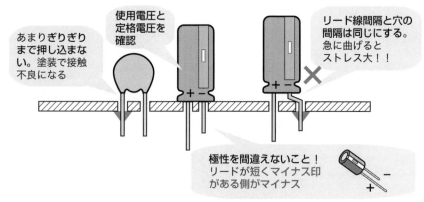

◆図 2.3.6 コンデンサの実装方法

参考

写真のコンデンサはチップ型アルミ電解コンデンサです（極性があるので、実装時は向きに注意すること）。

チップ型アルミ電解コンデンサ

◆写真 2.3.3 表面実装の電解コンデンサの実装例

2-3-7 バリアブルコンデンサ（バリコン）

バリコンは、その名前の通り容量を可変できるようになっているコンデンサです。バリコンはその使い道から大きく2種類に分かれます。

用語解説

・ポリバリコン
ラジオの同調用に使われている部品。

参考

ダイヤルが別売りの場合もありますので、確認してから購入するとよいでしょう。

① バリコン

　シャフトがあり、外からつまみで可変できるようになっているもの。主にラジオなどの同調用に使われています。最近では電子同調となってダイオードを使った同調回路に変わったため、バリコンはほとんど使われなくなりました。

② トリマコンデンサ

　シャフトがなく、ドライバ等で回すタイプで、周波数などの微調整用に使われます。

■ポリバリコン

　2種類の金属羽の間にフィルムが挟まっているタイプで、ポリバリコンと呼ばれています。フィルムが高誘電率であるため、小型で高容量のバリコンができます。昔は携帯型ラジオの同調用に使われていました。数10pFから数100pFのものがあります。

　写真2.3.4はポリバリコンの代表的な例で、AMラジオ用のポリバリコンで同調用のつまみ（ダイヤル）も一緒についています。

◆写真 2.3.4　ポリバリコンの例

　ポリバリコンは図2.3.7のように取り付けます。皿ねじを使ってねじの頭が邪魔にならないようにします。また、ダイヤルをケースの外にちょっと出して回せるようにすることと、周波数の文字が見えるようにすることがポイントですが、結構難しい細工になります。

基板へは線材で接続するか長い端子を直接接続する

ダイアル板をケースの外に出して回せるようにする

ポリバリコン

基板

ケース

皿ねじで固定してぶつからないようにする

ここを透明なケースにすればダイアルの文字が見えるようになる

◆図 2.3.7　ポリバリコンの実装方法

■トリマコンデンサ

　周波数の微調整などのために使われる半固定の可変容量コンデンサで、プリント基板への直付け型の形をしています。

　写真2.3.5は代表的な**トリマコンデンサ**の例で、容量値が調整ねじの頭の塗装色やケースの色で区別されています。この色と容量値の関係は、メーカによって異なっている場合もありますが、図2.3.8となっています。

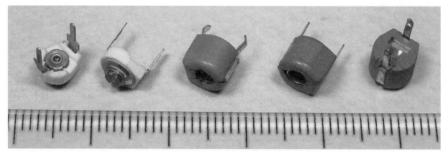

◆写真 2.3.5　トリマコンデンサの例（右3つは村田製作所製）

　これらのトリマコンデンサの寸法と取り付け寸法はメーカによって形も大きさもまちまちであり標準化はされていません。図2.3.8は実際の例ですが、使う場合には入手したもので確認する必要があります。

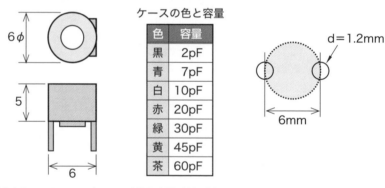

ケースの色と容量

色	容量
黒	2pF
青	7pF
白	10pF
赤	20pF
緑	30pF
黄	45pF
茶	60pF

◆図 2.3.8　トリマコンデンサの寸法と実装（村田製作所 TZ03 シリーズ）

■実装する際に注意すること

　トリマコンデンサの実装で注意することは、あとから調整できるように上面のスペースを覆わないようにすることです。また、トリマコンデンサは本来2個の端子でよいのですが、大型になると固定用の足が付いた3本足のものもありますので、固定用端子の穴をあけ忘れないように注意してください。

　トリマコンデンサをプリント基板に取り付けるときは、3本足型の固定用の足は、図2.3.9のようにグランドパターンに接続しておきます。そしてしっかりと固定するように丈夫にはんだ付けしておきます。そうしないと振動などで容量が変化してしまい、折角の調整もズレてしまうことになります。

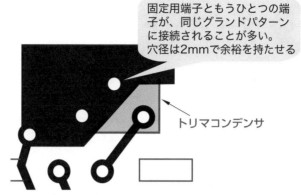

固定用端子ともうひとつの端子が、同じグランドパターンに接続されることが多い。
穴径は2mmで余裕を持たせる

トリマコンデンサ

◆図 2.3.9　トリマコンデンサの実装

 常識

トリマコンデンサを調整するときは、金属を使っていない調整用ドライバを使用すること。

　トリマを調整でまわすときには、一般の金属製ドライバでまわすと、ドライバの金属で容量が変わってしまうため、調整が難しくなってしまいます。トリマコンデンサを調整するときには金属を使っていない写真2.3.6のような**調整用ドライバ**で行います。写真のように、先端だけが金属かセラミックで、他は樹脂でできています。

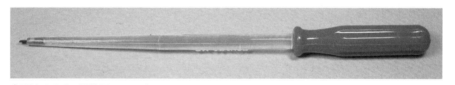

◆写真 2.3.6　調整用ドライバ

2-4 ダイオード

ダイオードは半導体の最も基本的な部品で、昔はゲルマニウムラジオとしてダイオードだけでラジオを作ったこともあります。基本機能は、1方向だけにしか電流を流さない半導体素子のことを言いますが、現在では応用製品が数多くあり、単なる電流を扱うだけではなくなっています。

▶ 2-4-1 回路図記号

ダイオードは非常に多くの種類があり、回路図での表現方法も多くの種類があります。よく使われる種類のダイオードとその回路図記号は、表2.4.1が使われています。

◆表 2.4.1 ダイオードの種類と回路図記号

回路図記号	略号	名称	機能・特徴
D 20 1S953	D	汎用ダイオード PINダイオード	整流、スイッチング、検波用 小型で周波数特性がよい
D6 RD5A	ZD	ツェナーダイオード	定電圧作成用ダイオード 一定の電圧降下特性を示す
D4 1SS99	SD	ショットキー ダイオード	高周波スイッチング用 降下電圧が低い特性も利用されている
D5 1SV101	VD	バリキャップ	可変容量ダイオード 電子同調用に使う 数pFから数100pFまで範囲が広い
AC1 D7 DC− DC+ AC2 W02	DB	ダイオードブリッジ	電源整流用で4個の整流ダイオードが1個の中に実装されてモジュール化されたもの。耐電圧、電流容量によって多くの種類がある

▶ 2-4-2 ダイオードの基本特性

ダイオードの端子間に電圧を加えると図2.4.1のように電流が流れます。この図からダイオードの基本的な特性、つまり片方向しか電流を流さず、かつ電流は電圧に比例するという特性は図のAの範囲に限られることになります。しかしこの範囲を超えたところでのダイオードの特性が別目的に使われています。

まず逆方向電圧がある電圧以上になると、逆方向電流にかかわらず常にほぼ一

定電圧となり、電流がそれ以上増えてもほとんど変化しない状態になります。この逆方向電圧を**ツェナー電圧**と呼び、**ツェナーダイオード**として使われています。

また、順方向電圧はある程度電流（0.1mA以上）が流れてAの範囲を超えると、ほぼ一定の0.6V程度になります。これが整流ダイオードなどでの順方向電圧降下で熱を発生させる要因になります。これ以外に逆方向電圧により電流はほとんど流れないのですが、端子間の静電容量が反比例して変化することを利用したものが、バリキャップダイオードです。

用語解説

・ツェナーダイオード
逆方向電圧がある電圧以上になると、逆方向電流が増加しても、電圧は常にほぼ一定電圧の状態になる（電流がそれ以上増えてもほとんど変化しない状態になる）。この逆方向電圧（ツェナー電圧）を利用したもの。
・バリキャップダイオード
逆方向電圧により電流はほとんど流れないが、端子間の静電容量が反比例して変化することを利用したもの。

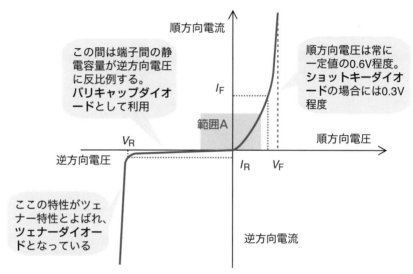

◆図2.4.1　ダイオードの基本特性

▶▶ 2-4-3 ┃ 小信号用ダイオード

比較的小さな（300mA以下）の電流を扱うダイオードをまとめて説明します。

(1) 汎用スイッチングダイオード

最も基本となるダイオードで、用途としては、検波、入力保護、スイッチング、混合、クリッパ、リミッタなどの多くの用途があります。順方向の電圧降下は0.6V程度となります。

(2) ショットキーバリヤダイオード

汎用のpn接合によるダイオードとは、原理的に全く異なるもので、半導体と金属の接合によって作られています。スイッチング速度が非常に高速なため、高速スイッチングや、マイクロ波帯のミキサなどに使われています。順方向の電圧降下は0.3V程度と低いのが特徴で、これを利用して広帯域検波や、大電流用のものはスイッチングレギュレータなどに使われます。

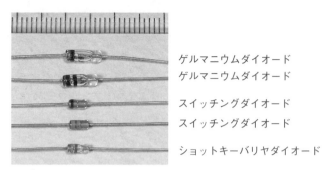

◆写真 2.4.1　小信号用ダイオードの外観

ゲルマニウムダイオード
ゲルマニウムダイオード
スイッチングダイオード
スイッチングダイオード
ショットキーバリヤダイオード

COLUMN　ダイオード

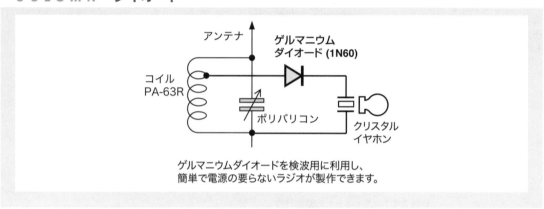

ゲルマニウムダイオードを検波用に利用し、
簡単で電源の要らないラジオが製作できます。

(3) ツェナーダイオード (定電圧ダイオード)

　普通のダイオードは逆方向には電流を流さないのですが、ツェナーダイオードはある一定の電圧以上になると、急激に電流が流れるようになります。電圧が非常に安定していることから電源回路の基準電圧用やDCバイアス作成用として使われています。

　またツェナー電圧の温度安定度が特によくなるように工夫したものが、**電圧標準ダイオード**です。

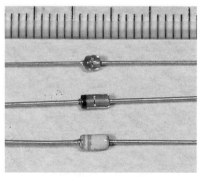

◆写真 2.4.2　ツェナーダイオードの外観

【各種のツェナーダイオード】
電力容量とツェナー電圧により
数多くの種類がある

【電圧標準ダイオード】
特に電圧安定度の高い
ツェナーダイオード

(4) 可変容量ダイオード（バリキャップダイオード）

　pn接合に逆方向の電圧を加えると、端子間の容量が逆電圧の大きさによって変化するダイオードです。ラジオなどの電子同調用VCO（Voltage Controlled Oscillator）として多用されています。可変容量は数pF〜数十pFのものと数十pF〜数百pFの2種類に大別され、それぞれFMラジオ用とAMラジオ用として使われます

容量の大きなAMラジオ用
バリキャップダイオード

容量の小さいFMラジオ用
バリキャップダイオード

◆**写真 2.4.3　各種バリキャップダイオードの外観**

▶▶ 2-4-4 ｜ 電源整流用ダイオード

用語解説

・**整流作用**
　一定の方向にのみ電流を流す性質。

　一定の方向にしか電流を流さないことを利用して、交流を直流に変換するのに使われます（これを**整流作用**という）。流せる許容電流の大きさにより接合部の大きさが大きくなるため、大電流用ほど大型となります。整流できる電圧範囲は数百Vから数千Vまであり、電流も数Aから数十Aまでと非常に広い範囲に対応しています。

　また、ブリッジ方式の整流用に4個のダイオードをブリッジ接続して一体化した**ブリッジダイオード**も、整流効率がよいため電源の整流用として頻繁に使われます。ダイオードは大電流では発熱するため、放熱器を取り付けて使います。

各種のブリッジ
ダイオード

DIP型のブリッ
ジダイオード

各種整流用
ダイオード

◆**写真 2.4.4　各種整流用ダイオードの外観**

　ブリッジダイオードは、両波整流用の4個のダイオードを組にして一体化したもので、図2.4.2のような接続構成となります。

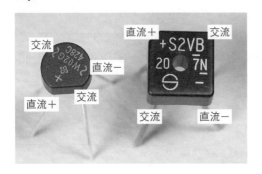

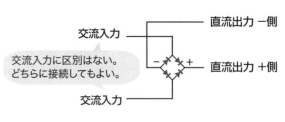

交流入力に区別はない。
どちらに接続してもよい。

◆図2.4.2　ブリッジダイオードの接続構成

▶ 2-4-5 │ ダイオードの実装方法

　　ダイオードを基板などに実装する際には、ダイオードの特徴に従って次の点に留意します。

■ダイオードには極性がある

> **注意**
>
> ダイオードには極性がある。アノードが「＋側」、カソードが「−側」。

　　図2.4.3に示すようにダイオードにはアノードとカソードと呼ぶ極性があり、電流の流せる向きがありますので気をつけます。またブリッジダイオードも接続方向が決まっています。

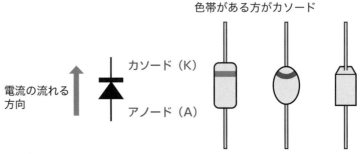

◆図2.4.3　ダイオードの極性

■小信号用ダイオードは比較的熱に弱い

> **参照**
>
> ・放熱器 → p.156

　　基板に実装するときには、図2.4.4のように根元から数mm離れたところでリード線を曲げて実装し、はんだ付けは手早く行います。

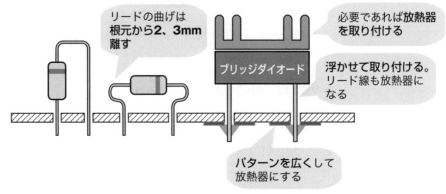

◆図2.4.4　ダイオードの基板への実装

■配線のポイント

ブリッジダイオード周りの配線は、安定なグランドの確保のために重要で、図2.4.5に示すように、出力コンデンサと負荷の間の配線やパターンに注意が必要です。基本は太く短いパターンで、ブリッジ→電解コンデンサ→負荷の順序どおりに配線することがポイントです。つまり電解コンデンサの端子が、回路の電源とグランドの基点になるようにします。

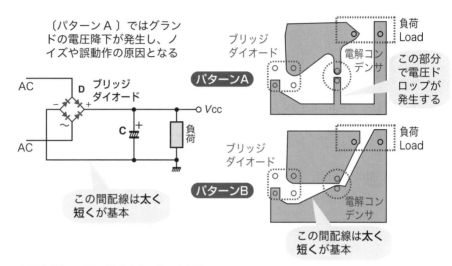

◆図2.4.5　ブリッジダイオードへの配線

2-5 トランジスタと電界効果トランジスタ（FET）

 参考

・ウィリアム・B・ショックレー
　アメリカの物理学者。ジョン・バーディーン(米)、ウォルター・ブラッテン(米)とともに接合型トランジスタを発明した(1947年)。

　トランジスタは半導体の中でも最もよく使われてきた基本的な素子で、ショックレーが半導体の増幅作用を初めて発見したことに始まります。トランジスタには用途や特性により数え切れないほどの種類があります。しかし、私たちが電子工作で使うものは限られており、それぞれの特徴を活かした使い方をします。

 2-5-1 ┃ トランジスタの種類

 参考

・FET：Field Effect Transistor

　多くの種類がありますが、基本的な分類は名称の区分でなされています。つまりトランジスタを含む半導体の名称は、図2.5.1のフォーマットで区別されています。これによればトランジスタは大別して、まずトランジスタとFET（電界効果トランジスタ）に分かれ、それぞれがまたP型とN型に分かれています。

$$\underset{\text{素子種別}}{2\ \underset{}{S}\ \underset{\text{極性と用途}}{C}\ \underset{\text{連番}}{450}\ \underset{\text{改良記号}}{A}}$$

英字	素子種別
0	フォトトランジスタ フォトダイオード
1	ダイオード 整流素子
2	トランジスタ FET（シングルゲート） SCR
3	FET（デュアルゲート）

英字	極性と用途	
A	PNP型トランジスタ	高周波用
B	PNP型トランジスタ	低周波用
C	NPN型トランジスタ	高周波用
D	NPN型トランジスタ	低周波用
J	Pチャネル型FET	
K	Nチャネル型FET	

◆図2.5.1　トランジスタの名称と種別

参考

・トランジスタ
　入力の「電流」で出力の電流を制御する。
・電界効果トランジスタ
　入力の「電圧」で出力の電流を制御する。

　これをもう少し詳しく説明すると、**トランジスタ**は現在では全て接合型のトランジスタで、「電流を増幅」する**働き**があります。つまり入力の「電流」で出力の「電流」を制御します。そして構造的な極性からNPN型とPNP型に分かれます。このPとかNというのは半導体の種別のことで、NPNとかPNPとかは、PN接合の順序を表しています。

　これに対して、**電界効果トランジスタ（FET）**は、昔の真空管に似た原理で作られたトラジスタで、入力の「電圧」で出力の「電流」を制御する**特性**を持っているトランジスタです。構造的な差異から**接合型**と**MOS型**に分かれ、それぞれがまた極性で**Pチャネル型**と**Nチャネル型**に分かれています。

　これらを回路図記号で分類すると、表2.5.1となります。

◆表2.5.1　トランジスタの分類と回路図記号

回路図記号	名　称	特　徴	用　途
Q1 NPN	NPN型 トランジスタ 2SC3732	低周波から高周波まで特性がよい	汎用だが特に高周波用大電力用にも使う
Q2 PNP	PNP型 トランジスタ 2SA1459	NPN型に比べあまり周波数特性はよくない	相補型回路用にNPN型とペアで使う
Q3 JFET N	接合型FET Nチャネル 2SK439	入力ゲートが半導体の接合で構成されているFET トランジスタと異なり入力電圧で制御する	高入力インピーダンスのアンプ用
Q4 JFET P	接合型FET Pチャネル 2SJxxx		相補型回路用にNチャネル型とペアで使う
Q5 MOSFET N	MOS型FET Nチャネル シングルゲート 2SK2231	入力ゲートが酸化シリコン薄膜で絶縁されている構成のFETで、非常に高い入力インピーダンス（電流が流れない）が特徴 またON抵抗を非常に小さくできる特徴もある	特に高入力インピーダンスのアンプ用 ON抵抗が小さいことを利用して大電流制御用に使う
Q6 MOSFET P	MOS型FET Pチャネル シングルゲート 2SJ377		相補型回路用にNチャネル型とペアで使う
Q7 MOSFET N DualGates	MOS型FET Nチャネル デュアルゲート 3SK59	入力ゲートが酸化シリコン薄膜で絶縁されている構成のFETで、非常に高い入力インピーダンスが特徴で, 全く同じ特性のゲートを2個備える	デュアルゲートの特徴を活かして、高周波のミキサーやゲインコントロールアンプとして使われる
Q8 MOSFET P DualGates	MOS型FET Pチャネル デュアルゲート 3SJxxx		

▶▶ 2-5-2 ┃ トランジスタの基本

　　トランジスタの記号と端子名称は図2.5.2のようになっています。PNP、NPNとも同じ呼称となっています。

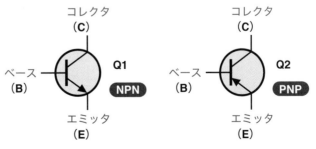

◆図2.5.2　トランジスタの端子名称

この常に2種類あるNPNとかPNPの型の機能的な違いは何なのでしょうか。それは、型の違いにより電流や電圧の向きが逆方向となるのです。これを図で表すと図2.5.3となります。図のように増幅作用そのものは同じなのですが、電流の流れる向きが、エミッタの矢印の向きと同じになって、全く逆方向となります。つまり、**NPN型**はプラス電圧の範囲で使うのに適しており、**PNP型**はマイナス電圧の範囲で使うのに適しているようにできているわけです。

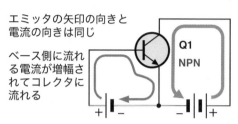
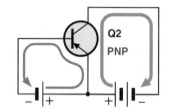

エミッタの矢印の向きと
電流の向きは同じ

ベース側に流れ
る電流が増幅さ
れてコレクタに
流れる

◆図2.5.3　NPN型とPNP型の電流の流れ

これらトランジスタの実際の形には、定格電力などによりたくさんの種類がありますが、代表的な形と端子配列は写真2.5.1のようになっています。

形により端子配列が異なりますので注意が必要です。しかし小信号用の小型トランジスタのピン配列は大部分同じに統一されていて、図に示されたとおりですが、これを覚えるには、トランジスタの型名印刷面を見て、左側から「えくぼ（ECB）」と覚えると忘れないでしょう。

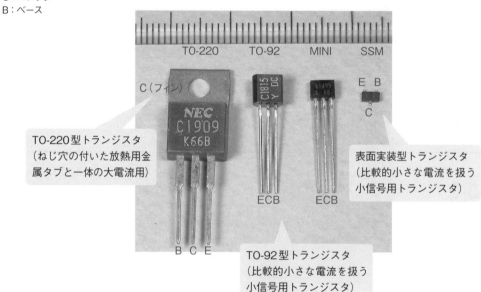

◆写真2.5.1　各種トランジスタの形状と端子配列

▶▶ 2-5-3 ｜ トランジスタの規格表の見方

トランジスタの性能を表すために、いくつかの基本パラメータが規格表に掲載されています。このパラメータは設計をする際には重要な項目です。そこでこの

パラメータの見方を説明します。

　まず、最初に規格表のどの項目に注目するかですが、これには大別して、絶対最大定格と電気的特性という2つの要素があります。

■絶対最大定格

絶対最大定格の範囲内で使用すること。

　いかなる使用条件でも超えてはならない限界値で、これを超えるとトランジスタが壊れます。この絶対値は、電圧、電流、電力、温度の4項目で決められていて、私たちが気にするのは表2.5.2の項目の値です。

◆表2.5.2　絶対最大定格

項目	記号	名　称	説　明
電圧	V_{CEO}	コレクタ・エミッタ間電圧	通常のアンプやドライブ回路で、負荷として加えられる最大電圧。実際にはこの値の1／2以下とする。
電流	$I_{C(DC)}$	直流コレクタ電流	負荷として流す最大電流。これも実際には1／2以下で使用する。
電力	P_C	コレクタ損失	周囲温度25℃で、無限大放熱板付きの状態で消費可能な最大電力で、接合部温度が限界の150℃になる値。 実際に使うときには、放熱板のサイズと最大使用温度によって制限を受けるので、グラフにより実用範囲を確認する必要がある。

■電気的特性

　次にトランジスタの性能を表すパラメータがあります。これも電子工作で私たちが意識しなければならないものは、表2.5.3の項目となります。

◆表2.5.3　電気的特性

記号	名　称	説　明
$V_{BE(ON)}$	直流ベース電圧	コレクタ・エミッタ間に十分な電流が流せる状態つまりトランジスタがONとなるベース・エミッタ間電圧で、コレクタ電流（I_C）とコレクタ・エミッタ間電圧（V_{CE}）で規定される。
h_{FE}	直流電流増幅率	エミッタ接地回路でのコレクタ電流とベース電流の比で、何倍増幅されるかを表す。この値が大きいほど性能がよいことになる。
$V_{CE(sat)}$	コレクタ飽和電圧	トランジスタがON状態のときのコレクタ・エミッタ間電圧の最小値。次段のON／OFF制御電圧のLowレベルを規定する。 またこのとき流れるコレクタ電流との乗算が電力損失となる。
f_T	利得帯域幅積	電流増幅率が1になる最大周波数で、トランジスタの周波数特性を表している。この値が大きいほど周波数特性がよいといえる。 実際に使うときの周波数帯域は 　f_T/h_{FE}　　となる。 したがって、ゲインを稼ごうとすると周波数帯域が狭くなるということになる。

実際のトランジスタの規格表はどうなっているのでしょうか。例えばかつての東芝の有名なトランジスタで、現在でも多くの代替品のある2SC1815の規格表は表2.5.4となっています。

・2SC1815
　低周波電圧増幅用トランジスタ。
　現在東芝製の2SC1815は製造が終了したため入手が困難となっています。代替品をご利用ください。

◆ **表2.5.4　2SC1815の規格表** (東芝セミコンダクター社：データシートより)

最大定格 (Ta = 25℃)

項　　目	記　号	定　　格	単位
コレクタ・ベース間電圧	V_{CBO}	60	V
コレクタ・エミッタ間電圧	V_{CEO}	50	V
エミッタ・ベース間電圧	V_{EBO}	5	V
コレクタ電流	I_C	150	mA
ベース電流	I_B	50	mA
コレクタ損失	P_C	400	mW
接合温度	T_j	125	℃
保存温度	T_{stg}	−55〜125	℃

電気的特性 (Ta = 25℃)

項　　目	記　号		最小	標準	最大	単位
コレクタしゃ断電流	I_{CBO}	V_{CB}=60V, I_E=0	–	–	0.1	μA
エミッタしゃ断電流	I_{EBO}	V_{EB}=5V, I_C=0	–	–	0.1	μA
直流電流増幅率	$h_{FE(1)}$(注)	V_{CE}=6V, I_C=2mA	70	–	700	
	$h_{FE(2)}$	V_{CE}=6V, I_C=150mA	25	100	–	
コレクタ・エミッタ間飽和電圧	$V_{CE\,(sat)}$	I_C=100mA, I_B=10mA	–	0.1	0.25	V
ベース・エミッタ間飽和電圧	$V_{BE\,(sat)}$	I_C=100mA, I_B=10mA	–	–	1.0	V
トランジション周波数	f_T	V_{CE}=10V, I_C=1mA	80	–	–	MHz
コレクタ出力容量	C_{ob}	V_{CB}=10V, I_E=0, f=1MHz	–	2.0	3.5	pF
ベース拡がり抵抗	$r_{bb'}$	V_{CE}=10V, I_E=−1mA, f=30MHz	–	50	–	Ω
雑音指数	NF	V_{CE}=6V, I_C=0.1mA, f=1kHz, R_G=10kΩ	–	1.0	10	dB

注：$h_{FE(1)}$分類　　O：70〜140、Y：120〜240、GR：200〜400、BL：350〜700

規格表から、下記のようなことを読み取ります。

① トランジスタはV_{CEO}の最大電圧が50Vだから、余裕をみて25V以下で使う。
② トランジスタは最大150mAまで流せるが、最大400mWのコレクタ損失だからV_{CE}を5Vで使ったとすると400／5＝80で80mA以下、余裕をみれば40mA以下に抑えておく必要がある。
③ 直流電流増幅率h_{FE}は通常は100ぐらい、選別でGR（2SC1815GR）を選べば200は確保できる。
④ 完全にONしたときのコレクタ電圧は最大でも0.25V以下にできる。
⑤ 増幅周波数帯域はf_Tが80MHzだから、h_{FE}を100とすれば、80/100から大体500kHzくらいまでしか使えないことになるので低周波用として使う。

▶▶ 2-5-4 │ トランジスタの選び方

　トランジスタは非常に種類が多く、どれを選択したらよいか迷います。そこで実際によく使われるものを選んでみました。

　図2.5.4のように発光ダイオードを点滅させたり、リレーをドライブしたり、小型スピーカを駆動するようなとき使うタイプで、コレクタ電流が300mA以下では図2.5.4に示したタイプのトランジスタが使われます。

①多くの発光ダイオードを点滅させる　②小型スピーカを鳴らす　③リレーを駆動する

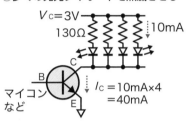
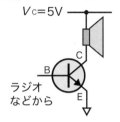
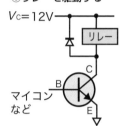

品　名	形式	V_{CEO}	I_C	P_C	用　途
2SC1815	TO-92	50V	150mA	400mW	低周波増幅用
2SC2120	TO-92	35V	800mA	600mW	低周波小電力増幅用
2SC2001	TO-92	30V	700mA	600mW	低周波増幅、各種ドライブ用
2SA733	TO-92	−50V	−150mA	750mW	低周波増幅用
2SA950	TO-92	−35V	−800mA	600mW	低周波増幅用

◆図2.5.4　トランジスタの選び方

> **アドバイス**
>
> 　大電流をドライブする場合は、発熱の少ないMOS型電界効果トランジスタ(MOSFET)を使います。

　このような小信号に対して、モータを駆動させたり、たくさんの発光ダイオードを点滅させるような大電流をドライブする場合には、もっとたくさんの電流を流せるトランジスタが必要になりますが、このようなトランジスタは発熱が多く大型になってしまいますので、最近は発熱の少ないMOS型電界効果トランジスタ（MOSFET）が使われます。

▶▶ 2-5-5 │ トランジスタの寸法と実装方法

　実際にトランジスタを基板に実装する場合の方法や注意事項を説明します。

　小信号用トランジスタの基板実装用の穴あけと実装方法は、図2.5.5のようにします。3個の穴を一列に並べる方法もありますが、ピン間にパターンが通しにくくなります。

アドバイス

トランジスタを基板に取り付ける際は、3本の足を穴の間隔に合うように開いて挿入します。このとき、無理に押し込まずに、少し浮かせて取り付けます。

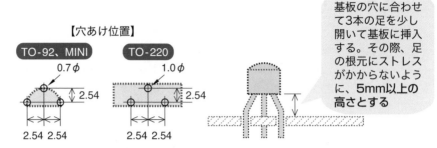

【穴あけ位置】

TO-92、MINI

0.7φ

2.54

2.54 2.54

TO-220

1.0φ

2.54

2.54 2.54

基板の穴に合わせて3本の足を少し開いて基板に挿入する。その際、足の根元にストレスがかからないように、**5mm以上の高さとする**

◆図2.5.5　小型トランジスタの取り付け方法

　TO-220タイプの大型のトランジスタは大電流を扱うことが多く、放熱を意識した実装が必要です。このような場合には放熱器を使うことになりますが、その取り付けには写真2.5.2のように**熱伝導シート**か**シリコングリス**を間に塗布して、熱伝導をよくして取り付けます。このとき、トランジスタの放熱フィンが金属の場合は、コレクタ端子とつながっているので、絶縁の必要があるときには、絶縁カラースペーサを使ってねじを絶縁したり、プラスチック製ネジを使ったりして固定します。

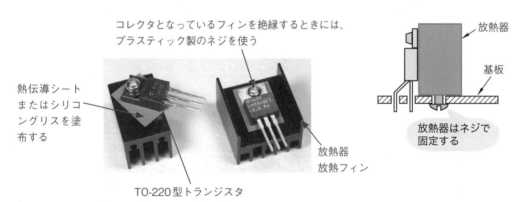

コレクタとなっているフィンを絶縁するときには、プラスチック製のネジを使う

熱伝導シートまたはシリコングリスを塗布する

放熱器
放熱フィン

TO-220型トランジスタ

放熱器

基板

放熱器はネジで固定する

◆写真2.5.2　TO-220型トランジスタの取り付け方法

▶ 2-5-6 ▏電界効果トランジスタ（FET）の基本

参考

トランジスタ：入力の「電流」に比例して増幅される。
FET：入力の「電圧」に比例して増幅された電流が負荷に流れる。

参考

・端子の名称
　G：ゲート
　S：ソース
　D：ドレイン

　電界効果トランジスタもトランジスタの1種ですから当然増幅機能があります。しかし、トランジスタと根本的に異なるのは入力側で、トランジスタは入力の「電流」に比例して増幅されますが、FETの場合には、入力の「電圧」に比例して増幅された電流が負荷に流れます。

　電界効果トランジスタにはその構造から接合型電界効果トランジスタ（JFET）とMOS型電界効果トランジスタ（MOSFET）があります。

　FETの回路図記号と端子の名称は図2.5.6となっています。トランジスタとは端子名称が全く異なり、ゲート、ソース、ドレインと呼ばれますので注意してください。また回路図記号では、ゲートからソースへの矢印の向きによってP型とN型の区別をしています。JFETとMOSFETとは記号が異なっています。

◆図2.5.6　FETの端子名称

　FETにも定格電力の違いや、周波数特性などにより多くの種類や形があります。写真2.5.3はその代表的なものです。トランジスタと異なり、形状やピン配置が完全には標準化されておらず、種類により端子配列が異なっているだけでなく、同じ形状でもメーカによって端子配列が異なっているので注意が必要です。

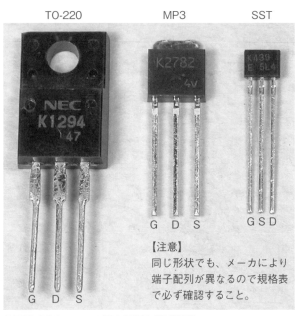

◆写真2.5.3　FETの形の種類と端子配列

▶▶ 2-5-7 │ 電界効果トランジスタの規格表の見方

電界効果トランジスタ（FET）は通常のトランジスタとは少し異なった規格表となっていますが、大きく絶対最大定格と電気的特性と2種類あることに変わりはありません。

■絶対最大定格

常識

絶対最大定格の範囲内で使用すること。

いかなる使用条件でも超えてはならない限界値で、これを超えるとFETが壊れます。この絶対値は、電圧、電流、電力、温度の4項目で決められていて、私たちが気にするのは表2.5.5の項目の値です。

◆表2.5.5　FETの絶対最大定格

項目	記号	名　称	説　明
電圧	V_{DSS}	ドレイン・ソース間電圧	通常のアンプやドライブ回路で、負荷として加えられる最大電圧。 実際にはこの値の1／2以下とする。
電流	I_D	直流ドレイン電流	負荷として流せる最大電流。 これも実際には1／2以下で使う。
電力	Pd	ドレイン損失（許容損失）	周囲温度25℃で、無限大放熱板付きの状態で消費可能な最大電力。 実際に使うときには、放熱板のサイズと最大使用温度によって制限を受けるので、グラフにより実用範囲を確認する必要がある。

■電気的特性

次にFETの性能をあらわすパラメータがあります。これも電子工作で私たちが意識しなければならないものは、表2.5.6の項目となります。

ピピー

◆表 2.5.6　電気的特性

項目	名　称	説　明
I_{GSS}	ゲートもれ電流	ゲート・ソース間のもれ電流で、これが小さいほど入力インピーダンスが高いことになり、前段への影響を減らせる。
I_{DSS}	ドレインしゃ断電流	ゲートが0Vのときに流れるドレイン電流で、この値と増幅率g_mが相関するので選択できるようになっている。ドレイン電流が大きいほど増幅率も大きい。
V_{th}	ゲートしきい値電圧	FETがOFFとなってドレイン電流が流れなくなるゲート電圧。V_{th}以下のゲート電圧にすればOFFとすることができる。
$R_{DS(ON)}$	ドレイン・ソース間オン抵抗	FETがONになったときのドレイン・ソース間の電気抵抗。特にMOS型パワーFETはオン抵抗が極端に低く規格として明記されている。低いほど負荷へのエネルギー伝達効率が高く発熱も少ないので性能がよいことになる。

　　最近のMOSFETはオン抵抗が非常に小さくなり、大電流の制御によく使われるようになりました。実際のMOSFETの規格表の例を表2.5.7に示します。これは東芝デバイス＆ストレージ株式会社の2SK4033で、代表的なMOS型のFETの例です。

参考

・2SK4033
　パワー MOSFET

◆表 2.5.7　FET の規格表の実例（2SK4033）（東芝デバイス＆ストレージ株式会社：データシートより）

最大定格（Ta＝25℃）

項目		記号	定格	単位
ドレイン・ソース間電圧		V_{DSS}	60	V
ドレイン・ゲート間電圧（R_{GS}=20kΩ）		V_{DGR}	60	V
ゲート・ソース間電圧		V_{GSS}	±20	V
ドレイン電流	DC	I_D	5	A
	パルス	I_{DP}	20	A
許容損失（TC=25℃）		P_D	20	W
チャネル温度		T_{ch}	150	℃
保存温度		T_{stg}	−55〜150	℃

熱抵抗特性

項目	記号	最大	単位
チャネル・ケース間熱抵抗	R_{th} （ch-c）	6.25	℃/W
チャネル・外気間熱抵抗	R_{th} （ch-a）	125	℃/W

◆表 2.5.7 （続き）

電気特性（Ta＝25℃）

項目		記号	測定条件	最小	標準	最大	単位
ゲート漏れ電流		I_{GSS}	$V_{GS}=\pm16V$, $V_{DS}=0V$	–	–	±10	μA
ドレイン遮断電流		I_{DSS}	$V_{DS}=60V$, $V_{GS}=0V$	–	–	100	μA
ドレイン・ソース間降伏電圧		$V_{(BR)DSS}$	$I_D=10mA$, $V_{GS}=0V$	60	–	–	V
		$V_{(BR)DSX}$	$I_D=10mA$, $V_{GS}=-20V$	35	–	–	V
ゲートしきい値電圧		V_{th}	$V_{DS}=10V$, $I_D=1mA$	1.3	–	2.5	V
ドレイン・ソース間オン抵抗		$R_{DS(ON)}$	$V_{GS}=4V$, $I_D=2.5A$	–	0.09	0.15	Ω
			$V_{GS}=10V$, $I_D=2.5A$	–	0.07	0.10	
順方向伝達アドミタンス		$|Y_{fs}|$	$V_{DS}=10V$, I_D 2.5A	3.0	6.0	–	S
入力容量		C_{iss}		–	730	–	
帰還容量		C_{rss}	$V_{DS}=10V$, $V_{GS}=0V$, $f=1MHz$	–	60	–	pF
出力容量		C_{oss}		–	95	–	
スイッチング時間	上昇時間	t_r		–	10	–	ns
	ターンオン時間	t_{on}		–	20	–	
	下降時間	t_f		–	4	–	
	ターンオフ時間	t_{off}	Duty≦1%, $t_w=10\mu$s	–	35	–	

ソース・ドレイン間の定格と電気的特性（Ta＝25℃）

項目	記号	測定条件	最小	標準	最大	単位
ドレイン逆電流（連続）	I_{DR}	–	–	–	5	A
ドレイン逆電流（パルス）	I_{DRP}	–	–	–	20	A
順方向電圧（ダイオード）	V_{DSF}	$I_{DR}=5A$, $V_{GS}=0V$	–	–	-1.7	V
逆回復時間	t_{rr}	$I_{DR}=5A$, $V_{GS}=0V$	–	34	–	ns
逆回復電荷量	Q_{rr}	$dI_{DR}/dt=50A/\mu$s	–	28	–	μC

この規格表から、下記のようなことを読み取ります。

① FETはV_{DSS}の最大電圧が60Vだから、余裕をみて30V以下で使う。

② FETは直流で5Aまで流せるが、余裕をみて1/2の2.5A以下で使うべき。

③ ゲートしきい値電圧が最大2.5Vなので3.3Vのマイコン出力で直接制御ができる。

④ ドレイン・ソース間のオン抵抗が0.15Ω以下なので、1Aの電流をオン／オフ制御しても、消費電力が0.15W以下なのでコレクタ損失は全く問題なく発熱も放熱器なしで問題ない。

▶ 2-5-8 | FETの選び方

　モータ制御や、大型の発光ダイオードの点滅制御、電力制御を行う場合には、最近はほとんどMOSFETが使われます。これはMOSFETが小型のパッケージのもので大電流を制御できるためです。図2.5.7のように、たくさんの発光ダイオードを制御したり、モータを駆動するとき使われます。このとき、制御可能な電圧と電流がFETを選択するポイントになります。よく使われるMOSFETは図に示したようなものです。

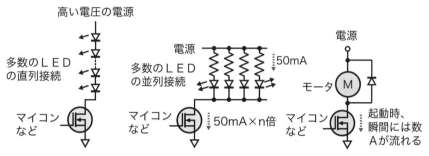

品　名	形式	V_{DSS}	I_D	P_D	オン抵抗	用　途
2SK4017 2SK4033	DPAK	60V	5A	20W	0.15Ω	モータ駆動、電源用
2SK2925	DPAK	60V	10A	20W	0.08Ω	モータ駆動、電源用
2SJ681	DPAK	−60V	−5A	20W	0.25Ω	モータ駆動、電源用
2SJ527L	DPAK	−60V	−5A	20W	0.3Ω	モータ駆動、電源用

◆図2.5.7　MOSFET一覧

▶ 2-5-9 | トランジスタアレイ

　最近では複数のトランジスタを1つのパッケージに実装した**トランジスタアレイ**と呼ばれるICがあります。もともとトランジスタはマイコンなどの出力駆動能力を大きくするために使われることが多いのですが、多くの場合4ビットや8ビットといった複数出力を同時に使うことが多いため、これに合わせて複数のトランジスタをまとめて1個のICタイプにしたものがトランジスタアレイで、便利に使うことができます。

　内蔵トランジスタが接合型トランジスタのものとMOSFETのものがありますが、発熱から見た場合MOSFETの方が使いやすくなっています。

　実際のMOSFETタイプのトランジスタアレイには図2.5.8のようなものがあります。

　ソースドライバは、オンにすると出力ピンからVCC端子に加えられた電圧を供給するように動作します。これでマイコンなどの電源とは別の最大50Vまでの高い電圧を供給することができます。しかも最大400mAまで流すことができます。

　シンクドライバは、オンになると、出力ピンが電流を引き込むように動作し、やはり電源電圧は高い電圧とすることができ400mAまで駆動することができます。

これらのICを使う場合、GND端子と電源端子が逆になっているので注意してください。

① ソースドライバ TBD62783A

チャネル数　　：8チャネル
電源電圧　　　：2.0V〜50V（VCC）
出力電流　　　：−400mA/チャネル
オン入力電圧：2V〜30V
オフ入力電圧：0V〜0.6V
許容損失　　　：1.47W

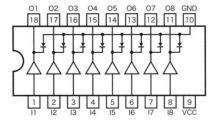

電源とGNDピンが
異なるので要注意

② シンクドライバ TBD62083A

チャネル数　　：8チャネル
出力耐圧　　　：50V（COMMON）
出力電流　　　：400mA/チャネル
オン入力電圧：2.5V〜25V
オフ入力電圧：0V〜0.6V
許容損失　　　：1.47W

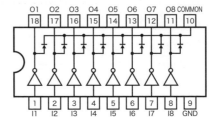

◆図2.5.8　トランジスタアレイの例

2-6 アナログ IC

　アナログ信号を扱うIC^{アイシー}ですが、これには専用機能を組み込んだICを含めると非常に多種類のICがあります。特に電源用やオーディオ用などの低周波を扱うICから、FMラジオ用などの高周波用のICまで千差万別のものがあります。写真2.6.1はアナログICの参考例です。以下に汎用的なアナログICであるオペアンプと3端子レギュレータなどについて説明します。専用のアナログICについては、それぞれのカタログや説明書を集めて調べることになります。

◆写真 2.6.1　代表的なアナログ IC の例

▶ 2-6-1 ｜ 汎用オペアンプ

用語解説

・オペアンプ
　アナログ入力を一定の比で増幅して出力する機能をもったIC。
・フィードバック回路
　出力から入力側に抵抗を介して出力信号が戻るようになっている回路。

　汎用オペアンプはアナログICの基本となる素子で、名称はOperational Amplifireの略で、OP^{オペ}アンプと呼ばれています。基本機能は線形増幅器ということで、アナログの入力を一定の比で増幅して出力する機能を持っています。

　オペアンプは、非常に増幅率が高く、10^5倍以上あるため、回路設計上は無限大の増幅率をもつ理想的な増幅器として扱うことができます。あとで説明しますが、この無限大の増幅率という前提があると、フィードバック回路を構成したとき増幅率が抵抗の比だけで決まり一定とできます。ここにオペアンプが開発された最大の理由があります。

　最近のオペアンプは、見かけ上はデジタルICと同形状で、内部実装個数によりピン数が変わります。多くは1個のICに1個か2個、または4個内蔵しています。

▶ 2-6-2 ｜ オペアンプの回路図記号

　オペアンプの回路図での表現方法はいくつかありますが、代表的なものは表2.6.1のようになっています。プラス／マイナスの2本の入力と、1つの出力ピンを持っています。その他にはプラス／マイナスの2電源ピンがあります。

◆表2.6.1　オペアンプの回路図記号

回路図記号	略号	名称	機能・特徴
U34 4 3 + 2 − 1 8 NJM4580	OP AMP	オペアンプ	最も汎用的なアナログ増幅器。 電源端子（4、8）は省略されることもある。 正負の2電源を必要とするものと単電源でよいものとがある。

2-6-3 ｜ オペアンプの基本特性と使い方

　オペアンプの基本構成を図で表すと図2.6.1のようになり、＋入力ピンと−入力ピンからなる「差動入力ピン」と1個の出力ピン、それと＋と−の2つの電源ピンからなっています。基本的な動作は、差動入力のピン間の電圧差が増幅されて出力に現れるという動作です。＋入力側の方の電圧が高ければ出力も＋側となり、−入力側の電圧が高ければ、出力は−出力となります。逆に入力電圧が数Vと高くても、＋と−の電圧に差がなければ出力は0のままとなります。

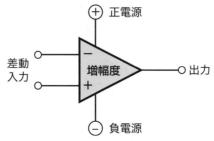

◆図2.6.1　オペアンプの基本構成

✔ ポイント

ネガティブフィードバック（負帰還）を利用してオペアンプを使う。反転増幅回路、非反転増幅回路の2種類がある。

　ところがこのままでは、オペアンプの増幅度が10^5倍というような無限大に近い大きさがあるため、そのまま使ったのでは、ほんのわずかでも差動入力電圧があると出力は＋か−の最大値に張り付いてしまい、実用的に使えるアンプとはなりません。しかし、増幅度が無限大に近いということが大きなメリットとなる方法があります。これが**ネガティブフィードバック**という方法です。日本語では**負帰還**といいます。このネガティブフィードバックを利用してオペアンプを使うのが基本的な使い方です。基本的な回路には大別すると、**反転増幅回路**と**非反転増幅回路**の2種類があります。

1
2
3
4
5
6

用語解説

・反転増幅回路

入力に対して出力の
±の極性が反転する
回路。

■反転増幅回路

　最も原理的な**ネガティブフィードバック**(負帰還)を実現する回路が図2.6.2です。この回路では、入力の差動電圧の−側がプラス電位になると、出力にマイナス電圧が生じます。反対にマイナス電位になると出力にプラス電圧が生じます。このように入力に対して出力の±の極性が反転するので、**反転増幅回路**と呼びます。

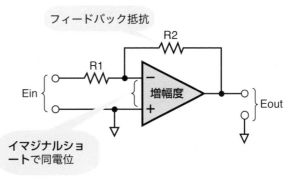

◆図2.6.2　反転増幅回路

　この回路では出力から入力側に抵抗R2を介して出力信号が戻るようになっています。これを**フィードバック**といいます。さらに戻ってくる電圧は極性が逆になっているので、**ネガティブフィードバック**と呼びます。

　この回路の動作はまず無限大の増幅度ですから、差動入力に少しでも差があると、オペアンプの出力となって現れます。しかしすぐ出力が入力側にフィードバックされ、極性が反対ですから出力が出ないよう、つまり差動入力の差がなくなるように働きます。そして出力電圧は入力へのフィードバックがちょうど入力を打ち消す値でバランスがとれて安定します。

　結果的にオペアンプの差動入力端子間は、いつも同じ電圧になるように動作することになります。これを**イマジナルショート**と呼んでいます。イマジナルショートの両者はいつも同じ電圧ですから、実際に接続されているものと仮定して回路を簡単化すると、図2.6.3のように簡単になってしまいます。この回路ではa点で仮想的に接続されているとすると、左右両方向からの電流が等しく逆向きになって釣り合うわけですから、図の式のように考えることができます。つまりオペアンプ回路の増幅度(A)は、

用語解説

・イマジナルショート

差動入力端子間に
電位差がない状態。

$$A = R2 \diagup R1$$

ということになります。結果として、この回路では2個の抵抗の比だけで増幅度が決定される非常に考えやすい回路となります。これがオペアンプの最大のメリットで、増幅度が抵抗の比だけで決まるため回路設計が非常にやりやすくなります。

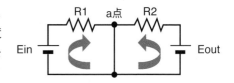

$$\frac{Ein}{R1} = \frac{Eout}{R2} \quad \text{したがって} \quad \frac{Eout}{Ein} = \frac{R2}{R1}$$

◆図2.6.3　反転増幅回路の増幅度

■非反転増幅回路

　上記の反転増幅回路に対して、図2.6.4のように、入力と出力が同じ極性になるようにしたネガティブフィードバック回路を**非反転増幅回路**と呼びます。入力と出力が同じ極性となるので実際に使うときには扱いやすい回路となります。

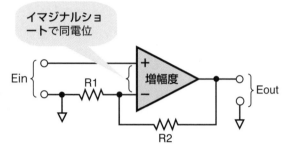

◆図2.6.4　非反転増幅回路

　差動入力のプラス／マイナスが、反転増幅回路とは逆なことに注意してください。これにより、出力に現れた電圧はやはり入力電圧を打ち消す方向に働くので、バランスが取れたところで出力電圧が安定します。この回路を反転増幅回路と同じようにイマジナルショートを使って簡単化すると、図2.6.5のように考えることができます。

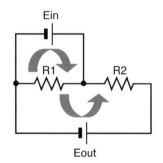

$$Ein = Eout \times \frac{R1}{(R1+R2)} \quad \text{したがって} \quad \frac{Eout}{Ein} = \frac{(R1+R2)}{R1}$$

◆図2.6.5　非反転増幅回路の増幅度

　図のように、電圧は同じ向きですから、Eoutを分圧したらEinと同じになるというように考えると、非反転増幅回路での増幅度(A)は、

$$A = \frac{Eout}{Ein} = \frac{(R1+R2)}{R1} = 1 + \frac{R2}{R1}$$

となります。ここでも増幅度が抵抗の比だけで決まりますので扱いが簡単になります。

▶ 2-6-4 │ オペアンプの規格表の見方

常識

最大定格の範囲内で使用すること。

オペアンプの性能を調べるのにもやはり規格表を使います。規格表にはいくつかのパラメータが記載されていますが、私たちが調べるときに使うのにはやはり最大定格と電気的特性という2つの要素です。

■最大定格

これ以上の使用条件で使うと壊れるという限界値を規定したものです。電圧と温度で規定されていて、私たちが注意しなければならないのは表2.6.2の項目です。

用語解説

・オフセット電圧
オペアンプの内部回路のばらつきにより、入力電圧が0Vのとき出力される電圧をオフセット電圧と呼ぶ。

◆表2.6.2　最大定格の項目

記号	名称	説明
電源電圧	V_{CC}、V_{EE}	使用可能な最大の電源電圧でV_{CC}は＋側でV_{EE}は－側。最近では±両端間の最大電圧で表すことが多くなった。
入力電圧	V_{IN}	加えられる最大の入力電圧。電源電圧にも制限される。
動作温度	T_A	オペアンプを使用できる最大、最小の周囲温度。

■電気的特性

オペアンプの性能そのものを表すパラメータで、これをもとにして設計していきます。オペアンプを使う目的によって必要なパラメータが異なってくるので、ここでは表2.6.3に一般的に必要とされるパラメータをまとめておきます。

◆表2.6.3　電気的特性

記号	名称	説明
V_{IO}	入力オフセット電圧	内部回路のばらつきによって発生するもので、出力を0Vにするために必要な入力電圧差をいう。外部からこれをキャンセルする回路を追加できるピンが出ているものもある。
$\Delta V_{IO}/\Delta T$	入力オフセット電圧温度係数	入力オフセット電圧が温度により変化する度合いを表している。これが小さいほど精度の高いオペアンプといえる。
V_{O+}　V_{O-}	出力電圧振幅	出力電圧が最大どこまで出るかを表している。通常は電源電圧より数V低くなるが、これが0.3V以下までとほぼ電源電圧近くまで振れるものがある。これをRail to Railと呼んでいる。
f_T　G_{BW}	しゃ断周波数　利得帯域幅積	オペアンプの増幅率は、扱う周波数が高くなるとともに下がっていくが、このとき電圧増幅率が1になる周波数を表す。この値が大きいほど周波数特性のよいオペアンプといえる。
SR	スルーレート	入力電圧の変化に出力電圧がどれほど早く追従できるかを表している。

参考

・NJM2119
2回路入り単電源高精度オペアンプ。

それでは実際の規格表はどのようになっているのでしょうか。オペアンプの規格表の表現方法はメーカによって多少異なっていますが、上記の基本的なパラメータはどこのメーカの規格表にもありますので問題ないでしょう。

表2.6.4は、NJM2119という新日本無線（JRC）製の単電源高精度オペアンプの規格表です。

◆表2.6.4 オペアンプ（JRC製 NJM2119）の規格表の実例（新日本無線：データシートより）

電気的特性（V$^+$＝5.0V、Ta＝25±2℃）

項目	記号	条件	最小	標準	最大	単位
入力オフセット電圧	V_{IO}	$R_S≦50Ω$	－	90	450	μV
入力オフセット電圧温度係数	$\Delta V_{IO}/\Delta T$	Ta＝-30～+85°	－	4.0	－	μV/℃
入力オフセット電流	I_{IO}		－	0.3	7.0	nA
入力バイアス電流	I_B		－	18	50	nA
消費電流	I_{CC}	$R_L=\infty$	－	1.0	1.5	mA
同相入力電圧範囲	V_{ICM}		0～3.5	－	－	V
同相信号除去比	CMR		85	100	－	dB
電源電圧除去比	SVR		85	100	－	dB
電圧利得	A_V	$R_L=600Ω$	90	105	－	dB
最大出力電圧 1	$+V_{OM1}$	$R_L=600Ω$	3.4	4.0	－	V
	$-V_{OM1}$	$R_L=600Ω$	－	5.0	10.0	mV
最大出力電圧 2	$-V_{OM2}$	$I_{SINK}=1mA$	－	220	350	mV
スルーレート	SR	$A_V=1$	－	0.3	－	V/μs
利得帯域幅積	GB		－	1.0	－	MHz

この表から下記のような内容が読み取れます。

① オフセット電圧が小さいので、10ビットA/Dコンバータ用の増幅に使ってもオフセットは無調整で大丈夫。
② 出力振幅は電源より1.6V低くなることがあるので、出力電圧で5Vを確保したいときには7V以上の電源が必要となる。
③ スルーレートが0.3V／μsと小さいので、μsecオーダーの早い変化の信号を扱うには無理がある。
④ 利得帯域幅積が1MHzなので、10倍以上のゲインをとると数10kHz以下の周波数までしか増幅できない。

▶▶ 2-6-5 ┃ オペアンプの選び方

　オペアンプにも数多くの種類があって選ぶのは大変なことですが、一般によく使われているオペアンプを用途ごとに整理してみました。それが表2.6.5です。これらから自分の使う用途にあったオペアンプを選択してください。

　これらはいずれも従来からある製品で、入手が容易なものに絞られています。最近開発されたオペアンプはさらに性能が格段に改良されており、徐々に私たちアマチュアにも入手できるようになっていくと思います。

◆表 2.6.5　オペアンプ一覧表

品名	用途	メーカ	性能の特徴			特徴と使い方
			回路	GB積	電源	
NJM4558DD	オーディオ用	JRC	2	3MHz	±2〜±18V	オーディオ向けに特に低雑音化
NJM4580DD	オーディオ用	JRC	2	15MHz	±4〜±18V	さらにDC特性を改善した
NJM2712	汎用	JRC	2	1GHz	±2.5〜±4.5V	高速、超広帯域
NJM2137D	汎用	JRC	2	200MHz	±1.35〜±6V	高速、広帯域
LM358	単電源、汎用	STマイクロ	2	1.1MHz	3〜32V	単電源の汎用
LF412	汎用	TI（旧ナショセミ）	2	4MHz	〜±18V	FET入力 低オフセット
LF442	汎用	TI（旧ナショセミ）	2	0.6MHz	±5〜±18V	FET入力 低消費電力
AD8397	汎用、高出力	アナログデバイセズ	2	69MHz	±1.5〜±12V	レールツーレール出力
AD8042	高速、汎用	アナログデバイセズ	2	170MHz	±1.5〜±6V	単電源可能 高速　広帯域
AD8616	単電源、汎用	アナログデバイセズ	2	24MHz	2.7〜5V	単電源、FET入力 レールツーレール入出力
MCP662/5	単電源、汎用	マイクロチップ	2	60MHz	2.5〜5.5V	単電源、広帯域 レールツーレール入出力
MCP602	単電源、汎用	マイクロチップ	2	2.8MHz	2.7〜6.0V	単電源の汎用、 レールツーレール入出力
MIC920	単電源、汎用	マイクロチップ	2	80MHz	5.0〜18V	単電源、広帯域 レールツーレール

▶▶ 2-6-6 ┃ オペアンプの実装方法

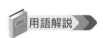

用語解説

・デュアルインライン
デジタルICと同じ
形状をした端子が、
パッケージの両側に2
列に並んでいるもの。

　オペアンプの実装といっても、最近のオペアンプは大部分がデュアルインライン型、つまりデジタルICと同じ形をしていますので、デュアルインラインと同じ穴あけで実装できます。またICソケットを使うことも多いのですが、これも通常のデジタル用と同じもので問題なく使うことができます。さらに、フラットパッケージが用意されていることも多く、小型化ができるようになりました。

　オペアンプの実装で注意すべきことは、電源とグランドの供給方法と入力のノイズ対策です。オペアンプはもともと大きな増幅率を持ったアンプですから、電源やグランドにわずかでもノイズが混入していれば、それが大きなノイズとなって現れてきます。そこで、オペアンプへの電源供給には下記のような対策を施すようにします。

鉄則

電源には必ずパスコンを実装すること。

参照

・パスコン → p.27

■電源には必ずパスコンを実装する

　これはデジタルICでもいえることですが、オペアンプでも同じで、外部からの影響をなくすと同時に、自分自身の電源電流の変動をコンデンサで吸収して安定動作をするようにします。この**パスコン**には高周波の変動を吸収できるように周波数特性のよいコンデンサを使うようにします。

■オペアンプ周りのアナロググランドはデジタルグランドと切り離す

常識

プリント基板などでグランドパターンを作るときには、アナログ用グランドとデジタル用グランドは別々のパターンとして作成し、電源供給元の1個所で両者を接続するようにする。

マイコン周辺機器としてオペアンプを使うような場合には、アナログ回路のグランドとデジタル回路のグランドを同じ電位にする必要がありますから、両方のグランドを接続する必要があります。しかし、プリント基板などでグランドパターンを作るときには、図2.6.6のように、アナログ用グランドとデジタル用グランドは別々のパターンとして作成し、電源供給元の1個所で両者を接続するようにします。こうすることでデジタル回路で発生する高周波のノイズが、アナログ回路に混入することを効果的に減らすことができます。

■入力回路の周りにグランドを配置する

常識

オペアンプの入力部分は、グランドで囲うこと。

一番最初のオペアンプへの入力回路部分は、一番外部からのノイズを受けやすいところです。そこで、入力回路部分を図2.6.6のようにアナロググランドで囲うようにしてパターンを配置します。こうすることで、周囲からのノイズが混入することを効果的に減らすことができます。

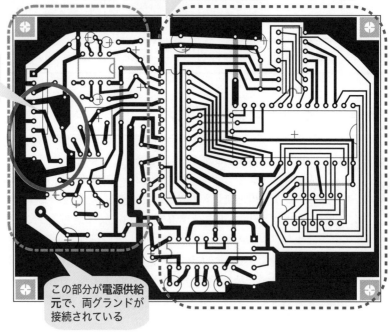

◆図2.6.6 オペアンプのグランドパターン例

▶▶ 2-6-7 | 電源用IC：3端子レギュレータ

3端子レギュレータは、最近の電源回路には必ずといってよいほど使われているICで、入力、出力、GNDの3本の端子だけでできているため、こういう名称で呼ばれています。機能は、出力電圧を常に一定に保つ働きを持ち、出力電流や入

力電圧の変化に対しても安定な出力電圧を保ちます。

3端子レギュレータ用ICには、単純な固定電圧出力タイプと可変出力電圧タイプがあります。それらの代表的なものの外観を写真2.6.2と写真2.6.3に示します。特に形のタイプと出力電圧の正負によって端子配列が異なるので使うときには注意が必要です。

用語解説

・3端子レギュレータ
出力電圧を常に一定に保つ働きを持ったIC。安定化電源回路（シリーズドロッパー方式）を製作する際に用いられる。

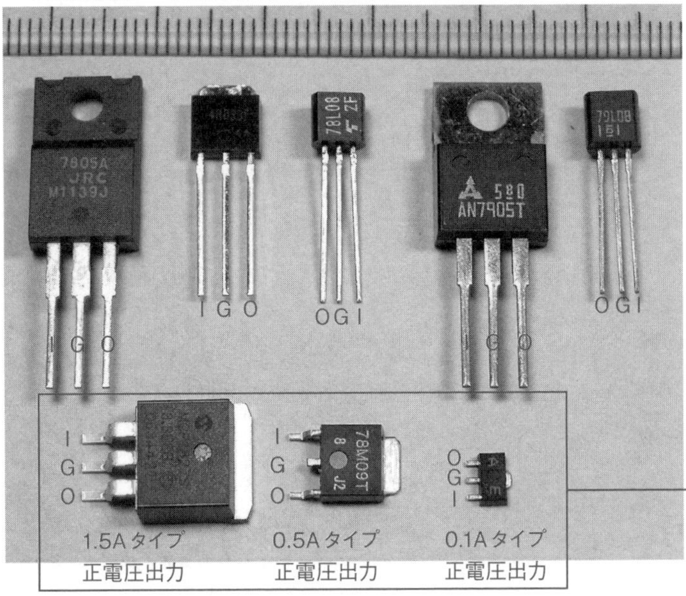

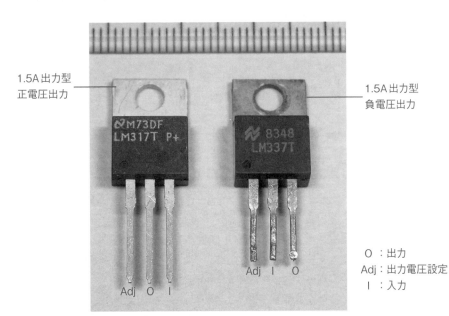

◆写真 2.6.2　出力電圧固定型 3 端子レギュレータ

◆写真 2.6.3　出力電圧可変型 3 端子レギュレータ

回路図記号も表2.6.6のように3ピンで表します。

◆表2.6.6　3端子レギュレータの回路図記号

回路図記号	名称	特徴と使い方
U10 7805 1 in GND out 3 2	固定出力型 3端子レギュレータ	固定電圧の出力を持つ電圧レギュレータで、100mA出力の小型のものから、1A出力の大型のものまである。 正出力と負出力があるが、端子の配列が異なるので注意。
U9 LM117 3 in Adj out 2 1	可変出力型 3端子レギュレータ	出力電圧が可変できる電圧レギュレータである。広い範囲で電圧を可変できる。100mA出力タイプから3A出力タイプまである。また正電圧用と負電圧用があるが、端子配列が異なるので注意。

用語解説

・フラットパッケージ
写真2.6.2の表面実装タイプのもの。
・ロードロップタイプ
3端子レギュレータで、入力と出力間の最低電圧差を低くした改良型のこと。

参照

・「実装方法」
→ p.195

　最近よく使われる**フラットパッケージ**タイプの固定出力型の3端子レギュレータの規格は、表2.6.7となっています。出力電圧の種類は1.8V、2V、2.5V、3V、3.3V、5Vとなっています。

　これらはいずれも入出力間の電圧降下が小さく抑えられた改良タイプで、**ロードロップタイプ**とも呼ばれ、できるだけ低い入力電圧で使えるようになっていて効率をよくできます。

◆表2.6.7　3端子レギュレータの規格表
（Microchip Technology Inc.、新日本無線株式会社：データシートより）

項目	MCP1703AT-3302E/CB 3.3V　250mA タイプ	NJM2845DL1-33 3.3V　800mA タイプ
最大入力電圧	16V	14V
最大出力電流	250mA	1050mA
動作周囲温度	− 40 ～ 125℃	− 40 ～ 85℃
出力電圧	Max　± 1.0% ～± 3.0%	Max　± 1%
入力安定度	Max　± 0.3%/V	Max　± 0.1%/V
負荷安定度	Max　± 2.5%	Max　± 2.0%　@500mA 出力
ドロップ電圧	Typ　330mV　@5V 入力	Typ　0.18V　@500mA 出力

▶▶ 2-6-8 　電源用IC：DC/DC コンバータIC

用語解説

・PWM 制御
パルス幅変調の略で、周波数一定でONとOFFの比を可変することで出力電圧を制御する。
・DC/DC コンバータ
直流入力から、異なる電圧の直流出力を生成するもの。

　3端子レギュレータに代わって最近多く使われるようになったデバイスで、直流入力を高周波のPWMパルスに内部で変換し、これから異なる電圧や負電圧の直流を生成し、出力電圧制御をPWM制御で行います。入力より低い電圧を生成する**ステップダウンコンバータ**と、入力より高い電圧を生成する**ステップアップコンバータ**の2種類に大別されます。これ以外に、回路方式によってさらにいくつかに分類されますが、ここでは小容量で代表的なものに限定して説明します。

　DC/DCコンバータの特徴は、原理的に入力電圧と出力電圧の差が発熱には関係せず、デジタルスイッチングのロスだけが発熱に影響します。さらに高性能のMOSFETを使うことで、スイッチングロスも小さくでき効率のよい変換ができる

ので発熱を非常に少なくできます。この特徴のため、最近では負荷電流が大きい場合や、入力と出力の電圧差が大きい場合には、大部分このDC/DCコンバータが使われています。しかしデジタルスイッチングが動作原理になっていますので、高周波ノイズが多いという欠点があり、音声信号を扱う場合や、高精度のアナログ計測などの場合には注意して使う必要があります。

　実際に使われるDC/DCコンバータ用ICは、写真2.6.4のような外観で小型のフラットパッケージのものも多くなっています。入力電圧範囲が広く、出力電圧もステップアップとダウン両方に対応でき、広範囲の電圧に設定できるようになっています。

◆写真 2.6.4　DC/DC コンバータ用 IC（写真は秋月電子通商の web サイトより引用）

▶▶ 2-6-9 ｜ オーディオパワーアンプ用 IC

参考

デジタルアンプキットとして販売されているものがあります。キットなら簡単に製作できますので、まずはキットでチャレンジしてはいかがでしょうか。

　専用のアナログICの代表的なものですが、**オーディオアンプ用**の出力アンプで、小型低出力のものから、大型高出力アンプまでさまざまな種類があります。使い勝手も、周りに抵抗とコンデンサをいくつか付加するだけでオーディオアンプが構成できるため手軽で便利に使えます。

　このような1個のICで数Wから数10Wのステレオアンプも構成できるものがシリーズで用意されています。表2.6.8はこのようなアンプ用ICの代表例です。

◆表 2.6.8　オーディオパワーアンプ IC の一覧

名称	メーカ	出力	機能・特徴
NJM386N	新日本無線	0.3W	モノラル
NJM2073D	新日本無線	1.2W/0.6W × 2	モノラル / ステレオ ヘッドフォン用
HT82V739	HOLTEK	1.2W	BTL　低電圧モノラル 少ない外付け部品
TA8265K	東芝セミコンダクタ	6W × 2	ステレオ 外付け部品少ない
TA8207KL	ユニソニック	2.5W 〜 4.6W × 2	ステレオ 外付け部品少ない
TDA2030L	ユニソニック	12W	BTL モノラル TO220 パッケージ
TA2020	トライパス	20W × 2	デジタルステレオアンプ
TPA2001D1PW	TI	1W	モノラル　D クラスアンプ 出力フィルタ不要
PAM8302AADCR	ダイオードインク (Diodes Incorporated)	2.5W	モノラル　D クラスアンプ 出力フィルタ不要
PAM8408DR	ダイオードインク (Diodes Incorporated)	3W × 2	ステレオ　D クラスアンプ 出力フィルタ不要

参考

表2.6.8中トライパ
ス社は倒産、「TA
2020」は生産中止と
なっているようです。

実装の仕方や、使うべき部品などについての注意事項は全てデータシートに記入されていますので、参考にして組み立てます。特に高出力のアンプは、電源とグランドのパターンや配線の仕方で安定度が左右されますので注意してください。これらのこともデータシートに書かれています。

回路を組むのはまだ無理という方は、写真2.6.5のような**アンプキット**がいろいろ市販されていますので、キットを利用してもよいと思います。

アドバイス

キットの販売店（品切れ、廃盤）などの情報は、インターネットで調べることができます。

TA8207KLのアンプキット

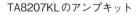

TDA2030のアンプキット

◆**写真2.6.5　アンプのキット例**（写真は秋月電子通商のwebサイトより引用）

2-6-10 モータ制御ドライバIC

用語解説

・**モータ制御ドライバ
IC**
　定回転制御や、可
変速制御なども可能な
IC。
・**Hブリッジ回路**
　単一の電源でモータ
に加える電圧の向きを
変えられる回路。フル
ブリッジ回路ともいう。
・**パルス幅制御**
　PWM制御。周期を
一定にして、パルスの
"1"と"0"の割合を可
変することで、通電す
る時間の平均エネル
ギーを可変制御しよう
とするもの。

特殊な用途としては、DCモータの制御ドライバICがあります。定回転制御や、可変速制御なども可能なICがあり、マイクロコンピュータと接続して各種の複雑な制御を行うことが可能です。小型DCモータ制御用のHブリッジやパルス幅制御などの機能を持つICもあります。

特に最近はHブリッジもMOS型トランジスタを使ったものが多くなりました。MOS型トランジスタの場合には、ON抵抗が極端に低いので、電源を効率的にモータに伝えられるのと、発熱も少ないので便利に使うことができます。表2.6.9はこれらのモータ制御用ICの代表的なものです。

◆表2.6.9 モータ制御用 IC 一覧

品名	構成	電圧	電流／オン抵抗	メーカ 他
BD6211F-E2	H ブリッジドライバ	3.0 〜 5.5V	1.0A	ローム MOS 構成
BD6231F-E2	H ブリッジドライバ	6 〜 32V	1.0A	ローム MOS 構成
LV8548MC	デュアルフルブリッジ	4 〜 16V	0.5A × 2	オン・セミコンダクター MOS 構成
TB6612FNG	デュアル DC モータ制御	2.5 〜 13.5V	1.2A	東芝デバイス＆ストレージ MOS 構成
TPC8408	デュアル MOSFET	〜 40V	33m Ω（P） 24m Ω（N）	東芝デバイス＆ストレージ N、P チャネルデュアル
FDS4897	デュアル MOSFET	〜 40V	4A、46 mΩ（P） 6A、29m Ω（N）	オン・セミコンダクター N、P チャネルデュアル
NDS9936	デュアル MOSFET	〜 30V	〜 5A 44m Ω	オン・セミコンダクター N × 2 チャネル
FDS4935A	デュアル MOSFET	〜 30V	〜 7A 19m Ω	オン・セミコンダクター P × 2 チャネル

◆写真 2.6.6 フルブリッジ用 IC の例（写真は秋月電子通商の web サイトより引用）

　前記のモータ制御用ICの使い方は、Hブリッジを基本とします。Hブリッジとは、DCモータを制御する場合に必ずお目にかかる回路で、DCモータの正転、逆転の制御に使うのが基本機能です。

　基本回路は図2.6.7のようにPチャネル型とNチャネル型のMOSトランジスタをペアで接続し、図のように2つの対角上のMOSトランジスタをONとすることで「aの電流」と、「bの電流」の2方向を制御することができます。すると当然DCモータには2方向の電流が流れるわけで、回転方向がこれによって切り替わることになります。さらにQ3とQ4を両方ONとするとモータをショートすることになり、回転中のモータにブレーキをかけることになります。

　ここでMOSトランジスタを使うと、ON抵抗を非常に小さくできますので、モータへの電源供給を非常に効率よくできます。さらにトランジスタ自体の発熱も減らすことができるので好都合となります。

参考

H ブリッジの動作を見ておきましょう。表を見てください。

"Q1、Q4" がオン、"Q2、Q3" がオフで正転（逆転）、"Q2、Q3" がオン、"Q1、Q4" がオフで逆転（正転）します。

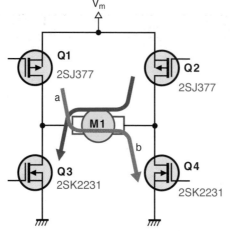

◆図 2.6.7　H ブリッジの原理

フルブリッジ回路の動作モード

Q1	Q2	Q3	Q4	モータ制御
OFF	OFF	OFF	OFF	停止
ON	OFF	OFF	ON	正転（逆転）
OFF	ON	ON	OFF	逆転（正転）
OFF	OFF	ON	ON	ブレーキ

　写真2.6.7の上側の基板が、図2.6.7のようにNチャネルとPチャネルのMOSFETトランジスタを使った基本の**フルブリッジ回路**の例で、マイコンと2組のフルブリッジ回路で構成されています。Raspberry Piからの信号で2個のDCモータの可変速可逆制御をマイコンで実行しています。

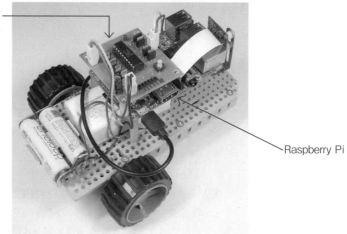

MOSFETトランジスタを使ったフルブリッジ回路

Raspberry Pi

◆写真 2.6.7　2 個の DC モータ制御の例

2-7 デジタル IC

 用語解説

・ゲート回路
　AND、OR、NOT
などの基本的な論理
回路。
・フリップフロップ
　記憶という機能を
もった回路。2つの安
定状態を持ち、どちら
かが"0"または"1"
として出力される。入
力にあらかじめ決めて
おいた変化があったと
き、出力は変化するが、
それ以外は変化せず
前の状態を保持し続け
る。
・フィールドプログラ
マブルIC
　製造後に内部論理
回路を定義・変更でき
る集積回路。

　デジタルICはいわゆる論理回路を組むための集積回路（IC）ですが、基本は**ゲート**と**フリップフロップ**からできています。当初は基本構成のICでいろいろな機能を実現していたのですが、最近では集積度が高くなり、多くのゲートやフリップフロップを1つのICの中に組み込んで、非常に高機能のLSIが開発されています。マイクロコンピュータもこのデジタルICを基本として作られています。

　私たちの工作では、デジタルICの基本であるANDやNAND(ナンド)ゲートのICも使いますが、最近では専用LSIにより非常に高度な機能を容易に組み上げることが可能になっています。これらの専用LSIは日々新しいものが開発されていますので、常に新しい情報の入手を怠らないようにしましょう。

　さらに最近では、ICそのものをプログラマブルにして自分で好きな回路をIC内部に作ってしまうことができるようになりました。これが**フィールドプログラマブルIC**と言われるもので、PLD、CPLD、FPGAとか呼ばれています。写真2.7.1が汎用デジタルICの代表的なものです。

(PLD：Programmable Logic Device)
(CPLD：Complex Programmable Logic Device)
(FPGA：Field Programmable Gate Array)

◆写真2.7.1　デジタルIC

▶ 2-7-1 ゲート

　デジタルICの基本は「**ゲート**」と呼ばれる論理機能素子です。デジタルというのですから、電気的には「0」（0ボルト）と「1」（電源電圧値）しかなく、これを論理値とすることから**論理回路**と呼ばれています。

　ゲートには、AND、OR、NOTを始めとしていくつかの種類があります。いずれもいわゆる論理演算なのですが、特徴的なのは、NOTが一緒に組み込まれたNANDやNOR(ノア)があることです。それらの回路図記号と機能の一覧を表2.7.1に示します。

アドバイス

・真理値表の見方
　NANDの真理値表
　を見てください。入力
　A、B、出力Yです。
　　A：0、B：0
　　　→ Y：1
　　A：1、B：0
　　　→ Y：1
　　A：0、B：1
　　　→ Y：1
　　A：1、B：1
　　　→ Y：0

◆表 2.7.1　ゲートの回路図記号と機能

回路図記号	名称	論理値	真理値表 A	B	Y
A ▷○ Y	NOT (Inverter)	$Y = \overline{A}$	0	–	1
			1	–	0
A B ⫢ Y	AND	$Y = A \& B$	0	0	0
			1	0	0
			0	1	0
			1	1	1
A B ⫸ Y	OR	$Y = A + B$	0	0	0
			1	0	1
			0	1	1
			1	1	1
A B ⫢○ Y	NAND	$Y = \overline{A \& B}$	0	0	1
			1	0	1
			0	1	1
			1	1	0
A B ⫸○ Y	NOR	$Y = \overline{A + B}$	0	0	1
			1	0	0
			0	1	0
			1	1	0

◆写真 2.7.2　NANDゲート

　ここで表に示した真理値表とは、入力の各論理値の組み合わせに対して、出力
の論理値がどう変わるかを表現したもので、複雑なICの動きも入出力をこの真理
値表で表すことで動作機能の表現が可能となります。

　ゲート回路で考慮しておかなければならないことは、ICの動作速度です。ゲー
トのICにも動作速度というものがあり、これがいろいろな機能ICの最大速度の限
界を決めるもとになっています。この速度がどれくらいかというと、およそ数
nsecから10nsecなのですが、ICのシリーズによって速度が変わります。

　デジタルICは、テキサス・インスツルメンツ社（TI社と略す）のICがデファ
クトスタンダードとなっています。TI社の5V標準ロジックシリーズとその性能は、
表2.7.2のようになっています。

◆表 2.7.2　TI 社のシリーズ一覧（5V 標準ロジック）

種別	シリーズ名	電源電圧	動作速度	ドライブ能力	消費電流
TTL	ASシリーズ	4.5V〜5.5V	4ns	64mA	54mA
TTL	Fシリーズ	4.5V〜5.5V	4ns	64mA	90mA
TTL	ALSシリーズ	4.5V〜5.5V	7ns	64mA	27mA
TTL	LSシリーズ	4.75V〜5.25V	12ns	24mA	54mA
TTL	Sシリーズ	4.75V〜5.25V	6ns	24mA	180mA
CMOS	ABTシリーズ	4.5V〜5.5V	2.5ns	64mA	0.3mA
CMOS	BCTシリーズ	4.5V〜5.5V	4ns	64mA	10mA
CMOS	AHCシリーズ	2.0V〜5.5V	5ns	8mA	40μA
CMOS	ACシリーズ	2.0V〜6.0V	5ns	24mA	40μA
CMOS	HCシリーズ	2.0V〜6.0V	14ns	8mA	80μA

　これによれば、私たちが一般に使う電源電圧が5Vの製品ではABTシリーズが最速で2.5nsec（ナノ秒）となっています。これはどういう意味かというと、入力に信号が加えられた瞬間から、それが出力に現れるまでの時間が2.5nsecということです。つまりこれだけの時間の遅れが生じることになります。遅れといっても数nsecですから、私たちが電子工作で扱う時間はせいぜい10MHz（100nsec）の世界ですから全く問題ありません。しかし、最新のマイクロコンピュータなど100MHz以上で動作するものを扱う世界では、かなり意識しなければならない時間となります。

　シリーズ中で私たちが電子工作で扱いやすいのは、HC、ACシリーズです。これだと消費電力も少なく、動作電源電圧も広い範囲で使えます。動作速度は大体HCシリーズが15nsec、ACシリーズが5nsec程度と考えればよいでしょう。

　ただし実際の回路での遅れは、IC自身の遅れに、負荷を接続したときの容量成分による遅れが加わるので注意が必要です。大雑把に考えれば、HCシリーズの場合、この遅れを加えて約20nsecから25nsecがゲート一段当たりの遅れと考えてよいでしょう。

▶ 2-7-2 ┃ TTL と CMOS の違い

用語解説

・**TTL**
〔読み方：ティーティーエル〕
バイポーラのトランジスタで構成されたもの。
・**CMOS**
〔読み方：シーモス〕
MOS 型 FET を中心にして作られたもの。

　デジタルICは、表2.7.2のように、トランジスタと同様その内部構造の違いから「TTL」と「CMOS」に大別されます。TTLは内部の回路が主として従来のバイポーラのトランジスタで構成されたものです。CMOSはその名のとおりMOS型FETを中心にして作られたものです。しかしデジタルICとしての機能は全く同じになっていて、名称もサフィックス番号は下記のように同じになっています。CMOSの場合には、多くが名称に「C」の文字が含まれているので区別することができます。

	TTL	CMOS
NAND	74LS00	74HC00
D-FF	4LS74	74HC74

　機能的には全く同じですが、電源消費電流が大幅に異なることと、入出力のインターフェースが異なっているので注意が必要で、場合によってはそのまま混在させて使うと、同じ5Vで動作させても正常に動作しないこともあります。TTLとCMOSの違いは主に下記のような項目です。

■入力オープンによる動作の違い

常識

CMOSの場合は、入力オープンにはしないこと。
グランドか電源いずれかに必ず接続すること。

　TTLでは入力オープンは、論理「1」に相当しますが、CMOSの場合には、容量成分の影響で不定となります。またCMOSの場合にはオープンのままだとICが壊れる可能性があるため入力オープンは禁止されていますので、グランドか電源いずれかに必ず接続する必要があります。ただしTTLの場合でも、ノイズにより誤動作する危険があるため入力オープンは避けるようにします。

■入出力電圧の違い

　TTLとCMOSそれぞれの入出力ピンの電圧規定値は図2.7.1のようになっています。これでわかるように、TTL、CMOSいずれの場合にも出力電圧は入力スレッショルド電圧よりも余裕のある電圧が出力されるようになっていて、ノイズマージンとなっています。またCMOSの方が、ノイズマージンが大きくなっていることがわかります。特に論理「0」側が大幅に改善されていることが分かります。

　ところでこれらの条件でTTLとCMOSを混在させて使ったらどうなるのでしょうか。スレッショルドの条件だけで見ると、図からわかるように、TTL出力にCMOS入力を接続した場合、TTLの「1」側出力電圧が低めのものがあると、最悪の条件で論理が不定になる可能性があることがわかります。したがって、混在させて使う場合、あるいはTTL基板とCMOS基板を接続するような場合には、TTLからCMOSへ出力するときに危険であることがわかります。

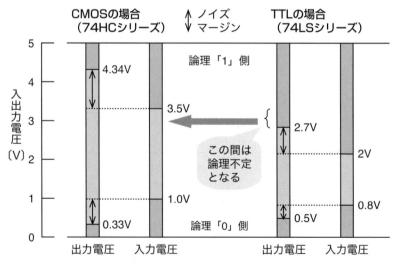

◆図2.7.1　TTLとCMOSの入出力電圧

▶ 2-7-3 ┃ デジタル IC の規格表の見方

デジタル IC も半導体でできているので、やはり使用条件には制限があります。ここでも絶対最大定格と電気的特性が出てきますが、デジタル回路素子ではこれ以外に「**スイッチング特性**」という規格が別にあります

常識

絶対最大定格の範囲内で使用すること。

■絶対最大定格

これ以上の条件で使うと IC が壊れるという条件を規定したものです。やはり電圧、電流、温度の3要素で規定されていて、私たちがここで注意しなければならないのは、表2.7.3の項目です。

◆表 2.7.3　最大定格

項目	略号	名称	内容
電圧	V_{CC}	電源電圧	V_{CC}ピンに加えてよい最大電圧。大部分が7Vとなっている。
電流	I_O	出力電流	1ピンあたりに流せる最大電流。 HCシリーズの場合には25mAとなっている。 これ以外に、パッケージ当たりの電流も制限されていて、 V_{CC}電流として規定されているので、ピンの合計の電流がこれを超えないようにする必要がある。

■電気的特性

推奨動作条件の範囲で動作させているときの、入出力ピンの電圧、電流の特性を記述しています。ここでは出力電圧と電流の関係を意識する必要があります。これがドライブできる次段の入力の個数（**ファンアウト**という）を決めるからです。もっとも、シリーズによって標準値が決まっているので、いちいち気にする必要はなく、HCシリーズでは接続できる個数は最大20個と習慣的に決まっているので、これを守れば問題なく動作します。

用語解説

・**ファンアウト**
ドライブできる次段の入力の個数。
・**クロック**
デジタル回路の動作を制御するペースメーカとなる信号のこと。

■スイッチング特性

どんな IC でも必ず入力に対して出力は遅れて出てきます。しかしデジタル IC の場合、特に遅れ時間を意識することが多く、特別にこれらの動作時間や、遅れ時間をスイッチング特性として規格表にしています。この中では、立ち上がり、立ち下がり各々の伝播遅延時間を意識すればよいでしょう。これらは IC の内部回路の複雑さによって大きく異なりますので、IC ごとに異なっています。この IC の遅れ時間によって、クロックの最大速度が規定され、全体の回路の性能が制限されます。

この遅れ時間が問題になるのは、クロックの立ち上がりが始まるまでに、信号が揃うかということが問題になる場合です。つまり、シフトレジスタやカウンタなどを組み込んだ回路で、それらの出力が次の段に進む速さが、次のクロックの立ち上がりまでに間に合うかというような場合です。

COLUMN 動作遅れ時間とハザード

　ロジックゲートや、フリップフロップの動作は、入力の条件が決まれば、数 nsec から数10nsec 後には出力がそれに合わせた変化をします。実際の回路設計で難しくなるのは、この入力が変化してから、出力が現れるまでの遅れ時間差が問題になるからです。遅れ時間に差があるままAND とかの論理を通すと、場合によっては非常に短いパルス（通常ヒゲと呼んでいる）がパルスの境界付近で発生してしまうことがあり、誤動作の元になることがあります（これをハザードと呼ぶ）。

　ハザードが引き起こすトラブルで最も簡単な例が図1のような場合になります。この回路では、クロックの信号 CK を JK フリップフロップにより2分周して2倍の幅にし、もとの CK と ANDをとってクロックの信号をひとつおきにしようとしているのですが、JK フリップフロップの動作時間の遅れにより、IC1A で AND をとったとき、もとの CK との時間差により図の OUT のような出力となってしまいます。最初のパルスは遅れの分だけパルス幅が短くなってしまいますし、次の部分では遅れの分だけのヒゲとなるパルスが出てしまっています。

　このような回路で期待通りの出力とするには、図のように CK 信号にゲートを挿入して遅らせてから IC1A の1ピンに入力する必要があります。もともと IC1A にも動作時間の遅れがありますから、この動作時間以下の遅延差は出力には現れてきません。このように遅れがあることにより複雑な論理回路もヒゲを出さずに構成できるということも言えます。全く遅れがないゲートでは、RS フリップフロップでさえも構成不可能となります。

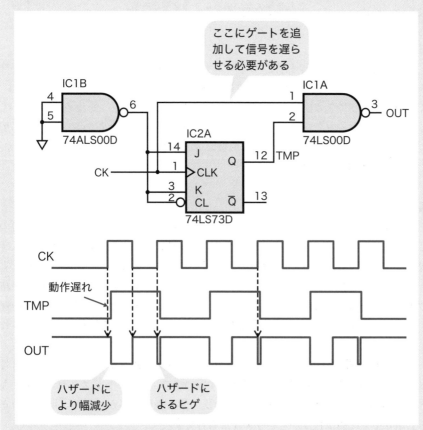

◆図1　ロジック IC の遅延とハザード

▶ 2-7-4 | デジタル IC の種類

常識

電源ピンとグランドピンも統一されているため、回路図ではしばしばこれらが省略されることが多い。接続を忘れないよう注意すること。

デジタルICは今ではデュアルインラインやフラットパッケージと呼ばれる形にすべて統一されています。パッケージの中に複数の回路素子が内蔵されているものもあり、ピン番号で区別されています。また電源ピンとグランドピンも統一されているため、回路図ではしばしばこれらが省略されることが多いので、接続を忘れないよう注意が必要です。

私たちが電子工作でよく使う代表的なデジタルICのパッケージ内容と機能の概略を表2.7.4(a)、(b)に示します。この他にも非常に多くの種類のデジタルICがあり、自分が欲しい機能のICを探すことで、ぐんと設計が楽になる場合もあります。

◆ 表 2.7.4(a) 代表的なデジタル IC のパッケージ内容

名称	パッケージ内容	回路図記号	機能概要
SN74HC00		74HC00	**Quad 2 Input NAND** 2入力NANDが4個実装されている。
SN74HC04		74HC04	**Hex Inverters** インバータが6個実装されている。
SN74HC74		74HC74	**Dual DFFs with Preset and Clear** Dフリップフロップが2個実装されている。
SN74HC138		74HC138	**3 to 8 Demultiplexer** 3ビットバイナリを8ラインに分離する。
SN74HC244		74HC244	**Octal 3-state Bus Buffers** 3ステートのバスバッファが8個実装されている。8ビットデータバスのドライバ用。

◆表 2.7.4(b) 代表的なデジタル IC のパッケージ内容

名称	パッケージ内容	回路図記号	機能概要
SN74HC245		U 2 74HC245	**Octal 3-state Bus Transceivers** 3ステートのトランシーバが8個実装されている。8ビットデータバスのパーティライン接続用。
SN74HC541		U 3 74HC541	**Octal 3-state Buffers** 3ステートのバスバッファが8個実装されている。入出力接続が単純に1対1になっている。
SN74HC573		U 3 74HC573	**Octal 3-state D-Latches** 3ステート出力のDフリップフロップが8個実装されている。8ビットデータバスのデータ保持用。

参考

・3 ステート
0、1、ハイインピーダンスの 3 つの出力状態を持つこと。

▶▶ 2-7-5 ┃ パッケージの寸法と実装方法

これらの各ICはピン数が標準化されており、それによって外形寸法も標準化されています。

デュアルインライン型の寸法を簡単にいうと、ピン間は全て0.1インチで、横幅がスリム28ピンまでは0.3インチで、24ピンから42ピンまでは0.6インチとなっています。

デュアルインライン以外のパッケージも何種類かありますが、私たちが工作に使うのは大部分デュアルインライン型です。実装もこの寸法に従って穴をあけ実装します。穴あけやプリントパターンなどは、EDAツールが標準で持っており、それに従って配置すれば問題ないようになっています。

参照

・EDA ツール
→ p.212

用語解説

・フラットパッケージ
表面実装タイプのもの。

またデュアルインライン以外で代表的なのはフラットパッケージタイプです。フラットパッケージの場合にも寸法は標準化されており、プリント基板用のパターンも標準化されています。EDAツールを使えばこれもあらかじめ用意されているパターンをそのまま使えば問題なくできるようになっています。

■実装時に注意すること

デジタルICのプリント基板等への実装で、私たちが注意しなければならないことは次のようなことです。

① IC は直接はんだ付けせず、IC ソケットを使う

私たちの電子工作では、実際の取り付けにはICソケットを使います。これは誤って電圧をかけて壊したりしないよう、確認してからICをソケットに実装するという目的以外に、別の作品に同じICを使いまわすためにも必要です。

ICソケットにICを実装するときには、逆向きに挿入しないよう気をつけます（ICの向きに注意）。ICの端面の円弧状のくぼみをICソケットのくぼみと合わせるようにして実装します。

ICの1ピンのマークを、ICソケットの
切り欠き側にして挿入する

切り欠き部の方向を
合わせて挿入する

◆写真 2.7.3　IC ソケットの切り欠き

ICソケットには切り欠き（印）がつけてあります（ICの向きを合わせるためのもの）。基板にICソケットを取り付ける際、向きに注意して取り付けます。

② IC の近くに必ずパスコンを実装する

電源やグランドを安定にし、誤動作をなくすために必ずパスコンを実装しましょう。$0.01 \sim 0.1\,\mu$F程度のセラミックコンデンサか積層セラミックコンデンサが適当で、高周波特性のよいものにします。

ICの近くに必ずパスコンを実装すること。

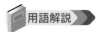

・パスコン → p.27
・ファンアウト
　→ p.99

③ クロック信号のファンアウトに注意

クロック信号は多くのICに配られて同期回路を構成します。したがって1つの信号から配られるのでファンアウトが不足しないようにいくつかのICで中継して配るようにします。

▶▶ 2-7-6 ｜ プログラマブルロジック IC

デジタルICで、内部に回路構成用メモリを内蔵し、外部から書き込むことで自由に回路を構成できるようにしたICがあります。一般に**プログラマブルロジックIC**と呼ばれているもので、**CPLD**（Complex Programmable Logic Device）とか**FPGA**（Field Programmable Gate Array）と呼ばれているものです。

これは内部構成用メモリにデータを書き込むことにより、ICの機能そのものを創ることができるICで、内部に構成できる回路規模が大きいため、ゲートなどのSSI

用語解説

・プログラマブルロ
　ジック IC
　プログラミングすることができるICのこと（外部から書き込むことで自由に回路を構成できるようにしたIC）。

やカウンタなどのMSIクラスのICを数多く使って構成してきた回路が1個の
CPLDやFPGAで実現できてしまいます。写真2.7.4がこのようなCPLDの実例です。

◆写真 2.7.4 CPLD の例

　最近では、ゲート数で百個から数十万個まで内蔵し、マイコンやアナログ回路
まで実装されたFPGAがあり、任意の高機能な機能素子として自由に機能を創る
ことができます。しかしこのようなFPGAは大規模過ぎてアマチュアではちょっ
と使いこなすのには無理があります。実際にアマチュアが使えるのはCPLDまで
でしょう。

　CPLDに実装する中身の設計には2つの方法があります。ひとつは従来と同様、
回路図を描いてそれからツールで書き込みデータを生成する方法です。もうひと
つは、現在では主流の設計方法になっているHDL言語を使う方法です。

・HDL
　hardware description
　language

　このHDL言語を使えば、巨大な回路もすっきりしたプログラムのように書くこ
とができ、テストもシミュレータで行うことができるので、実際のものを作る前に
シミュレーションでかなりのテストが可能となります。

　現在では、私たちアマチュアでも、このHDL言語を使ってCPLDを開発するた
めの環境を簡単にそろえることができるようになりました。これからのデジタル回
路の設計はHDL言語で行うようになっていくと思います。

　現在よく使われているHDL言語にはVHDLという言語とVerilog-HDLという
言語の2種類がありますが、いずれを使っても同じことができます。図2.7.2が実
際のVHDL言語の例で、10進カウンタを作成したものです。

```
library ieee;
use ieee.std_logic_1164.all;
use ieee.std_logic_unsigned.all;

entity count10 is
        port (
                CLK,RESET: in std_logic;
                CYIN     : in std_logic;
                Q        : out std_logic_vector(3 downto 0);
                CYOUT    : out std_logic
        );

end;

architecture RTL of count10 is
signal TQ : std_logic_vector(3 downto 0);
```

```
        begin
                process (CLK,RESET,CYIN) begin
                        if (RESET = '1') then
                                TQ <= "0000";
                        elsif (CLK'event and CLK = '1' and CYIN='1') then
                                if (TQ = "1001") then
                                        TQ <= "0000";
                                else
                                        TQ <= TQ + '1';
                                end if;
                        end if;
                end process;
        --
                process (TQ,CYIN) begin
                        if (TQ = "1001" and CYIN = '1') then
                                CYOUT <= '1';
                        else
                                CYOUT <= '0';
                        end if;
                end process;
        --
                Q <= TQ;
        end RTL;
```

◆**図 2.7.2** VHDL の例

　現在、このCPLDを作るために必要な開発ツールで、私たちが無料で使えるものは、表2.7.5のようなものがあります。いずれもCPLDメーカの日本語のウェブサイトからダウンロードできます。プログラムサイズが大きいのでダウンロードに時間がかかりますが、それ以上に自分たち自身で開発ができる環境が整えられるメリットには変えがたいものがあります。どちらのメーカのCPLDも容易に入手できますので、いずれを使ってもよいでしょう。

◆**表 2.7.5** CPLD 開発ツール

メーカ名	対応 CPLD	ツールの名称	備考
ザイリンクス社	XC9500 Cool Runner II	ISE WebPACK v14.7	Windows 7、Linux
インテル社 (旧アルテラ社)	MAX II MAX V	Quartus Prime Lite V19.1	Windows7/10、Linux 74 シリーズの回路部品がある

　製作手順は、まず上記ツールで回路図かHDL言語で回路を記述し、デバッグしチェックをしたあと、コンパイルしてできあがったオブジェクトファイルをCPLD本体に書き込みます。

　Quartus Prime Liteで74シリーズの部品を使って作成した回路図の例が図2.7.3となります。これは8桁の周波数カウンタの例です。このように回路図ベースで作成すれば、従来のようにMSIなどのICを使って作成していたものと同じです。便利なのはパソコンの画面上で描くわけですから追加、変更、削除も簡単にできます。さらに便利なことは、配線に名称を付加すれば同じ名称の配線は回路図上で接続されていなくても名称だけで接続されているものとして扱ってくれる点です。これで非常にすっきりした回路図として描くことができます。

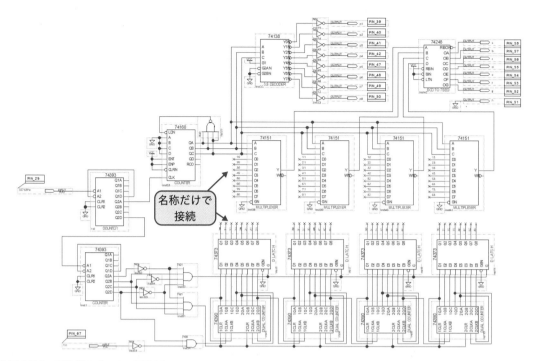

◆図 2.7.3 周波数カウンタの回路例

描いた回路図をCPLDに書き込むときには、分析と解析を実行して間違いがなければ、全コンパイルしたあと、写真2.7.5のように専用のプログラミングツールを接続して、パソコンからダウンロードして書き込みます。書き込みが完了すればすぐ実際の動作を開始します。

◆写真 2.7.5 CPLD への書き込み

2-8 光関連半導体部品

　光と半導体とのかかわりはたくさんあります。それは、エネルギーの授受が両者の間で直接可能だからです。つまり、半導体接合部を通る電子のエネルギーで光が放出されることで発光ダイオードが生まれ、逆に、半導体接合部に光を当てることで流れる電流を制御するのがフォトダイオードです。これらの原理を応用した電子部品をまとめてみました。

▶ 2-8-1 発光ダイオード

　pn接合に順方向電流が流れるとき、半導体に特定の不純物が混入していると、不純物の種類によって特定の波長の光が放出されます。これを効率よく発生するようにしたダイオードが**発光ダイオード（LED）**です。発色の種類は、赤、緑、黄、と最近、青が開発され、光の3原色ができたため、フルカラーの画像表示にも使われるようになりました。写真2.8.1は代表的な発光ダイオードの例です。サイズには写真のようにチップ型を含め多くの種類があります。

　中には写真下側のような大型で強力に光るパワーLEDもあります。この**パワーLED**は自動車のヘッドライトなどにも使われるほどの強い光を放つことができますが、数100mA以上の電流を流すことになるため、放熱が必須となりますから、放熱が効率よくできるようにアルミ基板に実装されています。

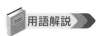
用語解説

・LED
〔読み方：エルイーディー〕
　発光ダイオードのこと。

常識

　発光ダイオードには極性があります。取り付ける際には向きに注意してください。
　リード線の長い方がプラス電源側（アノード側）です。

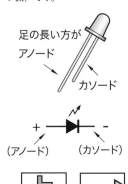

足の長い方が
アノード

カソード

＋ →|← －
（アノード）　　（カソード）

チップ型の　　カソード
場合の向き　　マーク

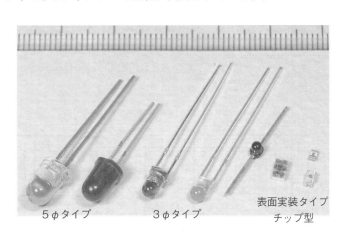

5φタイプ　　3φタイプ　　表面実装タイプ　チップ型

1Wクラス　　3Wクラス
パワーLEDの例

◆**写真2.8.1　発光ダイオードの例**

回路図記号は表2.8.1を使います。類似の記号が何種類かありますが、イメージで理解できると思います。

◆表2.8.1 発光ダイオードの回路図記号

回路図記号	略号	名称	特徴
LED5 red D8 LED	**LED** (Light Emitting Diode)	発光ダイオード	赤、緑、黄、青があり、これ以外に白もある。 電流を流す量に比例して明るく光る。

この発光ダイオードの電流と光の関係は図2.8.1のようになっています。右側の図からわかるように電流が多いほど発光する強度も強くなりますが、20mA以上はあまり変わりません。通常は100mcd程度の光度があれば十分見えますので、数mA程度の電流を流せば十分です。このときの順電圧は、左側のグラフからわかるように、2V前後で電流が変わっても大きくは変わりません。そこで、5Vの電源で発光ダイオードを5mAで点灯させるときの電流制限用の抵抗値は、下記で求まります。

用語解説

・cd
〔読み方：カンデラ〕
光度。明るさを表す単位。mcd（ミリカンデラ）。

$$R ＝（5V － 2V）／ 5mA ＝ 600 Ω$$

E24系列の抵抗から選ぶと560Ωということになります。この抵抗での消費電力は

$$3V × 5mA ＝ 15mW$$

参考

TLOU113P は生産終了となっています。ここでは LED の例として掲載しておきます。

ですから、1／8W以上であれば全く問題ないことになります。さらに、抵抗値の値そのものは、3mAから10mA程度の間であれば、目視での明るさにあまり大きな差はないことから、330Ωから1kΩの間であれば適当なもので大丈夫ということになります。

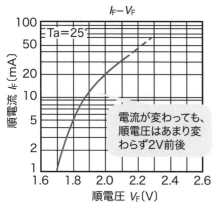

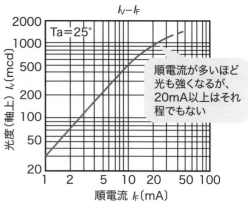

◆図 2.8.1 発光ダイオードの特性（TLOU113P(F)）（東芝セミコンダクター社：データシートより）

発光ダイオードの取り付けは、極性さえ注意すれば特に難しいところはありません（実装時には極性に注意）。リード線の長い方がプラス電源側、つまりアノー

▶▶ 2-8-2 | セグメント発光ダイオード表示器

　数字を表示する素子としてセグメント発光ダイオード表示器があります。この素子は発光ダイオードをaからgまでの7個のセグメントにまとめ、セグメントの光らせ方で数字を表示するようにしたものです。

■内部構成と外観

　aからgまでの各セグメントの表示位置は標準として共通に決められていて、図2.8.2のようになっています。7セグメント以外に小数点が余分にあります。内部構成は図のように、各セグメントの発光ダイオードの片方を一緒にまとめて接続していますが、まとめるときに発光ダイオードのカソード側をまとめるか、アノード側をまとめるかによって**カソードコモン**と**アノードコモン**の大きく2種類のものがあります。図はカソードコモンの例です。

参考

Dp＝小数点

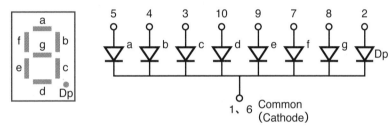

◆**図 2.8.2　セグメント発光ダイオードの内部構成**

　セグメント発光ダイオードには、形や色、大きさによって非常に多くの種類があります。写真2.8.2は代表的なものの外観で、複数桁の数字と小数点、符号などを一体化したものもあります。また回路図記号は表2.8.2のように表現します。

◆**写真 2.8.2　セグメント発光ダイオードの例**

◆表2.8.2 セグメント表示器の回路図記号

回路図記号	略号	特徴他
	特に決まった記号はなく、慣習的にSEGとかLEDとかとしている。	色と大きさには多くの種類がある。

■制御方法

図2.8.2で、a〜gまでの各発光ダイオードの適当なものだけを光らせると数字が表示できるようになっています。例えば「2」を表示するには「a、b、g、e、d」に相当する発光ダイオードを点灯すればよいのです。これを実際に点灯させるためには、common端子にマイナスを接続し、必要なセグメントの端子に抵抗を通してプラスの電圧をかけて、各セグメント当たり10mA程度の電流を流すと点灯します。図2.8.2は**カソードコモン**というタイプですが、アノードコモンというタイプもあり、この場合にはコモン側がプラスと逆になります。コモン端子には点灯セグメントの合計の電流が流れるので、最大7倍（少数点があるときは8倍）となります。

■ダイナミック点灯制御

セグメント発光ダイオードの点灯制御は、1個だけすなわち1桁の数字だけの表示であれば、7個の各セグメントをドライブするICに1対1に直接接続して制御すればよいのですからことは簡単です。問題になるのは多桁の表示をするときです。全ての桁のセグメントを独立に制御するとすれば、ドライブするICの出力ピンが全部で桁数×7個も必要になってしまい、とんでもない数のICが必要になり、実用的ではありません。

そこで工夫されたのが、**ダイナミック点灯制御**という方式です。ダイナミック点灯制御では、7セグメントの制御は全桁並列接続して共通にして1桁分と同じ7本の出力ピンのドライバICに電流制限用の抵抗を経由して接続します。そしてどの桁を点灯させるかを桁ごとのcommonのドライブ用ICの切り替えを行うことで制御します。

これをもう少し詳しく説明すると、図2.8.3のタイムチャートのように、commonの入出力ピンで短時間の間一つの桁を光らせたら、いったん全消去して、すぐ次の桁を光らせるということを高速で繰り返します。もちろん各桁に表示するのはその桁に表示するべき数字です。

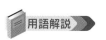

用語解説

・common端子
コモン端子。共通の端子という意味。
・アノードコモン
アノード側（プラスの電圧を加える端子）が共通になっているもの。
・カソードコモン
カソード側が共通になっているもの。

常識

多桁のセグメント発光ダイオードを表示させるには、ダイナミック点灯方式を利用する。

アドバイス

残像現象を利用したもので、1桁ずつ表示、消去を繰り返しても、あたかも連続して表示しているように見せかけることができます。こうすることで制御が簡単になります。
たとえば3桁の表示器に「356」と表示させるとします。まず「3」を表示、全消去→「5」を表示、全消去→「6」を表示、全消去→「3」を表示、全消去…を高速で繰り返し、表示させます。
これで、消去した後も残像現象で、光を連続して見ているように錯覚します。

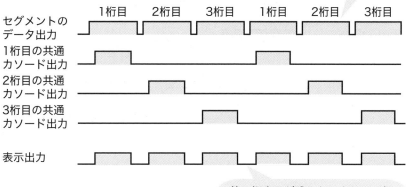

各桁の表示データは、同じデータが繰り返し表示されることになる

前の桁表示が残らないように、何も表示しない期間を挿入する

◆**図2.8.3　ダイナミック点灯制御のタイムチャート**

　こうするとある瞬間では1個の桁だけが点灯していることになりますが、人間の目には残像現象があり、一度光を見ると光が消えた後も約100msec程度その光を連続して見ているように錯覚します。そこで、点灯の繰り返しを残像現象よりはるかに高速に、数10msec以下の速さで繰り返すと、あたかも連続して各桁が点灯しているように見えてしまいます。これがダイナミック点灯制御の原理です。

　制御のノウハウは、ひとつは繰り返しの周期で、これが長すぎると表示がちらつくので短めの周期とします。数msecから数10msecが一般的です。またもうひとつのノウハウは、桁ごとの間に短時間ですが、どの桁も表示しない時間を挿入することです。こうすることにより、表示部分と制御部分が離れているようなとき、ケーブルでの信号の遅れにより、前の桁が次の桁に一瞬表示されてしまって表示がちらつくということを避けることができます。

　また各桁の実表示時間が短くなるため、表示の明るさがその分暗くなってしまいます。そこで発光ダイオードに流す電流を多めにします。パルスで電流を流す場合には許容電流も大きくできるので、40～50mA程度まで流すことができます。しかしコモンにはこれらの合計値が流れますから、全体の電流容量を考えながら電流値を決めます。

■**実装方法**

　セグメント発光ダイオード表示器の大きさは多くの種類があるので、実装寸法などはデータシートを参考にして設計していきます。あとはこれをパネルに実装するときの組み立て方ですが、一例を図2.8.4に示します。この方法ではパネル表面にはネジが見えず、きれいなパネル面に仕上げることができます。

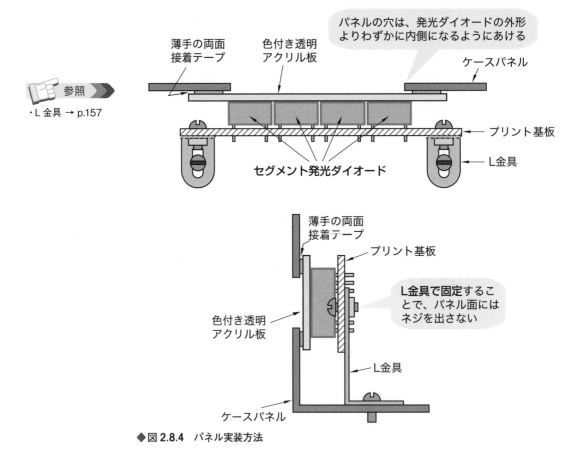

パネルの穴は、発光ダイオードの外形よりわずかに内側になるようにあける

薄手の両面接着テープ

色付き透明アクリル板

ケースパネル

プリント基板

L金具

セグメント発光ダイオード

参照

・L金具 → p.157

薄手の両面接着テープ

プリント基板

L金具で固定することで、パネル面にはネジを出さない

色付き透明アクリル板

L金具

ケースパネル

◆**図 2.8.4** パネル実装方法

C O L U M N 多連 LED

　角型 LED10 個（12 個）の多連 LED です。さて用途は？

　VU メータとして利用するというのはどうでしょう。

　一つのアイデアとして、アンプキットに接続して、音量の変化を目で見てわかるようにすると、目で見ても楽しむことができそうです。

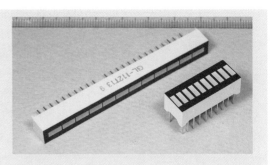

C O L U M N パイロットランプ

　写真のように発光ダイオードを金属やプラスチックのケースに組み込み、電源などのオン／オフ表示用としたパイロットランプもあります。大型のものには LED の電流制限用抵抗も内蔵しているものがあります。

▶ 2-8-3 ｜ 赤外線発光ダイオード

発光ダイオードの1種ですが、特別に赤外線波長の光を発生するようにしたのが、**赤外線発光ダイオード**です。テレビなどのリモコンの送信用として多用されています。赤外線発光ダイオードの種類も、いろいろなサイズと形があります。写真2.8.3が赤外線用発光ダイオードの例です。

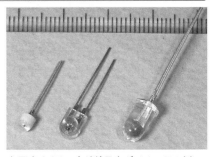

◆写真 2.8.3　赤外線発光ダイオードの例

📎 アドバイス

赤外線発光ダイオードには、見た目もLEDとそっくりなものがあります。保管する際、きちんと分けておきましょう。

赤外線発光ダイオードは、光で通信することが目的の素子であるため、光を遠くまで届かせられるよう非常に大きなパルス電流で点灯させることができるようになっています。代表的な赤外線発光ダイオードでも、100μsec以下の短パルスであれば最大1A程度の順電流が流せるようになっています。また1Aまでの電流に比例して発光強度が強くなるようになっています。大電流が流せることを利用して、できるだけ遠くへ光が届くようにすれば、赤外線を使った光通信も可能となります。

このような大電流を流す場合には、多少発熱にも気を配る必要があります。そこで、実装するプリント基板の発光ダイオードへの配線パターンは幅広くして放熱効果が高くなるようにしてやります。

▶ 2-8-4 ｜ 光受光デバイス

発光ダイオードとは逆に、光に反応する素子もいくつかあります。よく使われるのは**フォトトランジスタ**です。**Cds**という素子も安価であることから、暗くなると自動点灯する街灯などに使われています。写真2.8.4は、これらの受光素子の代表的なものです。

📖 用語解説

・Cds
〔読み方：シーディーエス〕
暗くなると自動点灯する街灯などに使われている光受光デバイスで、光導電セルと呼ぶ。

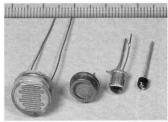

左から
大型の光導電セル（Cds）
小型の光導電セル（Cds）
レンズ付フォトトランジスタ
小型フォトトランジスタ

モールド型赤外線
受光モジュール

各種の金属シールド付赤外線受光モジュール

◆写真 2.8.4　代表的な受光素子の例

これらの受光素子の回路図記号は、表2.8.3のようにします。

◆表2.8.3 受光素子の回路図記号

回路図記号	略号	特徴他
PHOTO DIODE	**D** フォトダイオード	感度はよいが、出力が小さいのであまり使われない。
PHOTO NPN	**OPT** フォトトランジスタ	感度もよく、出力も扱いやすいのでよく使われる。
V_{CC} Out GND OptoRecv	特になし 外部端子は3つだが、内部にはICとセンサを内蔵している。	赤外線パルス列を受信できるように、フィルタ機能が内蔵されている。

(1) 光導電セル（Cds）

Cds素子を集めて表面から光が入るようにしたものです。Cds素子は光が当たると電気抵抗が下がるという特性を持っており、それを利用したものです。感度はよいのですが、応答速度がフォトダイオードやフォトトランジスタよりも遅いという特性があります。

(2) フォトダイオード

通常のダイオードに逆方向に電圧を加えたときには電流はほとんど流れませんが、ダイオードの接合部に光を当てると、発光ダイオードと逆の原理で、光のエネルギーにより、電流が流れるようになります。そして流れる電流は光の強さに比例します。このような原理で接合部に光が当たりやすくしたダイオードが**フォトダイオード**です。

(3) フォトトランジスタ

これはフォトダイオードと同じ原理ですが、トランジスタのベースに光を当てるとコレクタ電流が流れるという原理によってできています。写真2.8.4のようにケースの表面にレンズが付いていて、集光機能を果たし、感度がよくなるようになっているものもあります。小型のものはカメラなどのセンサとして使われています。

(4) 赤外線受光モジュール

アドバイス

赤外線受光モジュールで、赤外線発光ダイオードを利用したリモコン送信機の信号を受信します。

他の素子とは別物で、内部にフォトトランジスタと一緒に、増幅、復調などの機能を持ったLSIが組み込まれたものです。一般の赤外線リモコン送信機からの光を受信するための専用のモジュールとなっています。

テレビなどのリモコン送信機からの光信号は、約40kHzで変調されていて、そのまま赤外線を受信すると外光と区別が付かないのを改善するようになっています。したがって受信する方も、40kHzの信号だけを通すような工夫をしなければ正常に受信できません。この受光モジュールにはこのための回路が一緒に組み込まれています。

この赤外線受光モジュールは非常に高感度ですので、わずかでも電源からのノイズが入ると誤動作の要因となってしまいます。そこで図2.8.5のように電源にRCフィルタを挿入するようにします。

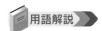
用語解説

・**RCフィルタ**
　抵抗とコンデンサで構成したフィルタ機能で、ローパス、ハイパスいずれも構成できる。
　$f = 1 / 2\pi RC$の周波数が特性となる。

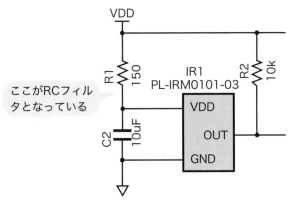

◆**図2.8.5**　赤外線受光モジュールの実装回路

▶ 2-8-5 | フォトインタラプタとフォトカプラ

発光素子と受光素子を一体化してモジュール化した素子があります。それが**フォトインタラプタ**と**フォトカプラ**です。

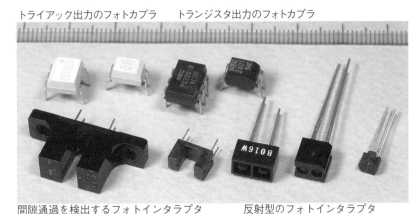

トライアック出力のフォトカプラ　　トランジスタ出力のフォトカプラ

間隙通過を検出するフォトインタラプタ　　反射型のフォトインタラプタ
◆**写真2.8.5**　フォトカプラとフォトインタラプタの実例

これらの回路図記号は表2.8.4のようにします。

◆**表2.8.4**　フォトカプラの回路図記号

回路図記号	略号	特徴他
ISOLATOR	**ISO** インタラプタは特に略号はない	複数個をひとつのパッケージに実装している。インタラプタは多くの形状のものがある。

(1) フォトカプラ
発光ダイオードとフォトダイオードかフォトトランジスタやフォトトライアック

参考

・フォトカプラの用途：
リレーに代わってコ
ンピュータと外部機
器との接続。スイッ
チングレギュレータ
のフィードバック回
路の入力と出力の絶
縁など。

を向かい合わせに一体化して素子化したものが**フォトカプラ**と呼ばれます。電気的に絶縁できることから、リレーに代わってコンピュータと外部機器との接続によく使われます。また絶縁耐圧を非常に高くできることから、スイッチングレギュレータのフィードバック回路の入力と出力の絶縁にもよく使われています。

　実物は写真2.8.5のように一般のDIP型ICと形状は変わりません。内部に何組か一緒に実装して16ピンパッケージなどになっているものもあります。また応答速度の速さによっても種類が分かれており、高速なものは、データ通信の絶縁用に使われています。さらにトライアック出力タイプのフォトカプラはAC電力の制御用として使われるため、高耐圧となっています。

(2) フォトインタラプタ

参考

・フォトインタラプタ
の用途：近接触型
のセンサとして利
用。ロボットの障害
物検出、トレース
カーのトレース線の
検出など。

　これは赤外線発光ダイオードとフォトトランジスタを1個のケースに一緒に封じ込めたもので、外観は写真2.8.5のような形で、通過型と反射型があります。**反射型**は頭部がその発光と受光面になっていて、対象からの反射光を検出するようになっています。ただ、このタイプは数mmという距離でしか反応しませんので近接触型のセンサとして使います。ロボットなどの障害物検出や、トレースロボットなどのトレース線の検出に使います。

　実際の取り付けは、上面が光の送受光部になっていますので、これを検出対象に向けて取り付けます。取り付け方にはちょっとしたコツがあり、検出対象面からセンサまでの間隔は、図2.8.6のようにします。またこれを駆動する方法は、図のように発光ダイオード側には、20mA程度のやや多目の電流を流して感度を高めるようにし、受光側には出力負荷に可変抵抗を接続して、検出感度がちょうどよいところに調整できるようにしておきます。

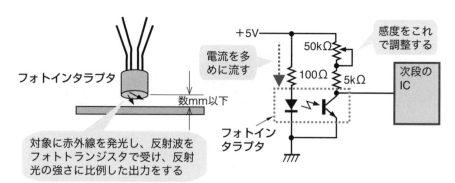

◆図2.8.6　フォトインタラプタの使い方

2-9 発振素子とフィルター素子

　一定の周波数の信号を出力するために使われる素子を、発振素子とか振動子とか呼びます。また、特定の周波数だけを通過するようにした素子をフィルター素子と呼びます。発振素子もフィルター素子も、いかに安定な高精度の信号を発振するか、あるいは通すかによりいろいろな素子があります。

▶ 2-9-1 　発振素子

用語解説

・発振素子（振動子）
一定の周波数の信号を出力するために使われる素子。
発振子とも呼ばれる。

・フィルター素子
特定の周波数だけを通過するようにした素子。

　一般には、私たちの電子工作で入手できる発振素子には、抵抗とコンデンサによるRC発振素子、コイルとコンデンサによるLC発振素子、セラミック振動子と水晶振動子が使われています。これらの安定度と周波数精度を比較すると表2.9.1のようになります。表からすれば水晶振動子（クリスタル振動子ともいう）が最も優れているということが言えます。ここではRC発振素子とLC発振素子は省いて、セラミック振動子と水晶振動子について使い方を説明します。

◆表2.9.1　発振素子の精度比較

発振素子	周波数安定度	周波数精度
RCまたはLC発振素子	数100ppm/℃	±2.5%
セラミック振動子	30〜100ppm/℃	±0.5%
水晶振動子	数10ppm/℃ 以下	±0.001%以下
水晶発振モジュール	3ppm/-20〜60℃ 以下	3ppm以下

【注】RC：抵抗とコンデンサ　　LC：コイルとコンデンサ

　回路図記号はセラミックも水晶振動子も同じ記号を使い、表2.9.2のようにします。

◆表2.9.2　振動子の回路図記号

回路図記号	略号	名称	特徴他
Y1 ⊣□⊢ 10MHz	X	セラミック振動子 セラロック（固有名称）	あまり高精度ではないが、安価でありよく使われる。コンデンサ一体型もあり便利。 高精度な周波数を得るときの定番。
Y1 ⊣□⊢ 10MHz	XTAL	水晶振動子 クリスタル振動子	さらに高精度を得るときは、水晶発振モジュールを使う。

▶▶ 2-9-2 | セラミック振動子（セラロック）

参考

筆者はセラロック（村田製作所）をよく利用しています。秋葉原のショップで購入できます。

　水晶振動子ほどの精度が不要なときには、安価な**セラミック振動子**が使われています。水晶より悪いといっても、$10^{-4}/℃$程度の温度安定度があるので、RC発振回路に比べればはるかに優れた特性を出すことができます。また水晶振動子に比べ優れているのは、電圧制御発振回路で周波数可変をする場合、セラミック振動子の方が広い可変範囲を得ることができます。

　セラミック振動子の実際の外観は写真2.9.1のような形をしており、比較的小型ですが周波数帯により大きさが異なっています。また、特に最近のマイコンのクロック回路用にコンデンサと一体となった3本足の形のものも専用に用意されており、便利に使うことができます。

◆写真 2.9.1　セラミック振動子外観

　使い方はメーカのデータシートに従い図2.9.1のような回路で使います。発振用のICとしては74HCシリーズを使うことが基本なので、これをベースにしたとき付加するコンデンサの値に、図中の表のような最適値があるので注意します。

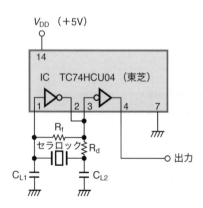

項　目 シリーズ名	周波数範囲	回路定数			
		C_{L1}	C_{L2}	Rf	Rd
CSB□40	370〜429kHz	330pF	330pF	1MΩ	5.6kΩ
	430〜699kHz	220pF	220pF	1MΩ	5.6kΩ
	700〜999kHz	150pF	150pF	1MΩ	5.6kΩ
	1000〜1250kHz	100pF	100pF	1MΩ	5.6kΩ
CSTS□MG06	2.00〜3.39MHz	(47pF)	(47pF)	1MΩ	1.0kΩ
	3.40〜10.00MHz	(47pF)	(47pF)	1MΩ	680Ω
CSA□MTZ040	10.01〜13.00MHz	100pF	100pF	1MΩ	220Ω
CSA□MXZ040	13.1〜19.99MHz	30pF	30pF	1MΩ	0
	20.00〜25.99MHz	15pF	15pF	1MΩ	0
	26.00〜60.00MHz	5pF	5pF	1MΩ	0

◆図2.9.1　セラロックの使い方（村田製作所マニュアルより）

　この回路の場合の周波数安定度は図2.9.2のように通常使用する温度範囲で±0.2%程度ですから、特に高精度の周波数を必要としなければ特別問題になるような変動ではありませんので、安価であることもありよく使われています。

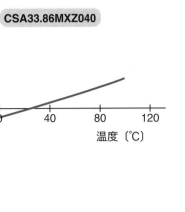

◆図2.9.2　発振周波数の安定度

アドバイス

セラロックにはコンデンサを内蔵したものがあります。

　またコンデンサ内蔵タイプのものは図2.9.3の回路で使います。これの方が部品点数も少なく、場所も取らないので便利です。この回路ではセラロックの向きにより少し周波数がずれるようですので、できるだけ向きを合わせるようにしてください。つまり1番ピン側を入力側にします。

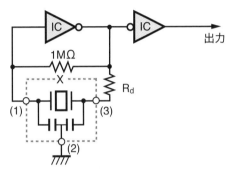

◆図2.9.3　コンデンサ内蔵タイプの使い方

　実際の振動子は図2.9.4のような寸法をしています。これを通常の0.1インチピッチの穴あけで実装します。

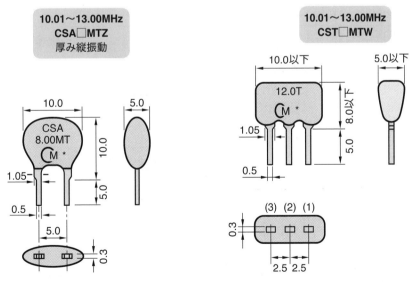

◆図2.9.4　セラロックの寸法（CSA、CSTシリーズ）
　　　　（村田製作所データシートより）

▶▶ 2-9-3 ┃ 水晶振動子（クリスタル振動子）

　　　　水晶振動子は、アマチュアで簡単に入手できる安定な発振素子としては、最も
よく使われている振動子です。簡単に、数10^{-6}/℃程度の温度安定度が得られます。
周波数範囲も広く、発振回路も比較的簡単なため、数多くの場面で使われています。
形や大きさにも種々あり写真2.9.2は小型のものの代表的な例です。

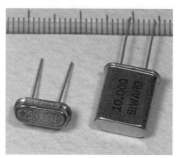

◆写真 2.9.2　小型水晶振動子の外観（左側が HC49US）

　　　　代表的なHC49U型とHC49US型の特性は表2.9.3のようになっています。これ
らの水晶振動子はいずれもマイコンのクロック用などに作られているもので、周
波数範囲も広く使いやすいタイプです。

◆表 2.9.3　代表的な水晶振動子の特性

項目	HC49U	HC49US	備考
周波数範囲	3〜66.7MHz	3.5〜60MHz	
周波数偏差	±50ppm	±50ppm	at 25℃
周波数温度変化	±50ppm／℃	±50ppm／℃	
動作温度範囲	−20〜70℃	−10〜70℃	
外形寸法			

COLUMN クロック

　マイクロコントローラなどのペースメーカの役割を果たす信号で、動作の基準となります。安定で一定の周波数にする必要があるため、セラミックやクリスタル振動子を使った発振回路により生成します。例えばPICマイコンのような場合には、図のような回路として構成します。

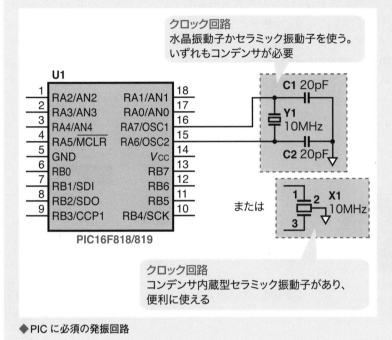

クロック回路
水晶振動子かセラミック振動子を使う。
いずれもコンデンサが必要

C1 20pF
Y1 10MHz
C2 20pF

または

X1 10MHz

クロック回路
コンデンサ内蔵型セラミック振動子があり、
便利に使える

◆PICに必須の発振回路

▶▶ 2-9-4 高精度水晶発振モジュール

用語解説

・DIP
（読み方：ディップ）
長方形のパッケージの両側に、入出力のピンを配置したもの。

　あらかじめ水晶振動子と電子回路を組み合わせてモジュール化されたものです。電子回路にはより安定な発振をさせるための工夫が施されており、電源さえ接続すれば精度の高い信号が出力される便利なものとなっています。写真2.9.3が実際の例です。発振周波数はいくつかの代表的なものが入手しやすいようになっています。電源電圧は3.3Vか5Vが標準となっています。

　写真のようにDIP型と表面実装型とがあります。モジュールの使い方はDIP型のように出力がTTL互換の場合には直接マイコンなどと接続できますが、表面実装型のような場合には、出力が交流で0.8Vppと低レベルなのでマイコンに直接接続することはできません。トランジスタかデジタルロジックなどでいったんレベル変換する必要があります。

（Seiko Epson 製）
型番 ：SG-8002DC
発振周波数：4.194304MHz
周波数偏差：Max 50ppm(B)
　　　　　　Max100ppm(C)
電源電圧 ：DC4.5V〜5.5V(H)
　　　　　：DC2.7V〜3.6V(C)
消費電流 ：Max 45mA

Pin map

Pin	Connection
1	OE or $\overline{ST}$
4	GND
5	OUT
8	Vcc

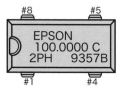

（Seiko Epson 製）
型番 ：TG-5021CE-10N
発振周波数：10.000000MHz
周波数偏差：Max 2ppm
電源電圧 ：DC2.3V〜3.6V
消費電流 ：Max 2.0mA
出力電圧 ：Min 0.8Vpp
寸法 ：3.2×2.5×0.9mm

Pin map

Pin	Connection
1	NC
2	GND
3	OUT
4	Vcc

◆ **写真 2.9.3　水晶発振モジュールの例**
（写真：秋月電子通商の web サイトより引用）
（表、図：エプソントヨコム (株)、セイコーエプソン (株) のデータシートより）

2-10 センサとアクチュエータ

センサもアクチュエータも非常に多種類のものがありますが、本書では、容易に入手でき、よく使うと思われるものに限定して解説します。最近ではマイクロコントローラと組み合わせて使うようになって、センサもアクチュエータも接続形態が電圧などのアナログ信号の他に、I^2CとかSPIとか呼ばれるシリアル通信で接続する形態が多くなってきました。

▶ 2-10-1 温度センサ

用語解説

・I2C、I^2C
（Inter-Integrated Circuit の略）
フィリップス社が提唱した通信方式で、2本の線で複数のデバイスを接続し、アドレス指定で相手を特定する通信方式。
・SPI
（Serial Peripheral Interface）
マスタとスレーブを3本または4本で互いに接続して行うシリアル通信方式。
・温度センサ
物体や室温などの温度に比例した信号を出力するセンサで、最近は半導体による温度センサがよく使われる。
・NTC
（Negative Temperature Coefficient）
温度上昇で抵抗値が減少するタイプ。
・PTC
（Positive Temperature Coefficient）
ある温度以上で急激に抵抗が増大するタイプ。

温度を計測するためのセンサで、測定する温度範囲と精度によって多くの種類がありますが、よく使われるものには表2.10.1のようなものがあります。

◆表2.10.1 温度センサの例
（NTC サーミスタ、半導体温度センサの写真は秋月電子通商の web サイトより引用）

名称	外観	測定温度範囲	特徴
NTCサーミスタ		$-50℃〜150℃$ 温度範囲と形状により多種類ある。	温度の上昇に対して抵抗が減少する。簡単な近似式で関係が記述できる。抵抗値で計測できるので使い方が簡単。
熱電対		$-200℃〜1700℃$ 温度範囲により数種類ある。	JIS で規格化されているため測定の信頼度が高い。高温まで測定可能。完全にリニアな特性ではないので高精度な測定には補正が必要。
白金測温抵抗体		$-250℃〜640℃$ $100Ω$、$500Ω$、$1kΩ$の3種類がある。	JIS で規格化されている。高精度の測定が可能。リニアライズが必要。
半導体温度センサ		$-20℃〜150℃$	比較的狭い温度範囲の室温などの測定用。精度は$±0.5℃$程度だが使い方が簡単。センサ出力がアナログ電圧のものと、デジタルのシリアル信号のものがある。

最近では温度だけでなく、湿度や気圧も一緒に計測できる複合センサが増えてきています。よく使われているものには表2.10.2のようなものがあります。いずれもI^2CかSPIのシリアル通信での接続となっています。

123

◆表2.10.2 複合センサの例（写真は秋月電子通商の web サイトより引用）

名称	外観	測定温度範囲	特徴
温湿度気圧センサ モジュール		温度：− 40 ～ 85℃　±1℃ 湿度：0 ～ 100%　±3% 気圧：300 ～ 1100hPa 　　　　±1hPa	ボッシュ社の BME280 センサを基板に実装して使いやすくしたもの。 I^2C または SPI で接続する。
高精度温湿度センサ モジュール		温度：− 40 ～ 125℃　±0.2℃ 湿度：0 ～ 100%　±2%	Sensirion 社の SHT31-DIS センサを基板に実装して使いやすくしたもの。 I^2C で接続。
温湿度センサ モジュール AM2322		温度：− 40 ～ 80℃　±0.3℃ 湿度：0 ～ 99.9%　±3%	I^2C か単線バスで接続。

▶▶ 2-10-2 加速度センサ（傾きセンサ）

用語解説

・DIP
〔読み方：ディップ〕
　長方形のパッケージの両側に、入出力用のピンを配置したもの。

　加速度や傾き（重力に対する加速度）を計測できるセンサがあります。自動車のエアバッグ用衝撃検出、ロボットの姿勢制御、ゲームの加速度検出などに使われています。

　X、Y、Zの3軸の加速度か傾きが計測できるものと、ジャイロなどを加えた9軸が測定できるものまであります。センサ出力は、表2.10.3のように加速度あるいは傾きに比例したアナログ電圧か、I^2CやSPIのシリアル通信で出力されます。いずれもセンサ本体は小型の表面実装となっていますので、我々が使えるのは表のように基板に実装してDIPタイプに変換したものです。

◆表2.10.3 加速度センサの概略仕様（写真は秋月電子通商の web サイトより引用）

名称	外観	概略仕様	備考
KXR94-2050 （Kionix 社）		3軸加速度センサ 電源：2.5V ～ 5.25V 出力：X、Y、Z アナログ出力 測定範囲加速度：± 2g 感度：660mV/g 応答速度：最大 800Hz	IC チップを変換基板に実装したもの。 （秋月電子通商製）
ADXL335 （アナログデバイシズ製）		3軸加速度センサ 電源：1.8V ～ 3.6V 出力：アナログ出力 300mV/g 測定範囲加速度：± 3g 感度：300mV/ g	IC チップを変換基板に実装したもの。 （秋月電子通商製）

BMX055（ボッシュ社）		9軸センサ 　加速度3軸：±2g〜16g選択可 　ジャイロ3軸：125〜2k度/S 　磁気3軸：±1300μT 電源：3.3Vまたは5V 出力：I²C 応答速度：8Hz〜1kHz設定可	ICチップを変換基板に 実装したもの。 （秋月電子通商製）

　実際に加速度センサを利用したリモコン送信ユニットが写真2.10.1で、傾きにより無線でロボットの走行制御をします。

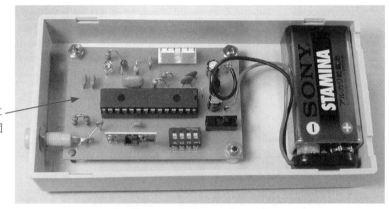

この部分の裏側に
加速度センサが固
定されている

送信機本体を傾ける
だけでロボットの前
進、後進、左右回転
を制御できる

基板裏面に
直付けした
ADXL202

◆写真2.10.1　加速度センサを利用したリモコン送信ユニット

▶▶ 2-10-3 ┃ 距離センサ

　物体間の距離を測定するためのセンサです。よく使われているものには**超音波センサ**があります。最近使われるようになったものに**レーザ距離センサ**があります。

(1) 超音波センサ

　超音波を出力したり、音波を受けたりするためのセンサが**超音波センサ**です。原理はほとんどの製品が圧電セラミック振動子を使ったもので、電気振動と空気の振動、つまり音と電気の相互の変換をします。40kHz前後の周波数に最も敏感に応答するように作られており、送信も受信もこの付近の周波数で動作させます。実際の超音波センサは写真2.10.2のようなもので、コントローラ一体型と単体の

ものがあります。単体のものは送信用と受信用が区別されています。

型番	：HC-SR04
	（サインスマート製）
測定距離	：2cm～400cm
電源	：DC5V　15mA
動作周波数	：40kHz
トリガ	：Min10μsec
出力	：距離比例パルス幅

型番	：UT1612MPR/UR1612MPR
	（SPL社製）
中心周波数	：40kHz±1kHz
出力レベル	：115dB　@10Vrms
最大入力	：20Vp-p
受信感度	：－65dBA
検出距離	：0.2m～4m

◆ 写真 2.10.2　市販の超音波距離センサの例（写真は秋月電子通用のウェブサイトより引用）

　コントローラ一体型のものは、出力が距離に比例したパルス幅で出力されるので、パルス幅を測定すれば距離に変換できます。

　単体の超音波センサで送信するときは、センサを10Vから20V程度の振幅の40kHzの交流信号で駆動します。通常は交流成分だけで駆動するようコンデンサを直列に挿入して駆動します。電流はわずかしか流れません。受信側は数mVから数10mVの交流電圧出力となりますから、これをオペアンプの交流アンプで増幅してマイコンなどの入力信号とします。

　距離を測定する原理はいたって簡単です。図2.10.1のように、まず超音波センサの送信側から短時間のパルス状の信号を送り出します。その信号は物体まで進み、物体で反射されて戻ってきます。戻ってきた信号を受信用の超音波センサで検出します。

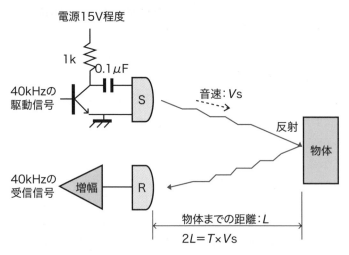

◆ 図2.10.1　超音波による距離測定の原理

この送り出した信号は音速：V_Sの速さで進むわけですから、物体との距離：Lは戻ってくるまでの時間をTとすると、

$$T = 2L / V_S$$

で表すことができます。また音速は、

$$V_S = 331.5 + 0.6t \text{〔m/sec〕} \quad t：室温〔℃〕$$

ですから、室温を25℃と決めてしまうと、約$V_S = 340$m/secとなります。

したがって、音が1cmの距離を往復するのにどれくらいかかるかを求めると

$$T_C = 2 \div 34,000 \text{〔秒〕} = 58.824 \text{〔}\mu\text{sec〕}$$

となります。この1cmの距離の往復にかかる時間を単位にして距離を測定します。

(2) レーザ測距センサ

レーザの反射を使って距離を測定するもので、写真2.10.3のようなものが市販されています。赤外線のレーザを照射してその反射光で距離を測定します。インターフェースがI^2Cのシリアルインターフェースとなっていますので、マイコンなどと接続して使うことが前提となっています。

型番　　 ：VL53L1X（STマイクロ製）
測定距離：10cm〜400cm
電源　　 ：DC3.3V〜5V　16mA
出力　　 ：I^2C
（秋月電子通商でレギュレータ、レベル
変換を一体化したモジュール）

◆写真 2.10.3　市販のレーザ測定センサの例（写真は秋月電子通商の web サイトより引用）

▶▶ 2-10-4 アクチュエータ

用語解説

・アクチュエータ
操作器とも呼ばれる動力源と機構部品を組み合わせて機械的な動作を行う装置、部品。

アクチュエータとして最もよく使われるものには**モータ**があります。ここではモータの中でも代表的で、よく使われるものについて説明します。

(1) DC ブラシモータ

最も安価で模型などによく使われるモータです。DC1.5V程度から使うことができ、種類も小型から大型まで揃っています。

どのモータを使うかは目的により決める必要がありますが、主に次のような項目で検討します。

・動かすものの重量 → モータのトルク、ギヤによる倍率
・動かすものの速度 → モータの回転数、ギヤを使う場合は減速比
・静粛性　　　　　 → モータやギヤの動作音
・全体の重量　　　 → モータの重量

モータには大電流が流れますから通常はパワー MOSFET やドライバICを使います。これらの耐圧と耐電流、耐電力、発熱などを検討する必要があります。

　市販されているDCブラシモータはマブチ社製とその類似品が最も多く使われています。代表的なモータの外観仕様は表2.10.4のようになっています。同じ型番でも電圧やトルクによりいくつかの種類があります。

◆ **表 2.10.4　DC モータの種類**（モータの写真は web サイト「マブチの工作用モーター」より引用）

型番	外観	電圧〔V〕	無負荷時		ストール時	
			回転数〔RPM〕	電流〔A〕	トルク〔g·cm〕	電流〔A〕
FA-130RA		1.5 3.0	9100 12300	0.20 0.15	26 36	2.20 2.10
FC-130RA FC-130SA		12 3	18000 13500	0.08 0.27	39 68	0.84 4.10
RE-140RA		3.0 1.5 1.5	4800 5700 8100	0.05 0.13 0.21	17 19 28	0.39 1.07 2.10
RC-260RA		12 6	7800 13400	0.04 0.13	38 90	0.33 2.55
RE-260RA		3.0 1.5 3.0	6900 6300 9400	0.1 0.16 0.15	48 50 70	1.40 2.56 2.70
RE-280RA RE-280SA RE-280SA		3.0 3.0 6.0	9200 7100 9600	0.16 0.16 0.14	129 170 220	4.70 4.80 4.40
RC-280SA		6.0 9.0 6.0	10800 11300 14000	0.18 0.14 0.28	245 265 305	5.40 4.10 9.10

　モータを単純に回すだけの場合には、図2.10.2のような回路でできます。注意が必要なことは、モータがストール時（強制停止時）に流れる電流の大きさが、回転時の10倍から20倍以上となるので、これに耐えられる回路とする必要があることです。このためMOSFETトランジスタを使っています。

　ここに2SCタイプのトランジスタを使うと、オン時のコレクタ-エミッタ間の電圧が発熱の原因になり熱くなりますので、MOSFETトランジスタの方がお勧めです。

　また、オン／オフ時にモータコイルに高い逆起電圧が発生してノイズ源となり、マイコンなどが誤動作する原因になりますから、図のようにダイオード（D2）で逆起電圧をショートして影響が出ないようにする必要があります。ダイオードの代わりにコンデンサを使う場合もあります。またR2の抵抗は、入力がオープンの場合、MOSFETが不安定な状態になってモータを動かすことがないようにオープンの場合には、入力ゲートを0VとしてMOSFETがオフになるようにする役割をしています。

用語解説

・MOSFET
　MOS 構造のトランジスタで ON 抵抗が小さく大電流が制御できる。

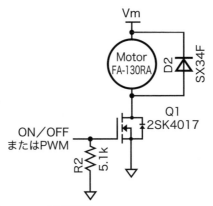

◆図2.10.2　最も簡単な DC モータ制御回路

(2) ステッピングモータ（パルスモータ）

・**ステッピングモータ**
　パルスモータとも呼ばれる。

　ステッピングモータは一定の角度ごとにモータを回転させることができるモータで、一定角度で停止させることができます。停止中もトルクがあるので、きちっと停まります。このステッピングモータには写真2.10.4のように**ユニポーラ型**と**バイポーラ型**があります。線が4本のものがバイポーラで、5本か6本のものがユニポーラになります。この両者では駆動方法に違いがあり、コイルへの電流の流し方が図2.10.3のようになります。

　いずれも4ステップで一巡ですが、モータは1ステップごとに動作します。ユニポーラの場合は1相励磁と2相励磁の2通りあり、2相励磁とするとトルクが大きくなります。いずれも動作中だけでなく静止中も電流が流れ、発熱するので注意が必要です。

ユニポーラ型〔日本電産コパル〕
型番　　　：SPG20-1362
相数　　　：2相
ステップ：1度
　　　　　360ステップ/回転
コイル抵抗：68Ω
電源　　　：DC12V
トルク　　：約60mN-m
ギア比　　：1/18

バイポーラ型〔MERCURY MOTOR〕
型番　　　：SM-42BYG011
相数　　　：2相
ステップ：1.8度
　　　　　200ステップ/回転
電源　　　：12V　0.33A/相
トルク　　：0.23N・m

◆**写真 2.10.4　市販のステッピングモータの例**（写真は秋月電子通商の web サイトより引用）

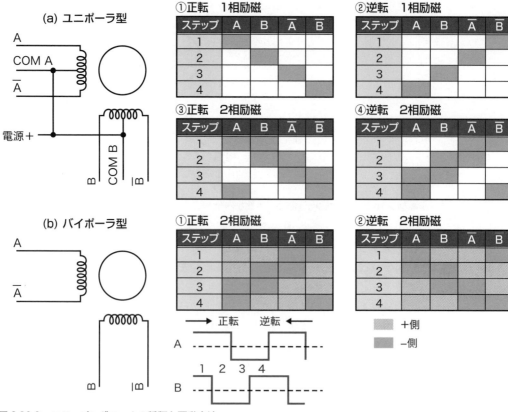

◆図2.10.3　ステッピングモータの種類と駆動方法

(3) RCサーボモータ

　ラジコン用のサーボ装置として作られたもので、ラジコンの制御はもちろんのこと、ロボットや制御装置など多くのところで使われています。外観は写真2.10.5のようになっており、大きさや性能により多くの種類があります。内部は小型モータとギヤで構成されており、小型でも強力なトルクを持っていて大きなものを動かす力があります。

◆写真2.10.5　RCサーボの例

実際にRCサーボを動かすためには、電源供給と図2.10.4のようなパルスを供給します。これでパルスの幅に比例した回転角まで回って停止します。このパルスが連続で供給されていれば、指定位置で停止させるよう動作するので、停止させて支える力も大きくなります。

(a) コネクタピン配置

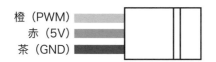

橙（PWM）
赤（5V）
茶（GND）

(c) 規格（GWS社 S03T-2BB）

項目	仕様	備考
電源	DC4.8V〜7.5V	
速度	0.33sec/60°	4.8V
トルク	7.20kg-cm	
温度範囲	−20℃〜+60℃	
パルス周期	16msec〜23msec	
パルス幅	0.9msec〜2.1msec	

(b) PWM パルス仕様

パルス幅	回転角度
0.8ms	CW 方向安全範囲
0.9ms	+60 度 ±10 度
1.5ms	0 度（中心）
2.1ms	−60 度 ±10 度
2.2ms	CCW 方向安全範囲

この範囲で使う必要があるので可動範囲は約120度となる

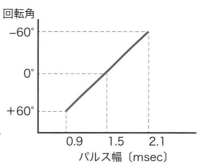

◆図2.10.4　RCサーボの駆動パルス（GWS社データより）

📖 用語解説

・RC サーボモータ
　ラジコンの位置制御に使われるサーボモータで、入力のパルス幅に比例した角度に軸が回転して位置を保持するモータ。

　RCサーボの中に写真2.10.6のように360度連続回転するものがあります。通常のRCサーボモータと異なり、パルス幅により角度を制御するのではなく、回転速度の制御となります。車や小型ロボットの車輪駆動用として使われます。パルス幅も標準的なパルス幅より少し幅が広くなっていて、次のようになっています。

　　0.7msec〜1.5msec：時計周り。パルス幅が短いほど高速
　　1.5msec　　　　　：静止
　　1.5msec〜2.3msec：反時計周り。パルス幅が広いほど高速

型番　　：FS5106R（FEETECH製）
電源　　：4.8V〜6V
静止時　：5〜7mA
無負荷　：160〜190mA
ストール時：1100mA
トルク　：5〜6kg・cm
速度　　：78〜95RPM

型番　　：FS90R（FEETECH製）
電源　　：4.8V〜6V
静止時　：5〜6mA
無負荷　：100〜130mA
ストール時：800mA
トルク　：1.3〜1.5kg・cm
速度　　：80〜100RPM

◆写真 2.10.6　連続回転 RC サーボの例（左の写真は www.pololu.com より引用）

2-11 リレー

　半導体全盛の最近では珍しくなってしまいましたが、これまでコンピュータなどを使って外部の機器を動かすときには、必ずといってよいほど使われてきた部品です。回路図原理は簡単で、図2.11.1に示すように、コイルによる電磁石と鉄片からできていて、コイルに電気が流れると、鉄片が吸い寄せられてスイッチがONとなり、負荷側の電気が流れるという簡単なものです。

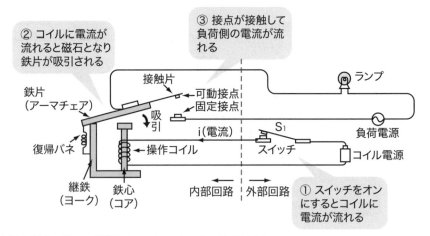

◆図2.11.1　リレーの原理（OMRONテクニカルガイドより）

　リレーが外部機器制御用として多用されてきたわけは、コイル部分と接点部分が完全に絶縁されていることで、電気的にコンピュータと外部機器を絶縁して扱えることと、わずか数Vで動作しているコンピュータでも、数百Vの電気をON／OFFできるということにあります。しかし、それでもリレーには大きな欠点がいくつかあります。

① 動作が遅い

　高速なものでも数msecの時間を必要とします。これは機械的な機構ですから仕方がありません。

② ノイズが出る

　接点が接触する瞬間に電気火花が出ますから、当然その影響でノイズが発生します。この火花をできる限り少なく抑える工夫がいくつかあり、バリスタなどによるスパークキラーが代表的な例です。

しかし、これらの欠点も半導体によるリレーの出現で解消されつつあります。つまり**ソリッドステートリレー**とか、**フォトMOSリレー**とか呼ばれるもので、フォトカプラと同じ原理で出力側にトライアックや大負荷用MOSトランジスタを使って、大電流や交流を扱えるようにしたものです。

参照

・フォトMOSリレー
→ p.136

▶ 2-11-1 メカニカルリレー

メカニカルリレーは、励磁コイルに直流電流を流して接点をON／OFF制御するものの総称で、長く使われてきた歴史がある部品で、種類もたくさんあります。しかしここでは基板実装タイプを主に説明していきます。

実際のリレーの外観は写真2.11.1のようなものです。

◆ **写真 2.11.1　リレー外観**

接点の許容電流によって大きさにもいろいろあります。また1接点だけでなく、複数接点が同時に動くようになったリレーもあります。回路図記号は図2.11.2のように描くのが一般的ですが、接点とコイルを分離して描く場合もあります。図では、接点構成がMake（記号aで表す）だけのものと、Make Before Break（またはTransfer）（記号cで表す）の各々1接点のものと2接点のものの例です。

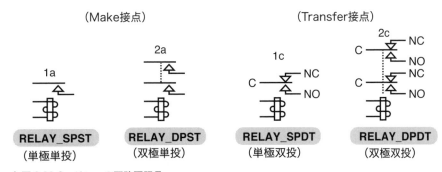

(Make接点)		(Transfer接点)	
1a	2a	1c	2c
RELAY_SPST （単極単投）	**RELAY_DPST** （双極単投）	**RELAY_SPDT** （単極双投）	**RELAY_DPDT** （双極双投）

◆**図 2.11.2　リレーの回路図記号**

また表2.11.1は、プリント基板実装タイプのメカニカルリレーの規格表の例です。この中で注意すべきは、接点の最大開閉容量で、交流負荷の場合（VAで表現）と直流負荷の場合（Wで表現）では大きく異なります。

◆表2.11.1　リレーの規格表の例（NEC データシートより）

型名	MR62	EC2	EA2	MRA301
特徴	小型リレーの スタンダードタイプ	小型スリムタイプ	フラットタイプ	家電用パワーリレー
接点構成	2c	2c	2c	1c
最大開閉電流	2A	2A	1A	5A
最大開閉電圧	220V DC 250V AC	220V DC 250V AC	220V DC 250V AC	30V DC 250V AC
最大開閉容量	60W・125VA	30W・125VA	30W・62.5VA	150W・600VA
コイル定格電圧	5,6,9,12,24,48VDC	3,4.5,5,6,9,12,24VDC	3,4.5,5,6,9,12,24VDC	3,5,6,9,12,24V DC
定格消費電力	約550mW	100～230mW	100～200mW	360mW

　これらのリレーを使うときに注意しなければならないことがいくつかあります。

■コイルの逆起電力対策

アドバイス

ダイオードを並列に挿入し、逆起電力を吸収する。

　励磁コイルは電流をOFFしようとする瞬間には大きな逆起電力を発生します。これをそのままにしておくと、励磁コイルをドライブしている半導体を壊したり、ノイズで近くの回路の誤動作を引き起こしたりします。そのため、逆起電力を抑制するために、図2.11.3のようにコイルにダイオードを並列に挿入して、逆起電力を吸収して影響が出ないようにします。これで効果的に逆起電力をなくすことができます。写真2.11.2が実際の使用例です。

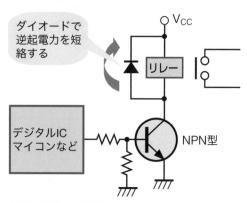

◆図2.11.3　逆起電力対策

〔リレー本体〕
コイルが見える

ダイオードはできるだけリレーの近くに実装する

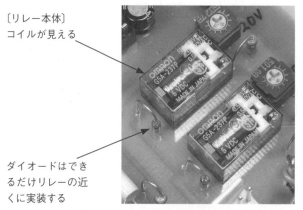

◆写真2.11.2　ダイオードによる逆起電力対策例

■接点の火花対策

これは最近ではあまり見かけなくなりましたが、接点でAC100VなどをON／OFFするときには、接点に火花が飛びます。火花によるノイズは結構強力で、電子回路の誤動作を簡単に引き起こしてしまいます。そのため少しでも接点の火花を吸収するため、接点に並列にスパークキラーを実装します。スパークキラーとしては**バリスタ**などが使われますが、使用する電圧の最高電圧に合わせてバリスタを選択する必要があります。つまり、AC100VのON／OFFに使うときにはピーク電圧を考慮して、160V以上の電圧規格のものを選択する必要があります。

■ランプの突入電流対策

ランプを接点で点灯制御する場合、ONにする瞬間には、ランプの抵抗が非常に小さいため点灯時の数十倍の大電流が流れます。その電流が接点の許容電流値を超えていると何回かON／OFFしている間に接点が溶着してしまう場合があります。

これを回避するためには、ランプの特性として、ランプのフィラメントの温度が上がれば抵抗値が増加して突入電流は避けられるので、図2.11.4のように接点と並列に抵抗を接続して、常時ランプが光らない程度の電流を流しておき突入電流の影響を回避します。

用語解説

・バリスタ
電圧可変抵抗器。静電気、火花などから回路を保護するときに利用する。

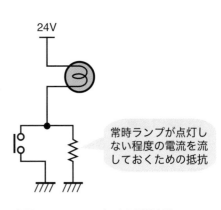

24V

常時ランプが点灯しない程度の電流を流しておくための抵抗

◆図2.11.4　ランプの突入電流対策

▶ 2-11-2 ┃ 半導体リレー

用語解説

・サイリスタ
電力制御用の半導体素子（スイッチング素子）。SCR（シリコン制御整流素子）とも呼ばれる。

SCR

最近では、リレーにも半導体が使われるようになってきました。**半導体リレー**は全て発光ダイオードを内蔵しており、光を間に入れて電気的な絶縁を確保しています。さらにAC電源を制御するための半導体リレーは、2次側にはサイリスタやトライアックという半導体が使われていて、**ゼロクロススイッチ機能**が実装されているものも多く、ノイズの発生のない無理のないON／OFF制御が可能となっています。写真2.11.3は代表的な半導体リレーの例です。

参考

半導体リレーには、ソリッドステートリレー（SSR）、フォトMOSリレー（フォトトライアック）などがある。

写真 2.11.3：左　TLP560G（フォトトライアック）

写真：右　S112S01（SSR）

フォトトライアック

SSRモジュール

◆写真 2.11.3　ソリッドステートリレーの例

(1) ソリッドステートリレー（SSR）

　半導体で構成されたリレーで、原理はフォトカプラと同じで発光ダイオードと光トリガータイプの**トライアック**を向かい合わせにしてモールドしたものです。トライアックですから、ゼロクロススイッチ回路を加えてAC電流をゼロクロスでON／OFFできるようになっています。小型でしかも絶縁機能はそのままに、火花が出ないという最大のメリットがあるため、リレーに代わって使われています。写真2.11.3の右側がSSRの例です。ハイブリッドICでゼロクロス回路などを組み合わせている種類もあります。

(2) フォトMOSリレー（フォトトライアック）

　フォトカプラと全く同じ構成で、フォトセルと発光ダイオードを向かい合わせてモールドし、フォトセルにはMOS型FETが内部で接続構成されています。MOS型FETには400V以上の耐圧のものもあり、高圧高電流の制御もできます。写真2.11.3の左側が、代表的なフォトMOSリレーです。小型でも大きな電圧を制御することが可能です。

用語解説

・ゼロクロススイッチ回路

　電圧がゼロのときにスイッチングを行えるようにした回路。突入電流や逆起電力が発生しないので、ノイズの発生を最小限に抑えることができる。

・トライアック

　双方向サイリスタ。ゲートとカソード間にいったん電流を流すと、アノードとカソード間が導通し、導通はアノードとカソード間の電位差が一定値以下にならないとオフにならない。この特性を利用して交流信号のオン／オフ制御に使われる。

・モールド

　樹脂でカバーすること。

2-12 コイルとトランス

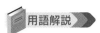

コイルとトランスはいずれも銅線をぐるぐる巻いたものという意味で同類に属しています。しかし特性は大きく異なり、使い方も全く違います。しかし、いずれも**インダクタンス**という単位で大きさを表し、原理も「電磁誘導」を使っているという意味では同じ動作をします。

小さなインダクタンスのコイルは空芯で銅線を巻くだけでもできますが、多くはそれではできない大きさのインダクタンスなので、ケイ素鋼板やフェライトなどの磁性体に銅線を巻いて作ります。

▶▶ 2-12-1 | コイルの種類

コイルを特性などで分類すると表2.12.1のようになります。回路図に使われる記号は表のようなものがよく使われます。

◆表 2.12.1　コイルの種類と用途

回路図記号	略号	名称	特徴
RFC2　〜〜〜　10μH	RFC、L	RFC	高周波に対して抵抗の働きをし、高周波を減衰させるのに使う高周波用フィルタ。
L1	L	バーアンテナ	同調用だが、コアを特別に長くしてアンテナと同等の特性を持たせたもの。バリコンと組み合わせて携帯ラジオに使われている。
CH1　〜〜〜　10mH	L	電源用チョークコイル	低周波に対しても、特に大きなインダクタンスを持つようにして、電源ノイズ防止用のフィルタや、平滑回路のフィルタに使う。

(1) 高周波チョークコイル（RFC）

高周波用のフィルタ用コイルです。種類は多く、写真2.12.1のようにいろいろな形のものがあります。コイルとしては単純で、フェライトコアに巻線をしたものです。インダクタンス範囲としては、数μ H（マイクロヘンリー）から数mHです。数μH以下のものには空芯のものもありますが、通常はコアが使われています。

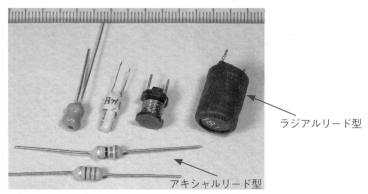

◆写真 2.12.1　RFC コイルの外観

ラジアルリード型を基板に取り付けるときは、基板にピッタリ付くようにする。浮かすと振動でインダクタンスが変動し、ノイズや不安定な動作を引き起こすことがある。

コイルの取り付けには、特別なことはなく、抵抗やコンデンサと同じに扱えば問題ありません。ただしラジアルリード型のものを基板に取り付けるときには、図2.12.1のようにあまり浮かさない方がよく、浮かすと振動でインダクタンスが変動し、ノイズや不安定な動作を引き起こすことがあります。高周波回路で特に振動の多い環境で使う場合には、接着剤で固定することもあります。

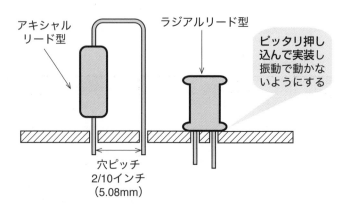

◆図 2.12.1　RFC コイルの取り付け方

(2) バーアンテナコイル

写真 2.12.2：上
PA-63R

・バリコン → p.58

携帯ラジオの同調用コイルで、特にコアを大きくして受信感度がよくなるようになっています。形や大きさには多くの種類があります。一般にバリコン（バリアブルコンデンサの略）と並列接続して同調周波数が

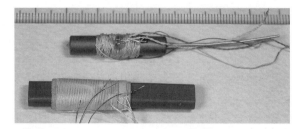

◆写真 2.12.2　バーアンテナコイルの外観例

可変できるようにしてラジオ電波などと同調を取ります。AM（HF）ラジオ用のバーアンテナは写真2.12.2のような外観をしていますが、大きさは小型のものから大型のものまであって、ラジオの寸法に合わせて開発されているようですが、私たちが一般に入手できるのは写真のようなものです。

このバーアンテナコイルの接続は図2.12.2のようにするのが一般的です。

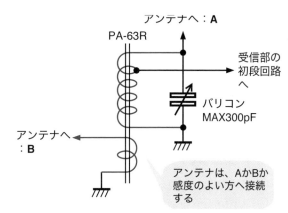

◆図 2.12.2　バーアンテナコイルの接続

(3) 電源用チョークコイル

電源周波数でも十分のインダクタンスとなるようになっているコイルで、写真2.12.3のように大型の**トロイダルコア**に銅線を巻いて作られています。入力電源用のフィルタや出力平滑用フィルタとして使われています。このチョークコイルの働きは簡単にいうと、交流に対しては大きな抵抗となって交流を通さないようにし、直流に対しては、抵抗ができる限り少なくなるようにして効率よく出力できるようにしたものです。この目的を達するために、非常に透磁率の高いトロイダルコアを使います。これを使えば、巻き線回数が少なくても大きなインダクタンスが得られるからです。

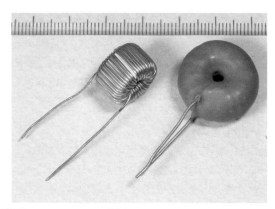

◆写真 2.12.3　電源用チョークコイルの外観

これに対し、最近のスイッチング電源はスイッチング周波数が高くなり、小さなインダクタンスでも十分なフィルタ効果が得られるため、写真2.12.4のような小型のラジアル型や表面実装型のものが多くなっています。この場合にもできるだけ直流抵抗を小さくするため、太い線材で巻き数を少なくできるように透磁率の大きなコア材が使われています。これにより非常に効率のよい電源が構成できるようになりました。

（太陽誘電製）
容量 ：47uH
直流抵抗 ：0.052Ω
電流 ：Max 2.8A
共振周波数 ：5.6MHz
寸法 ：17x14φmm

（太陽誘電製）
容量 ：22uH
直流抵抗 ：0.058Ω
電流 ：Max 2.6A
共振周波数 ：10MHz
寸法 ：10x9.8x5mm

◆写真2.12.4 スイッチング電源用チョークコイル（写真は秋月電子通商のwebサイトより引用）

2-12-2 トランス

・トランス
変圧器（電圧を変換させる機器）。
構造 → 図2.12.3参照

トランスは複数のコイルを1つの磁心に巻いたもので、こうすると磁心を介して「電磁誘導」が起き、電磁的に結合されるという現象が利用されています。

この現象を利用して、電圧の変換、インピーダンスの整合、パルスの伝達というような目的に使われています。いずれも、入力とする1次側と、出力となる2次側が電気的に絶縁されたままで電気的エネルギーが伝えられ、しかもその伝え方が巻き線の巻き数で変えられることが利用されています。このようなトランスとしては大別して表2.12.2のようなものが使われています。

◆表2.12.2 トランスの種類

回路図記号	名称	機能、特徴
PT1 Power Transfomer	電源トランス	複数のコイルを同じ磁心に巻いたもので、電圧変換の機能を有する。これを利用して、交流電圧を降下あるいは昇圧させるのに多用する。
	スイッチング電源用トランス	電源用トランスと同じだが、扱う周波数が高いため小型で効率のよいトロイダルコアを使っている。
	パルストランス	デジタル回路のデータ伝送ラインなどで絶縁が必要な場合に使われる。パルスの時間幅によって適当なものを選択する必要がある。

(1) 電源トランス

一般に使うのは商用電源なので、50Hzか60Hzとなり周波数が低いのと、電流容量が大きいことから大型のトランスとなります。出力の電圧と電流容量によって多くの種類があります。AC100VからDC電源を作るときに使う部品です。しかし最近はほとんどスイッチング電源となっており、重く大型の電源トランスを使う方式は少なくなりました。しかし、我々アマチュアには簡単にできるトランス方式はまだ健在です。

写真2.12.5は、電子工作でよく使われるタイプの電源トランスの例です。2次側は巻き線の途中の何箇所からタップと呼ばれる端子が出ていて、それぞれ巻き線回数に比例した電圧が取り出せるようになっています。そして0Vに相当する端子には、取り出せる最大交流電流値が表示されています。写真の例では、4.5V、7V、8V、9Vのいずれかを1Aまで取り出せるようになっています。

トランスの取り付けは、写真にあるようにネジの取り付け部分がありますので、

それに合わせてシャーシに3.2mmφ程度の穴をあけて、ネジで固定します。

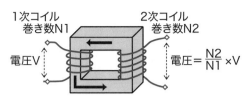

1次コイル
巻き数N1

2次コイル
巻き数N2

電圧V

$電圧 = \dfrac{N2}{N1} \times V$

コアに巻かれた1次コイルに交流
電流を流すと、コアを通過する磁
束によって電磁誘導作用がはたら
き、2次コイルに交流電圧が生ま
れる。1次コイルの電圧と2次コイ
ルの電圧は、それぞれのコイルの
巻数に比例する。この原理によっ
て、電圧を変換することができる。

◆図2.12.3　トランスの構造

◆写真2.12.5　電源トランスの外観

(2) パルストランス

デジタル回路のパルスを電気的に絶縁しながら効率よく伝達することを目的に
作られたトランスで、伝達するパルスの幅によって選択する必要があります。選
択の指標にされるのが「ET積」と呼ばれるパラメータで、入力のパルスの電圧と
時間幅の積の値を示しています。選択する手順は次のようにします。

〔イーサネット用〕
10BaseT/100BaseT用
インダクタンス　　：350μH
漏れインダクタンス：0.5μH
挿入ロス　　　　　：－1.1dB

〔デジタルオーディオ伝送用〕
巻き数比　　　　　：1:1
1次側インダクタンス：2.5mH
漏れインダクタンス：0.5μH以下
立ち上がり時間　　：25nsec以下
ET積　　　　　　　：20Vμs以上
反射損失　　　　　：20dB以上

◆写真2.12.6　パルストランスの例（イーサネット用パルストランス）
（写真は秋月電子通商のwebサイトより引用）

① 入力と出力のパルスの電圧比から巻線の巻数比が決まります。

例えば入力パルスは10V、10μsecだとし、出力には同じパルス幅のまま電圧
値を5Vにしたいときは、電圧比から巻数比は2：1となります。

② 次に、ET積を求めます。

上記の例であれば、10V×10μsec＝100となるので、これより大きなET積
を持つパルストランスとします。上記で求めた巻数比とET積から適当なパルス

トランスを選択します。

表2.12.3は代表的なパルストランスの例です。

◆表2.12.3　パルストランス例（JPCデータより）

品　名	巻数比	一次側インダクタンス〔μH〕	一次側ET積〔V·μs〕
FP101-102	1:1	1000	70
FP101-502	1:1	5000	160
FP101-103	1:1	10000	260
FP201-102	2:1	1000	70
FP201-502	2:1	5000	160
FP201-103	2:1	10000	260

COLUMN　電磁誘導現象の発見

　電気と磁気の相互作用を最初に発見したのは、ハンス・クリスティアン・エルステッドで、1820年に電線に流れる電気が熱と光を発生することを示す実験中に、電気を流すと近くに置いてあったコンパスの針が動くことを発見したのが始まりです。彼は、この後、実験で電線を流れる電気が磁界を作ることを証明して公開しました。この報告は「電気と磁気の相互作用」を確認したということでかなり衝撃的なもので、ここから電気と磁気に関連した「電磁気」の研究が驚異的な早さで進展していくことになります。

　この後、電磁気で画期的な発見をしたのがマイケル・ファラデーで、電気から磁気が生成されるのであれば、その逆に磁気から電気も生成されるのではないかと考え独自に実験を進めていました。その結果、図1のように鉄の環の離れた2か所に電線をコイル状に巻き、一方に電池を接続すると、電池側の電気を流したり切ったり（図ではスイッチをオン／オフ）する瞬間だけ、他方のコイルに電気が流れる（図では検流器の針が動く）ことに気づきました。

　この現象を解釈するのに、電気を流したり切ったりする瞬間の磁力線の変化がコイルを横切り、その時の磁力線の変化に相当した電気が発生すると考えました。これが「電磁誘導現象」の発見で、電気を流したり切ったりする代わりに交流を流すと連続的に2次側に電気が流れることを発見しました。そしてコイルの巻き数が多い程、交流の周波数が高い程高い誘導起電力が発生するということを証明しました。これがトランスの発見です。

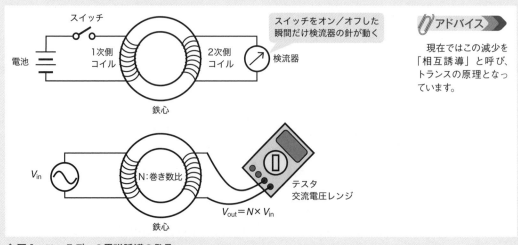

◆図1　ファラデーの電磁誘導の発見

2-13 コネクタとソケット

電子回路でできたものどうしを接続するときにはコネクタを使います。コネクタは非常に種類が多く、基板どうし、基板とケーブル、パネルに取り付けるタイプのものなどいろいろあります。以下には工作でよく使う代表的なコネクタに限定して説明していきます。

▶ 2-13-1 基板用コネクタ

基板と基板や、プリント基板とケーブルを接続するときに使うコネクタで、ピン数は1ピンから数10ピンまで各種あります。私たちが工作でよく使うのは、小型で安価なものです。写真2.13.1は基板どうしを接続するタイプのコネクタの例ですが、これはデュアルインラインタイプとなっていて、基板のパターン設計が楽にできるようになっています。

写真2.13.2は基板とケーブルを接続するタイプのコネクタの例です。比較的細いケーブルの接続に使いますが、基板どうしを接続するケーブル用にも使います。写真のように基板側には縦型と横型があります。これもピン配列はデュアルインラインタイプとなっていてパターン作成が楽にできます。

参考

写真 2.13.1 の1ピンヘッダは、数個まとまった形で販売されています。使用時に切り離して利用します。

写真 2.13.2 のハウジングに線材を装着するには、圧着工具がある場合は圧着により接続しますが、工具がない場合は、圧着ピンに線材をはんだ付けして、ハウジングに挿入します。

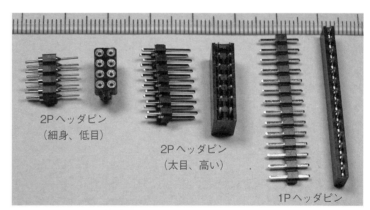

2Pヘッダピン
（細身、低目）

2Pヘッダピン
（太目、高い）

1Pヘッダピン

◆写真 2.13.1　基板どうしの接続用コネクタの例

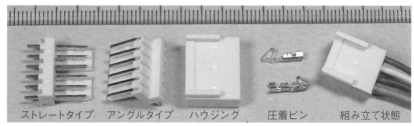

ストレートタイプ　アングルタイプ　ハウジング　圧着ピン　組み立て状態

◆写真 2.13.2　基板とケーブルを接続するタイプのコネクタの例

▶▶ 2-13-2 ｜ 多芯ケーブルコネクタ

　　コンピュータと周辺機器を接続するときなどによく使われるコネクタで、数10ピンの容量を持っています。写真2.13.3はその中でもパソコンとの接続によく使われる**DSUB**コネクタと呼ばれているコネクタです。主に左側のような9ピンのものと、中の25ピンのものがよく使われています。写真のような基板用の横向きでプリント基板タイプのものと、パネル取り付け用のものがあります。さらにケーブル側は、最近は写真のようにパソコン用ケーブルとして市販されている組み立て済みのもので間に合わせることが多くなりました。

◆写真 2.13.3　DSUB コネクタの例

▶▶ 2-13-3 ｜ 同軸コネクタ

　　高周波信号を伝達するための専用のケーブルとして**同軸ケーブル**が使われます。同軸ケーブルに合うコネクタとして**同軸コネクタ**が使われます。同軸コネクタには数種類ありますが、写真2.13.4はよく使われる**BNC**タイプの同軸コネクタです。左側がジャックで右側がプラグです。ジャック側をパネルに直接取り付け、パネルそのものがグランドになるようにします。取り付けには10mm φの丸穴だけあければよいので取り付けは簡単です。しかし、プラグに同軸ケーブルを取り付ける組み立てには結構コツが必要です。

用語解説

・**BNC コネクタ**
〔読み方：ビーエヌシーコネクタ〕
　同軸ケーブルを接続するためのコネクタ。ロックする機構があるので、しっかりと固定できる。計測、通信、映像信号などに使用されている。

◆写真 2.13.4　BNC コネクタ

▶ 2-13-4 | ピンジャック

主にオーディオ用の信号の接続に使います。写真がその例です。左側の2つが
ジャックでパネルに丸穴をあけてナットで固定します。左から2つ目はグランド側
が直接パネルに接触するタイプで、通常はこちら側を使います。これに対して、
計測やオーディオ用などでグランドとパネルを絶縁したいときには左端の形の
ジャックを使います。このジャックは取り付け固定部に絶縁物のスペーサが挿入
されていて完全にパネルと絶縁した状態で取り付けることができます。右側はプラ
グです。オーディオ用ですから外部配線にはシールド線を使うのでそれに適し
た構造となっています。

これと類似の形をしたピンジャックに<ruby>RCA<rt>アールシーエー</rt></ruby>ジャックと呼ばれるものもあります
が、構造がしっかりしていて、高周波にも使えるようになっているタイプです。

> **アドバイス**
>
> グランドとパネルを
> 絶縁したいときは、絶
> 縁ワッシャつきのピン
> ジャック（RCA ジャッ
> ク）を選択してくださ
> い。

絶縁ワッシャ

◆写真 2.13.5　ピンジャック

ピンジャックとプラグの組み立て方は図2.13.1のようにします。同軸ケーブル
の芯線を長めに出して、プラグの先端から出るようにしておき、編み線側をプラ
グの外側にはんだ付けします。その後で芯線をはんだ付けして固定します。

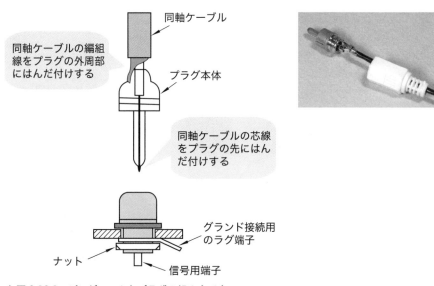

同軸ケーブル

同軸ケーブルの編組
線をプラグの外周部
にはんだ付けする

プラグ本体

同軸ケーブルの芯線
をプラグの先にはん
だ付けする

グランド接続用
のラグ端子

ナット

信号用端子

◆図 2.13.1　ピンジャックとプラグの組み立て方

▶▶ 2-13-5 ステレオプラグジャック

ステレオのオーディオ用の接続用として使います。アンプとプリアンプの間とか、アンプと入力用の機器の接続に使います。右端はパネル取り付け型のジャックです。左側がプラグで2芯の**シールド線**をこれに接続します。

ジャックは切り替えスイッチも兼ねるようにできていて、プラグの抜き差しでオーディオ出力を内部とプラグ側とに切り替えることができます。スイッチの切り替えのしくみを簡単に図示すると図2.13.2のようになります。つまり接点AとBはプラグが挿入されていないときには接触していて、オーディオ出力信号は内部スピーカに接続されています。ここにプラグが挿入されると、接点Aが押されるため、接点Bとの接触が外れ、接点Aはプラグと接触することになってオーディオ出力がプラグ側に接続されることになります。

用語解説

・シールド線
　芯線の周りをシールド(遮蔽)した線。1芯、2芯、3芯などがある。

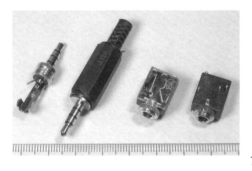

◆写真 2.13.6　プラグジャック

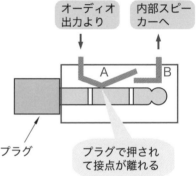

◆図 2.13.2　ジャックの切り替えスイッチ

▶▶ 2-13-6 DC 電源用プラグジャック

外部からDC電源を供給するときに使います。プラグの太さが3種類あり、扱う電圧によって使い分けます。もともとの規格は、5V以下、10V以下、10V以上となっ

常識

　使用するACアダプタのプラグの極性を必ずチェックすること。
　プラグの極性を確認したうえで、DCジャックの配線を行うようにすること。

◆写真 2.13.7　DC電源プラグジャック

ていますが、厳密ではありません。写真2.13.7が**DCプラグジャック**の外観です。左から、10V以上用の太目のプラグ、10V以下用、5V以下用のプラグの順です。

　右後側の3つのジャックはパネルに丸穴をあけて固定して使います。左後側のジャックは基板用で、基板のパターンにはんだ付けして固定します。

　これ以外に、プラグ側はケーブルと一体になったモールド成型品のものもあり、それを使う方がきれいにできてよいでしょう。

　プラグジャックを使うときの注意は、プラグの極性が一意に決まっていないということです。例えばACアダプタで外部から電源を供給するような場合、ACアダプタのメーカによってプラスとマイナスの接続が逆になっていることがあります。それでも多くの場合は、プラグの内側の方がプラス、外側がマイナスとなっていますので、私たちが使うときにはそれに統一した方がよいでしょう。

参考

・センタープラス
　真中が＋

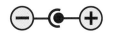

・センターマイナス
　真中が－

このマークで、ACアダプタのプラグの極性をまずチェックしてください。

◆写真2.13.8　極性をチェック

▶ 2-13-7 ICソケット

用語解説

・**PLCC**
〔読み方：ピーエルシーシー〕
　四辺に外部入出力用のピンを配したもの。CPLDなどのデバイスに使用する。
　1箇所斜めになっている箇所があるので、ここにICの向きを合わせる。

・**DIP**
〔読み方：ディップ〕
　平たい長方形の形状をしたもの。一般的なIC用。
　切り欠きが付いているので、ここにICの向きを合わせる。

　ICを直接基板にはんだ付けできないときや、後から何回も使いたいとき、書き換え可能なメモリを使用するときには、**ICソケット**を使います。このソケットを基板にはんだ付けしておけば、後からICを挿入して実装することで、基板に取り付けたのと同じようにして動作させることができます。

　ICソケットの種類はICに合わせて数多くの種類がありますが、アマチュア工作では、DIPタイプが大部分です。写真2.13.9がICソケットの実際の例です。左上側はPLCCタイプと呼ばれているもので、他はDIPタイプと呼ばれています。ソケットの構造はメーカによっていろいろなものがあります。

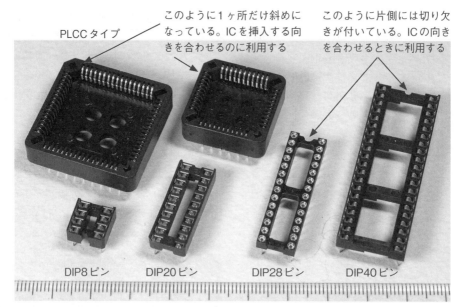

PLCCタイプ

このように1ヶ所だけ斜めになっている。ICを挿入する向きを合わせるのに利用する

このように片側には切り欠きが付いている。ICの向きを合わせるときに利用する

DIP8ピン　　DIP20ピン　　DIP28ピン　　DIP40ピン

◆写真2.13.9　ICソケット

　このような固定のICソケットの他に、写真2.13.10のようなレバー付きのICソケット（**ゼロフォースソケット**）があります。これはメモリなどの書き込み器など、もともと何回もICを抜き差しすることが前提になっているものは、特にピン数が多くなると抜き差しに力が加わるため、ICを壊してしまうことがあります。そこでレバーを使い、レバーをオフにすれば、ICの実装には全く力が要らないようにしたものです。

　ICを実装後、レバーをオンとするとピンが固定され電気的に接続されることになります。特に写真の例では、40ピンと28ピンのソケットなのですが、ピンを挿入するソケット部の幅が広くなっており、14ピンや16ピンの幅の狭いICも実装できるようになっているので、便利に使うことができます。

レバーを立てるとICが簡単に抜き差しでき、レバーを倒すとピンをバネで押さえてロックする

◆写真2.13.10　ゼロフォースソケット

2-14 スイッチ

スイッチは最も基本的な人間が操作する部品のひとつです。これを使ってコンピュータと人間とがコミュニケーションを取ることになります。スイッチにはサイズ、形、方式など非常にたくさんの種類があります。

▶ 2-14-1 スイッチの種類

 鉄則

接点の許容開閉電圧、電流に注意すること。特にAC電源の電源スイッチに使ったり、大電流のON／OFFを行うときには要注意。

パネルやプリント基板に取り付けて、外部から操作できるようにするスイッチ類を大別すると、表2.14.1のような種類があります。これらの使い方は好みによって使ってよいのですが、ひとつだけ注意が必要なことは、接点の許容開閉電圧、電流の値です。特にAC電源の電源スイッチに使ったり、大電流のON／OFFを行うときには要注意です。AC100VのときにはAC125V用以上のものを使用してください。

◆表2.14.1　スイッチの種類

名称	特徴・用途
トグルスイッチ	レバーを上下にスナップすることで切り替える方式のスイッチで、あらゆる用途に使われている。
プッシュスイッチ	押すことでスイッチが切り替わる方式のスイッチ。押すとONになるものとOFFになるものがある。【モーメンタリ型】：押している間だけONになる。【オルタネート型】：押す度にONとOFFが切り替わる。
スライドスイッチ	レバーをスライドさせることで切り替える構造のスイッチ。
デジタルスイッチ	DIP型のICと同様な形状をしたスイッチで、1個ずつ独立のスイッチになっているものと、回転型のスイッチになっていて4ビットのバイナリデータが接点として出るようになっているものがある。
ロータリースイッチ	同心円状に配置された複数の接点と、シャフトと連動して回転するロータリー接点を組み合わせたスイッチで、1回路当たりの接点数を多く取れるのと同時に、回路数も多くすることができる。
デジスイッチ サムホイールスイッチ	同心円状に配置された接点と、シャフトで回転するロータリー接点を組み合わせたスイッチで、接点の構成がバイナリデータの組み合わせになっている。前面には数値を表示することができるようになっている。

▶ 2-14-2 個別スイッチ

トグルスイッチ、プッシュスイッチ、スライドスイッチはいずれも1個ずつ独立のスイッチとなっています。スイッチの接点構成には下記のような種類があります。

■モーメンタリとオルタネート

操作している間だけONとなるタイプが**モーメンタリ**（自動復帰型）で、操作するごとに切り替わるタイプが**オルタネート**（位置保持型）です。

■2位置と3位置

ONとOFFしかないものが2位置のスイッチで、中間にONでもOFFでもない非接続の状態があるものが3位置スイッチです。

パネル取り付けタイプ　基板取り付けタイプ
押しボタンスイッチ　押しボタンスイッチ　タクトスイッチ　　スライドスイッチ

パネル取り付けタイプ

基板取り付けタイプ

◆写真 2.14.1　スイッチの例

アドバイス

トグルスイッチには、ON-OFF、ON-ON、ON-OFF-ON 等があるので、購入時に確認するようにしてください。

パネル取り付けタイプ　　　　　基板取り付けタイプ

単極双投　　　　単極単投　　　　単極双投　　　　2極双投

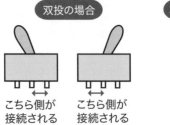

双投の場合　　　　　　　　3位置の場合

こちら側が　　こちら側が　　　　　どちらも接続
接続される　　接続される　　　　　されない

◆写真 2.14.2　トグルスイッチ

これらのスイッチの取り付け方は、大きく分けて丸穴だけで取り付けができるものとそうでないものとに分かれます。丸穴のものは大部分6φの取り付け穴でちょうど合うようになっているので、丸穴にシャフトを通して、ナットで固定します。その際、スプリングワッシャを使って使用中にナットが緩まないようにします。基板取り付けタイプは、それぞれの寸法に合った穴あけが必要です。

COLUMN トグルスイッチの取り付け方

アドバイス

菊座金（または、スプリングワッシャー）を図のように取り付けます。

六角ナットまたは、丸ナット

表示板

回り止めの座金
（取り付けリング）

六角ナット
表示板
0.5mm～1.5mm
回り止めの座金
（取り付けリング）
パネル
菊座金
（内歯座金）
回り止め座金
菊座金
六角ナット
六角ナット
菊座金

▶▶ 2-14-3 ┃ デジタルスイッチ

マイクロコンピュータなどで、各種の設定を行うような場合によく使われているスイッチで、DIP型ICの形や半固定可変抵抗器のような形をしているものがあります。DIP型のスイッチはDIPスイッチとも呼ばれ、1ビットごとに独立にON／OFFが可能です。いずれも接点容量は小さいので大きな電流を流す用途には不向きです。

写真2.14.3は、デジタルスイッチの例で、左端はロータリー型のバイナリの接点信号を出力するため、4ビットで0～Fまでの16進数での設定ができます。これらの取り付けは全てDIPタイプのICと同じになっています。

ドライバで回す

16進　　　10進　　10進手回し　4ビット　　8ビットDIPスイッチ
　　　　　　　　　　　　　　　DIPスイッチ

◆写真 2.14.3　デジタルスイッチ

2-14-4 ロータリースイッチ

パネルや基板に取り付けて、順に切りかえるような目的に使います。感度の切り替えや、周波数の切り替えなど測定器によく使われています。写真2.14.4が外観です。

パネル取り付けタイプ　　　　　　基板取り付けタイプ

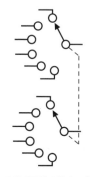

1段2回路6接点の構成

◆写真 2.14.4　ロータリースイッチ　　　　◆図 2.14.1　接点構成の例

接点構成は1段当たり12個の接点が構成でき、分け方により次のような種類があります。

12-1-1	12接点1回路1段
6-2-1	6接点2回路1段
4-3-1	4接点3回路1段
3-4-1	3接点4回路1段
2-6-1	2接点6回路1段

最後の1段というのはスイッチ接点を配置した円板が1段という意味で、これが2段と3段のものがあり、段数に伴って回路数が2倍、3倍となります。

取り付けは、主軸は大部分6φか10φとなっています。10φの場合には、ドリルで6φの穴あけをしたあと、リーマで広げて大きくします。またロータリースイッチにも可変抵抗と同じように空回り防止用の突起がありますので、穴を忘れないように3φの穴をあけておきます。

2-14-5 ロータリーエンコーダと多方向スイッチ

ロータリースイッチは有限の接点数ですが、これよりたくさんの切り替えをしたい場合に使うスイッチとして写真2.14.5のようなロータリーエンコーダがあります。

【機械接点方式】
クリック感・あり／なし
2相出力　24パルス／回転
定格電圧：DC5V
最大電流：0.5mA

【機械接点方式】
クリック感・あり
2相出力　24パルス／回転
定格電圧：DC5V
最大電流：0.5mA

◆**写真 2.14.5　ロータリーエンコーダの例**（写真は秋月電子通商の web サイトより引用）

これらのロータリーエンコーダを使う場合には、図2.14.2のような回路とします。15kΩと0.1μFで構成されたRCフィルタで接点のチャッタリングを減らしています。これでもチャッタリングはなくなりませんので、A、B相の信号はシュミットトリガなどのICで入力する必要があります。

接点出力は図2.14.2のようなA相とB相の2相のパルス出力となっていて、AとBのどちらが先に出力されたかにより回転方向が区別できるようになっています。これで無限の接点数としてアップダウンの切り替えができることになります。

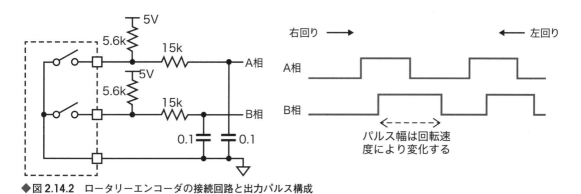

◆**図 2.14.2　ロータリーエンコーダの接続回路と出力パルス構成**

最近、ゲーム機などで使われている多方向スイッチというスイッチがあります。これは写真2.14.6のような外観で、内部に4個か5個のスイッチが組み込まれていてスイッチを押した方向が区別できるようになっています。いずれも単純な機械式接点ですので、チャッタリングに注意しながら使う必要があります。

アルプスアルパイン社製のスイッチを変換基板に実装したもの
4方向とセンタープッシュ
10kΩのプルアップ実装済
（秋月電子通商製）

マイクロスイッチを4個実装
4方向スイッチ
（秋月電子通商製）

◆**写真 2.14.6　多ポジションスイッチ**（写真は秋月電子通商の web サイトより引用）

2-15 その他の部品

　回路図に現れなかったり、明らかには描かれない部品があります。特に機構部品関連やケースに関する部品は回路図には描かれていません。そこで、それらの中の電子工作でよく使うものについて説明していきます。

▶ 2-15-1 スピーカ

　名前は誰もが聞いたことがある部品です。しかし形状には非常に多くの種類があります。写真2.15.1は小型スピーカの代表的なものです。右側は**ダイナミックスピーカ**で、左側は**マグネットスピーカ**と呼ばれていて、いずれも8Ω程度のインピーダンスを持っています。小型ですからあまり良い周波数特性は持っていません。

常識

ステレオとして2台使うときには極性を揃えること。

　接続は2つの端子に接続するだけです。1個で使うときには極性は気にしなくてもよいのですが、ステレオとして2台使うときには極性を揃えることが必要です。円形のダイナミックスピーカの取り付けには、本体には取り付け穴がありませんが、小型の取り付け用金具があるので、それをねじで固定しスピーカの周囲を3箇所押さえつけて固定します。

マグネットスピーカ　　　ダイナミックスピーカ

◆写真 2.15.1　スピーカの例

▶ 2-15-2 電子ブザー／圧電ブザー

　電気的な振動を発生して音として鳴動させる部品で、セラミックの振動を利用しています。鳴らすには、発振回路が必要なのですが、最近はそれらも一体で組み込んだ部品となっていますので、電源さえ加えれば鳴り出します。写真2.15.2は発振回路を内蔵していないタイプと内蔵しているタイプの例です。内蔵タイプは電源さえ加えれば鳴り出します。取り付けは基板に直接リードをはんだ付けして固定します。

圧電ブザー（発振回路なし）　　　電子ブザー（発振回路内蔵）

◆写真 2.15.2　電子ブザーの例

▶▶ 2-15-3 ｜ 液晶表示器

　最近ではマイクロコンピュータの表示部には必ずといってよいほど使われています。表示文字サイズや表示文字数など数多くのものがあります。使う目的によって適当なものを選択して使います。写真2.15.3は16文字2行と20文字4行の表示ができる小型液晶表示器の例です。バックライト付きのものは厚みがありますので実装には注意が必要です。固定する際は、基板端の取り付け用の切り欠きを使いますが、パネル面にねじが出ないようL金具を利用して取り付けるようにします。

参照

・L金具 → p.157

20文字4行

16文字2行　バックライト付き　　16文字2行　バックライトなし

◆写真 2.15.3　液晶表示器

▶▶ 2-15-4 ｜ アナログメータ

　最近は数字によるデジタル表示のデジタルメータが全盛なのであまり使われなくなってしまいましたが、いわゆるメータで、電流を通すと指針回転角度が電流の大きさに比例して動きます。電源の電圧、電流の表示をはじめ使い道の多い部品です。

　写真2.15.4は代表的な小型**アナログメータ**で、100μAフルスケールでプラス／マイナスに振れるセンターゼロタイプと、簡易型メータで**ラジケータ**と呼ばれるタイプの例です。ラジケータは電池チェッカやステレオアンプのレベルメータなどに使われます。取り付けには、大きな丸穴が必要です。固定は四隅に3.2φのねじ取り付け穴をあけ、本体から出ている取り付け用のねじを固定します。

センターゼロタイプ　　　　ラジケータ

◆写真 2.15.4　アナログメータの例

▶▶ 2-15-5 電池ボックスとプラグ

　各種乾電池を保持するためのケースです。外部との接続方法には、プラグとリード線と端子の3種類があります。端子のものははんだ付けの熱でケースが溶けてしまうので使うのは避けたほうがよいでしょう。最近は、電池がしっかり固定される金属製の乾電池ソケットが使われることもあります。写真2.15.5は単3電池用のボックスと、スナップ式のプラグケーブル、9Vの006P型電池ボックスの例です。

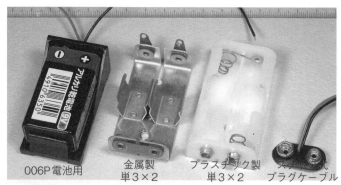

006P電池用　　金属製　　プラスチック製　　スナップ式
　　　　　　　単3×2　　単3×2　　プラグケーブル

◆写真 2.15.5　電池ボックスとプラグケーブル

▶▶ 2-15-6 放熱器

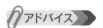アドバイス

　熱伝導率を高める部品に、熱伝導シート、シリコングリスがあります。

　トランジスタや3端子レギュレータなど、半導体で放熱を必要とするときに使われます。大きさにより放熱力が異なり、熱抵抗で表します。素子の取り付けには絶縁が必要な場合がありますので注意が必要です（また放熱器と放熱が必要な電子部品の間に挟んで熱伝導率を高めるための**熱伝導シート**があります）。

放熱器

熱伝導シート

◆写真 2.15.6　放熱器と熱伝導シート

▶▶ 2-15-7 機構部品

　ケースに組み込むときに必要となる取り付け用小物類で、いろいろ役立つものがあります。これらの代表的なものを写真2.15.7に示します。

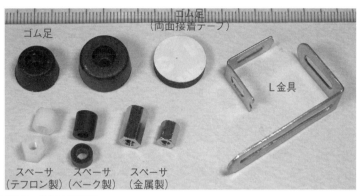

◆写真 2.15.7　機構小物部品

　写真左上から、各種の**ゴム足**でケースや基板の足として固定するのに使います。その下が各種**カラースペーサ**で基板などを浮かして固定するときに使います。右は**L金具**で、基板などをケースやパネルから浮かして取り付けるときや、液晶表示器などをパネルに取り付けるときに使います。

　また写真2.15.8は**端子台**の例ですが、外部スピーカや、電源などを接続するために使います。スナップで簡易な接続ができるもの、ネジでしっかりと固定するタイプ、パネルを貫通させるタイプ、個別の貫通タイプと何種類かあります。**ラグ端子**はねじと一緒に締め付けてケースなどのフレームグランドと接続するようなときに使います。

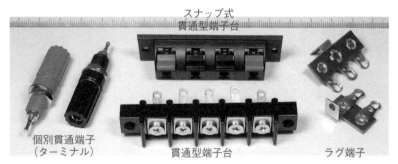

◆写真 2.15.8　端子台

　写真2.15.9は、商用のAC100Vを供給電源とするとき必要となる部品です。左からACブッシュ、ヒューズホルダ（ヒューズを取り付ける際に使う）、フィルター付きACソケットです。

◆写真 2.15.9　AC 関連小物

(1) AC ブッシュ

ACコードをケース内に引き込むところで、固定と絶縁を兼ねて使います。

そのままケーブルを挟み込むにはちょっときつ過ぎますので、下側のつばを少し切り落として使うようにします。取り付けには、やや大きめの楕円の穴が必要ですので、ドリルで6φの穴あけ後リーマで適当なサイズに拡大し、ヤスリで楕円形に仕上げながら、ときどき大きさを現物合わせで確認しながら広げていきます。

参照

・リーマ → p.256

(2) ヒューズ

AC電源をショートさせたときなどの保護用に**ヒューズ**を挿入しておきます。パネル取り付けタイプと基板用があります。パネル取り付けタイプの取り付けには大き目の丸穴が必要ですので、リーマで広げてあけます。また、空回り防止用の突起がありますので、丸穴をあけたあと、小型丸ヤスリでその突起の部分を削りぴったり合うようにします。ヒューズは管型のものを使います。

ヒューズには管型のものを使う。電流値は使用する機器の消費電流に合わせる

◆**写真 2.15.10 ヒューズとヒューズホルダ**

(3) AC コンセント

外部にAC100Vを供給するときにパネルに取り付けるタイプのソケットです。写真2.15.9の右端の写真はフィルター付きのもので、アンプなどのノイズを嫌うものに使います。必要に応じて取り付けますが取り付けには四角穴が必要です。

COLUMN パネル取り付け型ヒューズの取り付け方法

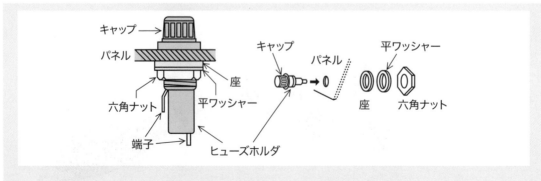

## 第 3 章

設計の仕方の基礎

　電子工作を楽しもうと思ったら、やはり自分で設計したいと思うのは皆同じだと思います。しかしアナログからデジタルと非常に広範囲の知識を必要とするため、なかなか取り付きがたいのも確かです。広い範囲の知識を必要とする電子工作ではありますが、そこは歴史のある分野、先人が残してくれた資産がたくさんあります。

　つまり、多くの種類のある電子回路ですが、それぞれに標準回路ともいうべき回路があり、まずはそれを使って電子工作を楽しみながら覚えていけば、知らぬ間に自分で設計ができるようになります。

　本章では、これらの標準回路を使えるようにするまでの基礎知識や、回路を読むときのポイントを説明します。これだけのことがわかっていれば、先人の標準回路を理解して使うことができるという内容です。したがってこれで全部というところまでは行きませんが、いろいろな本や雑誌に描かれている回路を理解して、試してみようとすることができるレベルを目標とします。

3-1 トランジスタ回路の設計法

参照

・トランジスタ
→ p.68

　ICが全盛の時代ですが、トランジスタもちょっとしたドライブ用や信号増幅などに使われる場合もまだ多く残っています。われわれアマチュア工作でも簡単な回路で増幅やドライブ回路が構成できるので、まだまだ現役で使う機会が多くあります。ここでは、難しい理論的な話は抜きにして、まずは動作させるために必要なことを説明していきます。

◆写真 3.1.1　トランジスタ

▶ 3-1-1 ┃ トランジスタの機能

　トランジスタそのものの機能を一言でいうと**電流増幅機能**となります。つまり、図3.1.1のようにトランジスタを見たときに、ベース電流I_B対コレクタ電流I_Cの関係は図3.1.2のようにほぼ比例関係になります。

ベース電流I_Bとは、ベースとエミッタ間に流れる電流のことで、エミッタの矢印の向きと電流の向きは同じ

コレクタ電流I_Cとは、コレクタとエミッタ間に流れる電流で、ベース電流が増幅されたものとなる。向きはエミッタの矢印と同じ

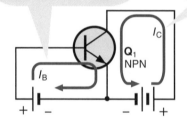

◆図 3.1.1　トランジスタの増幅機能

I_B-I_C 特性図

最大振幅は約0.42A。
したがって、420/3=140
で約140倍増幅された

最大振幅
は3mA

◆**図3.1.2**　トランジスタの I_B-I_C 特性

電子部品を使う際
は、常にその部品の
特性を考えて使うよう
にします。

　この関係を利用すれば、例えば、図3.1.2のようにベース電流を一定時間で正弦波状に変化させたとすると、コレクタ電流も同じように正弦波状に変化することになります。ここで重要なことはベース電流の数mA程度のわずかな変化に対して、コレクタ電流が100倍以上の値で大きく変化していることです。つまり増幅されていることになるわけです。

　この機能を使うとき、ベース電流のどこを中心にして変化するように工夫すれば、ちょうどよい出力が得られる増幅になるかということが課題となります。この工夫をすることがトランジスタ増幅回路の設計そのものになります。

■トランジスタには抵抗が必要

　もうひとつのトランジスタの使い方は、ベース電流が"0"でコレクタ電流も"0"の状態（これを**OFF状態**と呼ぶ）と、多めのベース電流を流してコレクタ電流が十分流れる状態（これを**ON状態**と呼ぶ）の2値で使う使い方で、いわゆるデジタル回路用として使います。

　このとき図3.1.3からわかるように、ベース電流は、ほんのわずかにベース電圧を変化させるだけで大きく変化し、しかも電圧が一定値以上になるとコレクタ電流はいくらでも流せる状態になってしまいます。このままではトランジスタが熱くなって壊れてしまいますので、何らかの方法で電流を制限することが必要になるわけです。これでトランジスタ回路に抵抗が必要なことが理解できるかと思います。

トランジスタ回路
は、抵抗で電流を制
限して使用すること。

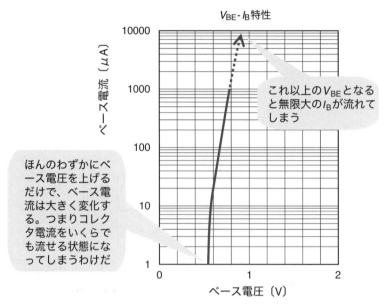

V_{BE}-I_B特性

これ以上のV_{BE}となると無限大のI_Bが流れてしまう

ほんのわずかにベース電圧を上げるだけで、ベース電流は大きく変化する。つまりコレクタ電流をいくらでも流せる状態になってしまうわけだ

◆図3.1.3　トランジスタのベース電流

▶ 3-1-2 ┃ トランジスタのドライブ回路での使い方

参照

・セグメント発光ダイオード → p.109
・リレー → p.132

　最近は、後述するオペアンプが非常に使いやすく、安価になったためアナログ増幅回路にトランジスタを使うことは高周波用途以外にはなくなってしまいました。このためトランジスタの用途は大電流や高電圧の負荷をドライブする用途がほとんどです。

　例えば、セグメント発光ダイオードの桁ドライブ、モータやリレーのドライブ、電源のON／OFF制御、照明灯の制御などが対象で、マイコンなどのデジタルICの出力では直接制御できないような場合にドライブ用として使う使い方です。ここではドライブ回路用としてトランジスタを使う方法を説明します。

■ドライブ用に使うときの選択方法

　実際にトランジスタをドライブ用に使うときの選択方法ですが、前章で説明した規格表を参考にして選びます。実際に回路設計をするときに、ドライブ用トランジスタの規格で大切なポイントは下記の4点となります。

① 何ボルトまで使えるか

参照

・トランジスタの規格 → p.70

　最大定格の中の**コレクタ・エミッタ間最大定格電圧**（V_{CEO}）で見ます。そして実際には、これの1／2以下の電圧で使うようにします。

② 何アンペアまで流せるか

　これは2つの観点から考えます。まず、**コレクタ最大定格電流**（I_C）は絶対超えられない値です。これも実際の使用では1／2以下で使います。

　もう一つは**最大全損失**（P_T）で、何ワットまで使えるかということです。考え方は、

　　　（流せる電流）＝（全損失）÷（使う電圧V_{CE}）

で考え、やはりこれの1／2以下で使うようにします。しかし、全損失は放熱板の有無と、周囲温度で極端に変わるので、グラフで確認して使います。

③ 何倍の増幅ができるか

直流電流増幅率（h_fe）で単純に入力電流が何倍になって出力されるかがわかりますが、非常にMinとMaxの差が大きいので、Minで考えておく必要があります。あるいはh_feの大きさで分類されているものもあるので、それを指定して入手することも可能です。

④ どれくらいの周波数まで使えるか

これは、利得帯域幅積（f_T）で判定しますが、その判定は、下記のようにします。

ドライブ用として使う場合は、周波数特性は、オン・オフの立ち上がり、立ち下りの早さに影響します。

（使用可能な周波数帯域）＝（利得帯域幅積（f_T））÷（直流電流増幅率（h_fe））

この値が使う周波数に十分対応できるものを使います。

これらの規格をベースにしてトランジスタを選定するのですが、そうはいっても類似のトランジスタが非常にたくさんあって選択に困るのが実際です。関連書籍やメーカのホームページを参考にして選定するとよいでしょう。

■ドライブ回路の基本構成

次に実際の大きな負荷の制御用としての回路ですが、この大きな負荷とはどういうことかというと、数10mA以上の電流が流れたり、数V以上の電圧が必要な負荷で、マイコンやデジタルICでは直接ドライブすることができない負荷をいいます。

例えば、モータの制御や、リレーや大型発光ダイオードなどのドライブです。このようなときには、トランジスタをうまく使います。このときの使い方の基本回路構成は図3.1.4のようにします。

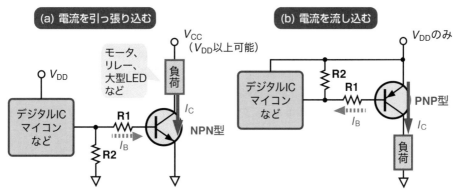

◆図3.1.4　ドライブ回路の基本構成

図のように、ドライブ回路は、大別して、負荷の電流を引き込んでやるのか、流し込んでやるのかによって(a)、(b)の2つの使い方があり、それぞれに使うトランジスタもNPN型とPNP型で使い分けが必要です。

・(a) の場合

デジタルICをHighの出力にすると、電源電圧V_{DD}を5Vとした場合V_{DD}に近い4.5V以上の出力電圧になりますから、抵抗R1を通してトランジスタにベース電流I_Bが流れ、トランジスタがONとなり、コレクタ電流I_Cが流れて負荷に電流が流れます。

デジタルICの出力がLowになると、トランジスタのベース・エミッタ飽和電圧V_{BE}（0.6V程度）より低い出力電圧（0.2V程度）となり、I_Bが流れなくなりますからトランジスタがOFFとなり、負荷の電流も流れなくなってしまいます。これで、デジタルICのHigh／Low出力で負荷の制御ができることになります。この回路のメリットは、ON／OFFの制御がベース・エミッタ飽和電圧V_{BE}だけで決まるため、負荷側の電源電圧V_{CC}を自由に選べることです。

・(b) の場合

(a)とは逆で、デジタルICの出力がHighになると、電源電圧に近い出力電圧となりますから、PNPトランジスタのベース・エミッタ飽和電圧V_{BE}が－0.6V以下になり、トランジスタがOFFとなって負荷の電流は停止します。

デジタルIC出力がLowとなるとトランジスタがONとなって負荷に電流が流れることになります。つまり(a)のNPNトランジスタの場合とはデジタル出力のHigh／Lowが逆の動作になります。

どちらの回路を使うかは負荷によりますが、大部分は(a)の回路が使われます。ただし、PNPトランジスタを使う(b)の場合には、負荷側の電源電圧もV_{DD}に制限されてしまいますので注意が必要です。

■電流増幅率が高いトランジスタが必要なケース

ドライブ回路に使うトランジスタは、ドライブする電圧と流す電流を気にすればよく、最大定格で選定します。ただし、ドライブしなければならない電流が大きい場合には、電流増幅率を気にすることが必要になってきます。つまり、

$$（ドライブ電流 I_B）＝（制御する電流 I_C）÷（電流増幅率 h_{fe}）$$

で求まるドライブ電流をトランジスタのベースに流してやることが必要になります。

これが不足しているときは、もっと電流増幅率h_{fe}の高いトランジスタに変更する必要があります。1個のトランジスタで電流増幅率h_{fe}が不足するときには、ダーリントントランジスタなどに変更します。

なお、ドライブ用としての使い方では、高速でON／OFFしない限り周波数特性は気にする必要はないでしょう。

■注意すること

この回路（図3.1.4）で注意しなければならないことが2つあります。それが図中の抵抗R1とR2の働きです。

① ベースに電流が流れ過ぎないようにすること

トランジスタをONするときには、電流をベースに流し込みます。このときドラ

イブ側に電流を制限する機能がなければ図3.1.3のようにいくらでも電流が流れてしまい、トランジスタやドライブ側が熱くなって壊れることもあり得ます。そこで、電流制限用の抵抗R1を挿入します。この抵抗の抵抗値は、V_{DD}が5Vのときは下記で求めます。

（抵抗値）＝（ON電圧－0.6V）÷（最大ベース電流）・・・(a)のとき
（抵抗値）＝（5V－ON電圧）÷（最大ベース電流）・・・(b)のとき

　例えば、(a)の回路でモータ制御をするとき、200mAの電流を制御する場合は、トランジスタの電流増幅率が100とすれば、

　　ドライブ電流＝200mA／100＝2mA

　余裕を見て2倍して4mAとします。したがってON電圧は標準的には、ほぼ5Vですから、

　　抵抗値＝（5－0.6）V÷4mA＝1.1kΩ

と求められますので、これに近い標準値の1kΩを挿入します。

② 電源ON時に出力が不安定にならないようにすること

・3ステート（トライステート）
　マイコンなどの出力で、Low（0V）、High（5V）以外に、ハイインピーダンスの状態になるものがある。このように3種類の出力状態を持っているものを3ステートとかトライステートとか呼んでいる。
　ハイインピーダンス状態では何も接続されていないのと同じ状態となる。
・ハイインピーダンス
　電気的に接続されていない出力状態。

・逆起電圧
　逆向きの高い電圧。

　特にマイコンなどで直接トランジスタをドライブする場合、電源ON直後はマイコンの出力が3ステートのハイインピーダンスになっていることがあります。そうすると、トランジスタはその間はONでもOFFでもない中途半端な状態になってしまうことがあります。そこでこれを避けるために、トランジスタのベースを抵抗でグランド（PNPのときは電源）に抵抗R2で接続してしまいます。

　こうすることで、電源投入直後もトランジスタのベースは0V（PNPのときは電源電圧）のいずれかに明確に決まりますから、必ずOFF状態となり不安定な状態はなくなります。

　この場合の抵抗値はベース漏れ電流としてわずかに電流が流れるだけですから、10kΩ程度でよいでしょう。

③ コイル（モータやリレーなど）の逆起電圧に注意

　トランジスタでドライブする負荷が、モータやリレーなどのコイルのときには、逆起電圧に注意する必要があります。つまり、コイルの電流をONからOFFする場合、その瞬間には、逆向きの高い電圧がコイルの両端に発生します。これを何もしないでおくと、この逆起電圧がトランジスタのコレクタ・エミッタ間に加わり、場合によってはトランジスタが壊れることもあります。

　そこで、これを防止するため、図3.1.5のような向きでダイオードをコイルの両端に並列に接続します。こうすると発生する逆起電圧はダイオードでショートされてしまいますので高電圧は発生しません。

　さらにこのとき発生する高い電圧が雑音となってデジタル回路が誤動作することもありますので、ダイオードはコイルにできるだけ近い位置に取り付け、配線を伝って雑音が電波として飛ばないように、逆起電圧を近い場所でショートして流してしまいます。

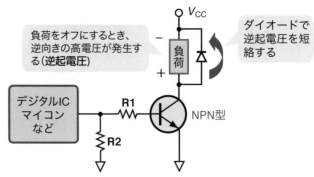

◆図3.1.5 コイルの逆起電圧対策

④ トランジスタの発熱に注意

　トランジスタがONになったときには、飽和時コレクタ・エミッタ電圧（V_{CE}）×コレクタ電流（I_C）のパワーが全て熱になりますから、電流が多いときにはかなりの発熱になります。したがって、きちんとした放熱設計が必要で、場合によっては放熱板（放熱器）を付けてやる必要もあります。

▶▶ 3-1-3 | 電界効果トランジスタ（FET）の使い方

　電界効果トランジスタは、入力インピーダンスが非常に高いということと、ON時のドレイン・ソース間抵抗が非常に小さいという2つの特徴がそれぞれ活かされた使い方がされます。特にパワーMOSFETのON抵抗は非常に小さく、電流をたくさん流しても発熱を少なくでき、負荷に効率よくエネルギーを伝達できるため、大電流制御を必要とするモータドライブなどに多用されています。

　ここでは主にパワーMOSFETのドライブ回路での使い方を中心に説明します。ドライブ用に使うMOSFETを選択するポイントは下記の3点となります。

① 何ボルトまで使えるか

　最大定格の中のドレイン・ソース間最大定格電圧（V_{DSS}）で見ます。実際には、これの1／2以下の電圧で使うようにします。

② 何アンペアまで流せるか

　2つの観点から考えます。まず、ドレイン最大定格電流（I_D）は絶対超えられない値です。これも実際の使用では、1／2以下で使います。

　もう一つは許容損失（P_D）で、何ワットまで使えるかということです。考え方は、

　（流せる電流）＝（全損失）÷（使う電圧 V_{DS}）

で考えるのですが、MOSFETの場合はオン抵抗が非常に小さいので、オン時のV_{DS}が非常に小さくなりますから、こちらが問題になることはまずありません。

③ 何 V で ON ／ OFF が切り替わるか

　デジタル回路のドライバとして使うときには、トランジスタと異なり、電圧だけ

アドバイス

p.77で紹介した「2SK4033」はパワーMOSFETに分類されるFETです。

参考

　最近は、ドライバに使うようなパワー用FETでは、このしきい値電圧が、数V程度になっていることが多くなりましたので、デジタル回路との接続が非常に容易になりました。

アドバイス

　これらの規格をベースにして電界効果トランジスタを選定するのですが、トランジスタ同様、関連書籍やメーカのホームページを参考にするのがよいでしょう。

で負荷の電流をON／OFFできますが、そのON／OFFの境目が何Vかということです。これはゲートしきい値電圧（V_{th}）で確認します。

■ MOSFET を使ったドライブ回路

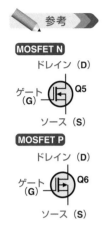

MOSFETを大電流のドライバとして使うには、Nチャネルのパワー MOSFET を使用します。この場合の基本回路は図3.1.6のようにします。PチャネルのFETは図のようにしますが、ドライブ回路ではあまり使われません。

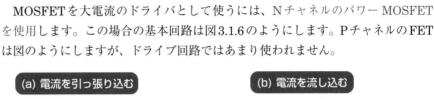

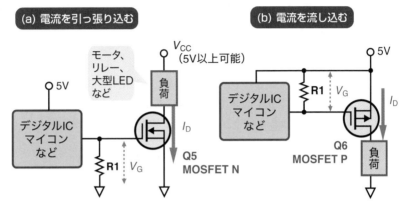

◆**図3.1.6** FET ドライブ回路

■ MOSFET の選定

この回路ではFETの選定に注意が必要です。まず、ゲートしきい値電圧で、デジタル回路の出力はHigh（4.5V以上）かLow（0.2V以下）ということになりますから、この範囲に、できれば真中あたりにしきい値電圧があるものが必要です。最近のパワー MOSFET は、しきい値が2V程度のものが用意されていますので、これらの中から、許容電流を加味して選択します。

■必要な回路素子

必要な回路素子はR1の抵抗だけで、この抵抗はデジタル回路がハイインピーダンス状態のときにFETをOFFにするためのものですから、数kΩから20kΩ程度の中から選べばよく、特に計算で求める必要はありません。また、FETの場合にはゲートにはほとんど電流は流れず、電圧だけで動作するので、トランジスタのような保護用の直列抵抗も必要ありません。

パワー MOSFET を使った場合には、ON抵抗は数10mΩ以下にできますから、負荷にはほぼV_{CC}に等しい電圧をロスなく加えることができます。さらにFET自身も熱の発生が少ないため、トランジスタよりも使いやすいといえます。

■注意すること

パワー MOSFET を使用する際は、以下のことに注意します。

① コイルの逆起電圧

モータやリレーなどのコイルをドライブするときは、トランジスタ同様逆起電圧への対策が必要です。図3.1.5と同じ方法で対策します。

② 高速のドライブには FET ドライバ IC を使う

モータをパルス幅制御（PWM）にして可変速制御をするときなど、MOSFETを高速でオン／オフ制御する場合に問題になることがあります。それはMOSFETのゲートには結構大きな容量の寄生容量があるため、ゲートを高速でスイッチングしようとすると、この寄生容量（コンデンサ）のため、スイッチング遅れが発生してしまいます。

この対策には結構複雑な回路を必要としていたのですが、最近ではFETドライバICという専用のICが発売されていますので、これを使えば高速のスイッチングをしても効率よくドライブできます。

■ FET ドライバ IC とは

FETドライバICの内部構成と簡略化した接続例を図3.1.7に示します。

FETドライバICの最終段にある2個のトランジスタが、MOSFETのゲートをオンのときもオフのときも強力にドライブして寄生容量による遅れを最小にします。

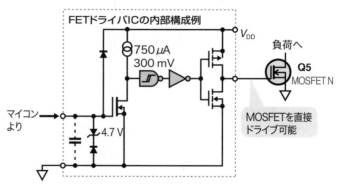

◆図3.1.7 FET ドライバ IC の使用例（マイクロチップテクノジー社データシートより）

実際の使い方ではモータや電源のコイルをブリッジ構成でドライブしますので、図3.1.8のようにハイサイド（電源側）とローサイド（GND側）のMOSFETをペアでドライブできるように、2チャネルの駆動回路を内蔵したFETドライバICを使います。これで回路を構成すればすっきりした回路で強力なドライブ回路が構成できます。

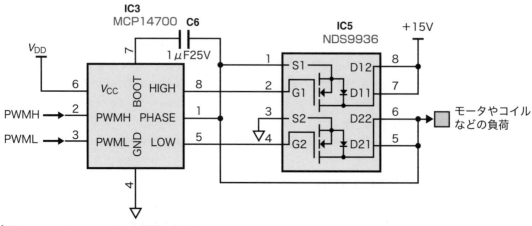

◆図 3.1.8 FET ドライバ IC の実際の使用例

3-2 オペアンプ回路の設計法

オペアンプはアナログ信号を増幅するための基本の
ICです。このオペアンプとデジタルIC（A/D変換など）
をうまく組み合わせると、いろいろな応用が可能となり、
いよいよ電子工作が面白いものになります。

◆写真3.2.1 オペアンプ

・オペアンプ
　→ p.81
・反転増幅回路
　→ p.83
・非反転増幅回路
　→ p.84

オペアンプの部品に関する説明は前章で説明しまし
た。ここでは、具体的にオペアンプを使った回路設計方
法を説明します。

最も基本となる回路は前述した図3.2.1の反転増幅回路と非反転増幅回路です。
いずれの場合も増幅率（ゲイン）が抵抗の比だけで決まりますので正確で安定な
アンプを作ることができます。

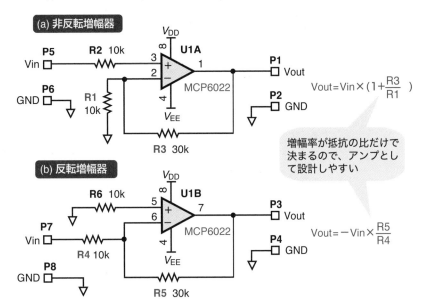

(a) 非反転増幅器

V_{DD}

P5 Vin　R2 10k　U1A
MCP6022
P1 Vout

P6 GND　R1 10k

P2 GND

V_{EE}

R3 30k

$$Vout = Vin \times \left(1 + \frac{R3}{R1}\right)$$

増幅率が抵抗の比だけで
決まるので、アンプとし
て設計しやすい

(b) 反転増幅器

V_{DD}

R6 10k　U1B
MCP6022

P7 Vin　R4 10k

P3 Vout

P4 GND

V_{EE}

R5 30k

P8 GND

$$Vout = -Vin \times \frac{R5}{R4}$$

◆図3.2.1　オペアンプの基本回路

・A/D コンバータ
　アナログ信号の電
圧をデジタルの数値に
変換する装置。

オペアンプの応用回路は目的によって非常にたくさんの回路があります。そこ
で、ここではマイコンなどのA/Dコンバータの前段増幅器としてのオペアンプ回
路を中心に説明していきます。

まず、オペアンプの基本動作は、入力に信号が加えられたらそのままゲイン倍
して出力に同じ形の信号として出力することです。この簡単なことを実現するた
めに、設計で考えなければならないことがいくつかあります。それを表3.2.1にま
とめました。

◆表3.2.1　オペアンプ回路設計上のポイント

項目	課題	検討内容
振幅電圧	扱う信号にプラス／マイナスがあるか	出力信号にプラス／マイナスが必要な場合には、電源もプラス／マイナスが必要になる。信号が片側の極性だけのときは単電源でもよい。
	入力信号の振幅電圧の全範囲を正しく出力できるか	入力電圧はゲイン倍されて出力されるので、電源電圧がこれを上回っていることが条件となる。さらにオペアンプ自体の最大出力振幅電圧が関係する。
オフセット	入力0のとき、出力も0になるか 温度などによる変動範囲	特に高精度な直流アンプの場合には誤差になるので問題になる。オペアンプ自身にオフセット変動の少ないものを使い、さらにオフセット調整ができる回路にする。
周波数特性	扱う周波数全範囲で正しくゲイン倍されているか	オペアンプ自体の周波数特性と設定ゲインで決まる。
スルーレート	入出力が同じ波形になっているか	オペアンプ自体のスルーレート特性で決まる。

▶▶ 3-2-1 ｜ オペアンプの電源供給方法

　オペアンプへの電源は、基本として扱う信号が交流であることから、プラスとマイナスの**2電源方式**が基本となっています。しかし、最近ではマイコンなどのロジック回路との接続が多くなってきたため、マイナス電源を除いた単電源で使えるような**単電源用オペアンプ**も多くなってきました。それぞれの場合の電源供給について説明します。

■ 2 電源方式の場合

　プラスとマイナスの電源を使い、信号入出力はグランドレベルつまり0Vを基準とします。これを実際の回路図で表すと図3.2.2となり、入出力の信号は図のように±が反転した形となります。

　この回路でのポイントは、図のようにプラスとマイナスの両電源ピンの近くに

・パスコン → p.27

パスコンC1、C2を接続しておくことです。これで電源から混入するノイズに対するフィルタの役割と、オペアンプ自身の急激な消費電流変動に対するバッファの働きをして安定な動作を確保します。

　この回路の入力部分の回路は基本構成のままで問題なく動作します。電源電圧の正負の電圧値そのものが多少異なっても、入出力信号はグランドとの電位差だけで動きますから、影響はありません。ただし、出力信号の最大振幅電圧は低い方の電源電圧で制限されます。

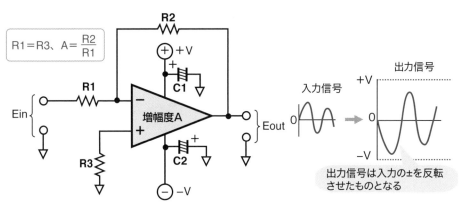

◆図3.2.2　2電源方式の基本回路

■単電源方式の場合

　プラス側だけの信号を扱えばよい場合には、オペアンプを単電源で使うことができます。このときの標準回路は図3.2.3のような**非反転増幅回路**にします。つまり、図のように入力も出力もプラス側だけの振幅となるので出力は入力をゲイン倍した相似形となります。この場合にも電源にパスコンが必要なことは同じです。

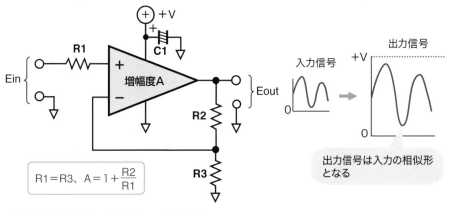

◆図3.2.3　単電源によるオペアンプの駆動

■単電源でオペアンプを使うときの注意

① 出力電圧の最大振幅

　単電源で直流信号を増幅する場合の問題は出力信号の振幅の範囲です。つまり、図3.2.4のように、一般の汎用オペアンプの出力は電源電圧一杯までは出せず、電源電圧より1Vから2V程度低い電圧までしか出力できません。これでは単電源を使用するときは、電源電圧に5Vを使うことが多いため、有効な出力電圧範囲が狭くなってしまい困ることが多いので、図のような「Rail to Rail」と呼ばれる特別な工夫がなされたオペアンプが開発されています。

　このRail to Railの可能なオペアンプを使えば、電源電圧よりわずかに低いところまで出力信号として出力することができます。実際の例でどの程度かというと、「MCP6022」というICでは、電源が5Vのときの出力電圧範囲は0.015V〜4.98Vとなっています。

アドバイス

　Rail to Rail の可能なオペアンプを使えば、電源電圧のほぼぎりぎりのところまで出力信号として出力することができます。

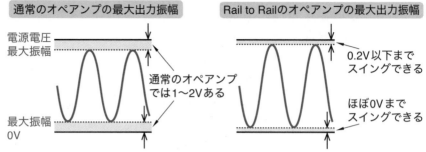

通常のオペアンプの最大出力振幅　Rail to Railのオペアンプの最大出力振幅

◆図 3.2.4　オペアンプの最大出力振幅

・計測用途での単電
源のオペアンプ
①0V 付近の電圧
は無視できるよう
な使い方に限定
する。
②マイナス電源を加
えて 2 電源方式
にする。

② 測定用には 0V 付近は使えない

　測定用途などで、単電源でオペアンプを使って増幅するときには、0V付近が問題になります。つまりRail to Railのオペアンプを使っても、入力が0Vでも出力は完全に0Vにはなりません。したがって、計測用に単電源のオペアンプで直流電圧を増幅して使う場合には、0V付近の電圧は無視できるような使い方に限定するか、マイナス電源を加えて2電源方式にする必要があります。

③ 交流入力に使えない

・単電源方式の交流
アンプ → p.176

　交流にはマイナス側の電圧を含みますから、この図3.2.3の標準回路のままでは交流に使うことができません。単電源回路を交流アンプとして使うときには後述のような工夫が必要です。

▶▶ 3-2-2 ｜ 直流増幅回路の設計法

　実際のオペアンプ回路の設計をしてみましょう。最初は数kHz以下でゆるやかに変動する直流信号入力用の単電源の増幅回路を設計します。

　この回路は、温度センサなどの微小なアナログ電圧の信号を増幅し、マイコンなどに入力可能な電圧とするときに使います。実際に半導体温度センサをマイコンに接続するときの例で説明しましょう。

■回路構成を決める

・温度センサ
　→ p.123

　温度センサの出力は温度に比例する正の電圧出力なので、アンプ出力を入力信号と同じ極性にするため非反転増幅回路を使って、正入力で正出力になるようにします。また、デジタル回路と電源が共用できるようにすれば、全体の回路が簡単化されますから、5V単電源用のオペアンプを使います。つまり図3.2.3の回路をベースにします。このようにして構成を決めた半導体温度センサ用増幅回路は、図3.2.5のようになります。

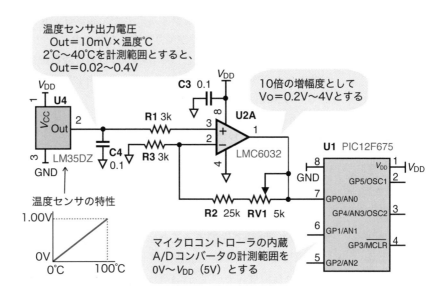

温度センサ出力電圧
Out＝10mV×温度℃
2℃～40℃を計測範囲とすると、
Out＝0.02～0.4V

10倍の増幅度として
Vo＝0.2V～4Vとする

マイクロコントローラの内蔵A/Dコンバータの計測範囲を
0V～V_{DD}（5V）とする

温度センサの特性

◆図 3.2.5　半導体温度センサ用増幅回路

参照

・Rail to Rail
　→ p.171

■必要なゲインを求める

　オペアンプにはRail to Railタイプを使い、最高温度を40℃とすると40℃のときオペアンプの出力電圧が4.0Vとなるようにすれば、2℃のとき0.2Vとなります。これで温度が2℃から40℃をカバーしたとき、オペアンプの出力範囲を0.2V～4.0Vとできますので、オペアンプの振幅制限はすべてクリアしていることになります。

　40℃のときのセンサの出力電圧が10mV×40℃＝0.40Vとなりますから、オペアンプの増幅度は、4.0÷0.40で求められ、ぴったり10倍にすればよいことになります。

■R1、R3 を決める

　R1は単にバランスを取るためだけにありR3と同じ値とします。R1、R3の大きさは入力源となるセンサなどが要求する負荷抵抗で決めますが、大体数kΩが一般的な値となります。一般にオペアンプ自身の入力インピーダンスは、非常に大きな値（10^{12}Ω程度）ですから無視できます。

■R2、RV1 を決める

　ここでR3に3kΩを使うとすると、（R2＋RV1）の抵抗には、図3.2.3の増幅率の式からR3の9倍つまり27kΩが必要ということになります。ここでRV1に可変抵抗を使ったのは、抵抗値には誤差があり、3kΩといっても数％の誤差があるためです。つまりR2を固定抵抗と可変抵抗（ボリューム）の直列構成にして、R2＋RV1の抵抗値とすることにします。これで増幅率は

　　1＋（R2＋RV1）÷R3

となりますから可変抵抗を調整することで、R3やR2の抵抗値に多少の誤差があっ

てもぴったりの増幅度に調整することができます。RV1を小さめの値にすれば、調整範囲が狭くなり微調整がやりやすくなります。

例ではR2を25kΩとしましたので、5kΩの可変抵抗により（R2 + RV1）の値は25kΩから30kΩの範囲で可変できますから27kΩがちょうど中央付近となっていてその前後に約10%の調整ができることになります。

■その他の定数を決める

C4のコンデンサは、温度センサ出力のノイズ吸収用で簡単なローパスフィルタの機能を果たします。0.01μFから0.1μF程度の値としておきます。C3のコンデンサはパスコンで、電源のノイズ吸収用です。通常0.1μFから数μF程度とします。

■直流増幅回路で注意すること

直流増幅回路では、高精度のアナログデータを扱うときには注意が必要です。例のような温度入力の場合には、センサ自身の精度が±0.5℃程度とそれほど高精度ではないので、アナログ入力回路の精度をあまり高精度にする必要はありませんから、図3.2.5の回路で十分です。しかし、例えば温度センサに非常に高精度のものを使って、温度測定精度を±0.1℃以下、つまり「0.1℃÷40℃ = 0.25%」以下にしようとすると、この数倍の0.1%以下の精度の増幅回路が必要となります。

高精度の入力回路を作る場合には、回路に使っているオペアンプや抵抗や可変抵抗などの素子そのものの変動誤差、特に温度変化が問題になります。例えば、一般的な炭素皮膜抵抗の温度係数は200ppm/℃以上あり、40℃の範囲で使うとすると、8000ppm（0.8%）以上もずれることになります。このような場合には、特別に温度変化の少ない抵抗素子を選択したり、可変抵抗の温度変化を抑制する回路の工夫をしなければなりません。

また、オペアンプ自身の特性も影響があり、**オフセットドリフト**と呼ばれる入力基準点の変動が小さいものを選択する必要があります。

用語解説
・ローパスフィルタ
ある特定の周波数より低い周波数だけを通過するようにしたフィルタ。

常識
電源回路の途中にパスコン（バイパスコンデンサ）を挿入すること。パスコンには高周波数の変動を吸収できるように、周波数特性のよいコンデンサを使うこと。
パスコン → p.27

アドバイス
高精度が要求される場合は、回路に使っているオペアンプ、抵抗、可変抵抗などの素子そのものの変動誤差、特に温度変化に注意し、素子を選択してください。

用語解説
・オフセットドリフト
オペアンプのオフセット電圧が、温度や電源電圧により変動すること。

▶▶ 3-2-3 ▏ 交流増幅回路の設計法

 参照

・2電源方式の基本
回路 → p.171

 用語解説

・**カップリングコンデ
ンサ**
直流電圧を前段と
無関係（直流分をカッ
ト）にして、交流だけ
を通過させるために用
いるコンデンサ。

オペアンプを使って音声や音楽、振動など、ある周波数範囲の交流信号を入力
したい場合があります。このような場合は一般的に数mVというような低レベル信
号なので、十分に増幅しないとマイコンなどに入力できるレベルになりません。

このような場合もやはりオペアンプを使って増幅しますが、交流だけ増幅すれ
ばよいので、前項のような直流用のオペアンプ回路とはちょっと異なり、交流ア
ンプとします。

■ 2電源方式の交流アンプ

2電源方式の交流アンプの基本回路は図3.2.6のようになります。見たところ2
電源方式の直流アンプにC3とC4のコンデンサが追加されただけです。つまり信
号に含まれる直流分をC3とC4でカットして交流だけが通過するようにしたこと
になります。このコンデンサは前段、後段と接続するためのものなので**カップリ
ングコンデンサ**と呼んでいます。

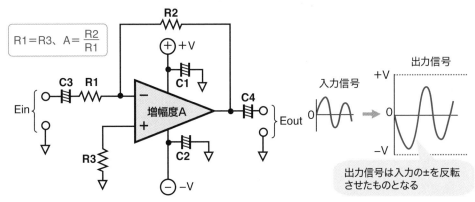

◆図3.2.6　交流増幅回路の標準回路

各定数の決め方もC3とC4以外は直流の場合とまったく同じ考え方でできます。
しかし抵抗値については、負荷を軽くするため直流の場合より大きめの数10kΩ
とします。

・カップリングコンデンサC3の値の求め方

C3の入力カップリングコンデンサは、通過させる最低周波数fcと入力のインピー
ダンスRinから

 参照

・合成抵抗値の求め
方 → p.40

$$fc > 1 \div (2\pi \times Rin \times C2)$$

となるように決めて目的の周波数が減衰しないで通過するようにします。ここで
オペアンプ回路の入力インピーダンスRinは、R1とR2の並列抵抗となります。

例えば、fc = 20Hz、R1 = 5kΩ、R2 = 45kΩとすると

Rin = 45kと5kの並列 = 4.5k

Cin > 1 ÷ (6.3 × 4.5kΩ × 20Hz) ＝約2μF → 4.7μFを使う

となります。

C4の値は次に接続される回路の入力インピーダンスを基にして同じように求めます。

■単電源方式の交流アンプ

・オフセット電圧
入力が0Vのとき出力される電圧。

単電源方式の交流アンプの標準回路は図3.2.7のようになります。この回路はこれまでの回路とちょっと異なっています。オペアンプの＋入力には電源電圧をR3とR4で分圧したオフセット電圧が加えられています。R3＝R4とすれば電源電圧の1/2の電圧が加わります。こうすると入力が0Vのとき出力が電源電圧の1/2となり、この電圧を中心にして交流信号が両側に振れることになります。

そのほかの定数の決め方は2電源方式の場合と同じです。

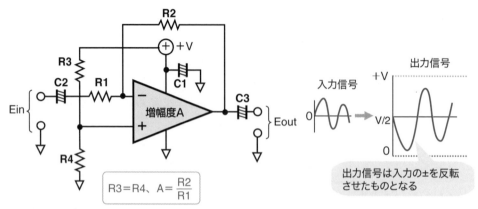

$$R3=R4、A=\frac{R2}{R1}$$

◆図3.2.7　単電源の交流アンプ

教えて

どうしてR5とR6で分圧するのですか？
〔回答〕
入力が0Vのとき出力が電源電圧の1/2となります。この電圧を中心にして交流信号が両側に振れるようにするためです。

図3.2.8は実際の交流アンプの例で、音楽信号を増幅するための回路例です。この例は単電源の標準回路を2段構成にしたもので、1段あたりのゲインは、51k÷5.1k＝10倍で、これが2段ですから100倍の増幅度となります。R5とR6で分圧していますから電源の1/2のオフセット電圧となっています。C3のコンデンサは、オフセット電圧のノイズを低減させる働きをしています。

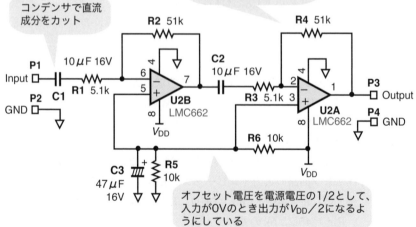

◆図3.2.8　実際の交流アンプの例

■交流増幅回路で注意すること

① 周波数特性

交流アンプで注意しなければならないことは、アンプに周波数特性があることです。この周波数特性の設計には、規格表の中にある周波数特性表を使います。例えばLMC662の周波数特性は図3.2.9のようになっており、図に示したように、アンプを10倍（20dB）のゲインで使うと、周波数は100kHzまでは一定ですが、それ以上の周波数になると急激にゲインが下がることがわかります。

ゲインが1倍（0dB）のときの周波数をゲインバンド幅積（GB積）といいオペアンプの重要な特性となっています。広帯域で周波数特性のよいアンプを作るには、このゲインバンド幅積が大きくて周波数特性のよいオペアンプを使い、1段当たりの増幅度をあまり大きくしないようにする必要があります。これに対し低い周波数はカップリングコンデンサと入力インピーダンスにより制限されます。

鉄則

ゲインバンド幅積が大きくて周波数特性のよいオペアンプを使い、1段当たりの増幅度をあまり大きくしないようにする。

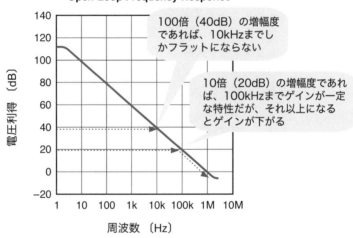

Open-Loop Frequency Response

100倍（40dB）の増幅度であれば、10kHzまでしかフラットにならない

10倍（20dB）の増幅度であれば、100kHzまでゲインが一定な特性だが、それ以上になるとゲインが下がる

（縦軸）電圧利得〔dB〕
（横軸）周波数〔Hz〕

◆図 3.2.9 オペアンプ回路の周波数特性

② ノイズの問題

用語解説

・ゲイン
増幅度

鉄則

① 入力までの配線はシールド線を利用する。
② アナログ回路のパターンはデジタル回路から遠ざける。
③ グランドパターンもデジタル回路とは完全に分離するようにし、電源供給元の1ヶ所だけで接続する。

交流アンプは特にゲインが大きい場合が多く、いろいろなノイズの影響を受けます。入力までの配線はシールド線が必要です。

マイクロコントローラなどのデジタル回路と共存させるような回路構成とするときには特に注意が必要です。このような場合必ず問題になるのは、デジタル回路で発生するスイッチングノイズがアナログ回路に影響を与えるということです。

つまりデジタル回路は、常時0VとV_{DD}電圧の間を行き来しています。一般的にデジタル回路では、この切り替わる瞬間に非常に短時間の比較的大きな電流が回路上を流れグランドに集まってきます。このパルス状の電流がデジタル回路パターンを流れるとき、基板上で平行に並んでいるアナログ配線パターンやアナログのグランド配線に影響を与えます。これが**スイッチングノイズ**です。したがってアナログ回路のパターンはデジタル回路から遠ざけ、さらにグランドパターンもデジタル回路とは完全に分離するようにして電源供給元の1ヶ所だけで接続します。

▶▶ 3-2-4 ┃ コンパレータ回路

用語解説

・コンパレータ回路
　比較回路。微小な
センサの信号電圧を
検出し、大きさを判定
し、デジタル回路に
High/Low で伝達する
ために利用することが
できる。

用語解説

**・シュミット回路／ヒ
ステリシス回路**
　オン／オフのスレッ
ショルドに幅を持た
せ、確実にスレッショ
ルドを越えないとオン
／オフを判定しないよ
うにした回路。

　微小なセンサなどの電圧を検出して、デジタル回路へのセンサ入力とするような場合で、センサ信号の電圧の大きさを判定して、デジタル回路に High/Low で伝達するときには、オペアンプの仲間である**コンパレータ**というアナログ IC を使います。

　内部はオペアンプの原理と同じで、非常に大きな増幅度であり、差動入力のほんのわずかの差を検出することが可能です。

　しかし、実用的にはあまり感度がよすぎても使いにくいので、適当な感度にするためのテクニックがあります。それが**ポジティブフィードバック**（正帰還）と呼ばれる方法です。

　ポジティブフィードバック回路は、**シュミット回路**とか、**ヒステリシス回路**とも呼ばれています。基本的な回路構成は図3.2.10のようにし、基準電圧 Et が比較の基準になります。この回路では、出力電圧を R2 と R3 で分圧した下式で表される電圧がヒステリシスとなり、出力を反転させるためには、入力は基準電圧よりこのヒステリシス分だけ余分な電圧が必要です。

　　ヒステリシス $Eh = (Eout - Et) \times R3 / (R2 + R3)$

　このヒステリシスがあることで、ノイズなどのわずかの電圧差でコンパレータが動作して不安定になるのを防ぐことができます。

　実際の R1、R2、R3 の値の決め方は、R1 と R3 はバランスをとるため同じ値とします。通常は数 kΩ を使います。あとはヒステリシスをどの程度にするかで R2 を決めますが、普通はヒステリシスは数 10mV 以下とします。

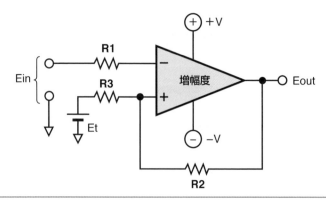

(1) Eoutが＋から−になるとき
$$Ein > Et + (Eout - Et) \times \frac{R3}{(R2 + R3)}$$

(2) Eoutが−から＋になるとき
$$Ein < Et - (Eout + Et) \times \frac{R3}{(R2 + R3)}$$

◆**図 3.2.10**　コンパレータのヒステリシス

■コンパレータ回路例

　実例として、5V 単電源で入力電圧が 1V を基準にした、コンパレータ回路を考えてみます。使うコンパレータ IC はモトローラ社の「LM393」です。この IC の出力はオープンコレクタとなっていて、出力のプルアップ抵抗が必要になりますが、コンパレータの次段がオペアンプと異なる電圧を使っていても、問題なく次

段の電圧に合わせることができるので便利です。

　実用回路は図3.2.11のようになります。まず基準となる1Vは、電源電圧を抵抗で分圧してつくることとします。12kΩと3kΩの抵抗で5Vを分圧して基準の1Vとしています。

　ここでヒステリシスは、出力電圧が5Vのときに、数10mV程度になるように10kΩと1MΩで1/100としています。結果として、出力が1 → 0になるときは約40mV、0→1になるときは約10mVのヒステリシスとなります。

　ヒステリシスの大きさを変えたいときは、1MΩと10kΩの比を変えればよいということになります。10kΩを大きくすればヒステリシスが大きくなり、小さくすれば小さくなります。出力の3kΩの抵抗はプルアップ抵抗で、この抵抗を接続先の電源に接続すれば、レベル変換もしたことになります。

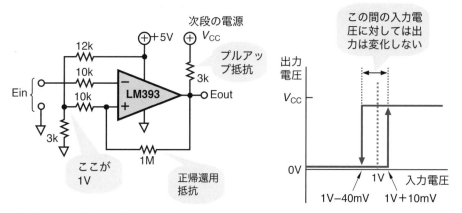

◆図3.2.11　実用コンパレータ回路

3-3 デジタル回路の設計法

　私たちが電子工作としてデジタル回路を設計するために必要な設計の基本について説明します。単なる基礎知識ではなく、実際にマイコン周辺機器としてのデジタル回路を作るときの設計法を中心に説明しますので、いわゆるブール代数などの基本の基本は他の参考書を参照してください。

　マイコンを中心としたシステムの構成を大雑把に捉えると、図3.3.1のような構成となります。

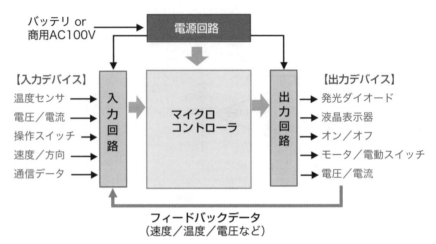

◆図 3.3.1　マイコンシステムの基本構成

■入力回路

　中心にマイコンがあり、入力デバイスとして各種のセンサや、スイッチなどの操作部、さらにはフィードバック制御をするための出力状態をモニタする信号などが接続されます。

・フィードバック制御
　出力値を監視して、目標値に近づけるよう制御する方法。負荷や入力の変動があったときにもできるだけ早く目標値に戻るように制御する。

　このシステムへの入力信号は、それぞれ異なった電圧レベルであったり、単なる機械的なスイッチであったりしますから、マイコンの入力条件に合うように変換が必要になります。この変換部分が**入力回路**ということになります。

■出力回路

　入力に従ってマイコンのソフトウェアで処理された結果を出力デバイスに出力します。出力デバイスとしては、発光ダイオードや液晶表示器のような表示デバイスであったり、モータや電動スイッチのような駆動装置（アクチュエータ）であったりいろいろなものがあります。ここでもマイコンの出力からこれらの出力デバイスを駆動するための信号への変換が必要となります。これが**出力回路**ということになります。

■**電源回路**

さらに、マイコン自身や、入力、出力回路を動かすためのエネルギー源となる
電源回路が必要となります。デバイスによっていろいろな電圧や電流容量が必要
です。入力源も商用のAC100Vであったりバッテリであったりと異なりますから、
電源もそれらに対応できるものとする必要があります。

参考 ▶

電源回路について
は次章で説明します。

この入力回路、出力回路、電源回路の3つの回路要素がマイコンシステムの基本
回路要素ということになります。なお、入力回路のアナログ関連は前章で説明し
ましたので、本章ではデジタルの入出力回路の設計方法について説明していきま
す。

▶▶ 3-3-1 │ デジタル入力回路

マイコンへのデジタル入力信号の扱い方について説明します。このデジタル入
力としては、表3.3.1に示すような多種のものがあります。

◆**表3.3.1　マイコンへのデジタル入力デバイス**

	種類	機能・特徴	例
操作入力	操作スイッチ	オン／オフ状態で押されたことを区別	プッシュボタンスイッチ DIPスイッチ 各種切替スイッチ
	接点回路	オン／オフで1、0を表すデジタル回路を構成する	リレー、プランジャ
	回転操作	回すとオン／オフが連続して入力される	ロータリーエンコーダ
センサ入力	オン／オフセンサ	オンかオフの2値による状態	バイメタルスイッチ（温度）、傾きセンサ、接触センサ（マイクロスイッチ）
	デジタルセンサ	測定量をデジタル情報として出力する シリアルデータ、パルス、パルス幅などで入力される	加速度センサ、流量センサ、風向・風速センサ

■**スイッチ、リレー接点の入力**

スイッチには単なる押しボタンスイッチから、ロータリスイッチなど、数多くの
種類がありますが、いずれも単に2つの金属片が接触するかしないかという機械的
なもので、マイコンへの接続は図3.3.2(a)のようにします。

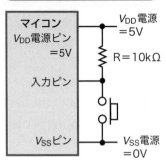 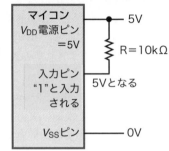 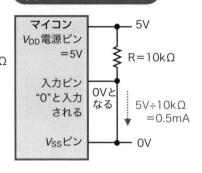

◆図3.3.2　基本的なスイッチ接続回路

これで、スイッチがオフのとき（図3.3.2(b)）には、抵抗Rを経由して電源電圧V_{DD}がマイコンに入力されますから、これで論理"1"として認識されます。

参考

プルアップ抵抗は「電源電圧をマイコンのピンに加える」ことと、「金属片間に流れる電流値を制限する」役割をしています。

スイッチを押すと（図3.3.2(c)）のようにスイッチの金属片により、マイコンの入力端子を電気的に0Vに接続してしまいますから、マイコンへの入力は0Vということになり論理"0"と認識されます。これでスイッチがオフのときは"1"、オンのときは"0"として区別が付くことになります。

抵抗Rは**プルアップ抵抗**とも呼ばれ、「電源電圧をマイコンのピンに加える」ことと、「スイッチを押したときにスイッチの金属接点が過電流で傷まないように金属片間に流れる電流値を制限する」役割を持っています。これで、スイッチには「電源電圧÷R」の抵抗値で決まる電流が流れます。またスイッチ接点は金属なので表面が酸化しますから、適当な電流を流すことでこの酸化膜を破壊して正常に電流が流れるようにする働きもあります。

用語解説

・チャタリング
リレーやスイッチの接点が閉じた直後に、ON/OFFを繰り返す現象。回路の誤動作を招いたり、接点の寿命を縮める原因にもなる。

アドバイス

このような回路を付加してもチャタリングが残る場合は、プログラムで回避するようにします。方法は、チャタリング時間より長い一定間隔でスイッチの入力をチェックするようにするか、いったんオンを検知したらちょっと待ってからオンを確認して処理を行うようにします。

■ノイズやチャタリングへの対策

この基本回路でもボード内のスイッチでしたら、問題なく接続できます。しかし、スイッチが外部にあって配線にノイズがのりやすい状況では、場合によるとノイズで"1"を"0"と認識してしまうことがあるかもしれません。

また、スイッチにはもうひとつ避けて通れない問題があります。それは**チャタリング**とか**バウンス**と呼ばれる現象です。スイッチは機械的なばねでできていますので、図3.3.3(a)のように、スイッチを押したとき金属片間はすぐ安定に接触するわけでなく、非常に短時間ですが何回か弾んでから安定になります。つまり、短時間のオン／オフを繰り返すことになります。マイコンから見るとこの時間間隔は結構長いため、スイッチのオンとオフの処理を短時間に何回も繰り返すことになってしまいます。これでは不安定な動作となってしまいますから、スイッチを押したとき、できれば安定に0Vになるようにしたいものです。

このようなノイズやチャタリングを避ける実用的なスイッチ接続回路は、図3.3.3(b)のようになります。ここでは抵抗R3とコンデンサC1でローパスフィルタを構成していて、スイッチを押したときはコンデンサがスイッチ経由で高速に放電しますので入力ピンの電圧はすぐ0Vになります。逆にスイッチがオフになったときは、R3経由でコンデンサに充電するためちょっと時間がかかります。これに

より、短時間のオフでは入力電圧が"1"と認識されるまで上昇せず、"0"のままで留まることになります。これで、チャタリングを吸収して安定した0V付近の電圧として入力することができます。コンデンサC1の容量値が大きいほど充電時間がかかりますから、効果が大きくなることになります。

抵抗R1の役割は、スイッチをオンにしたときコンデンサから放電する電流があまり大きくならないように制限する働きをします。そうしないと接点で火花が出て接点が劣化してしまうことになります。

抵抗R2はマイコン側が大容量コンデンサで過負荷になるのを軽減する働きをします。

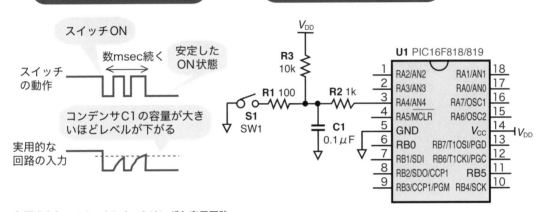

◆図3.3.3　スイッチのチャタリングと実用回路

■デジタルパルス入力

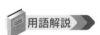

アドバイス

デジタルパルスをマイコンにそのまま接続する場合、信号の電圧レベルとパルスの周波数あるいはパルス幅に注意してください。

センサには、加速度センサや流量計、積算電力計などデジタルパルス信号で出力するものがあります。このようなデジタルパルスの場合には、マイコンにそのまま接続できることが多いのですが、この場合に注意しなければならないことは、信号の電圧レベルとパルスの周波数あるいはパルス幅です。

・センサの電圧レベルに注意

用語解説

・スレッショルド電圧
論理"0"または"1"と認識するしきい値をスレッショルドと呼ぶ。

まず電圧レベルですが、マイコンは、データシートに必ず入力電圧レベルの規格が記述されています。表3.3.2がその例でスレッショルド電圧と呼ばれています。この表によれば電源電圧が5Vのときは、2.05V以上を"1"とし、0.75V以下を"0"とします。この間の電圧の場合には不定となりますから不安定な状態となります。

◆表3.3.2　入力スレッショルド規格の例

区分	状態	電圧範囲	条件
入力ピン	1	$(0.25V_{DD}+0.8) \sim V_{DD}$	V_{DD}は電源電圧（2.0V〜5.5V）
	0	$V_{SS} \sim 0.15V_{DD}$	V_{SS}はグランドで0V

この表のように、マイコン側の電源電圧により可能な入力電圧範囲が制限されますから、センサ側から出力される電圧レベルが決まっている場合は注意が必要になります。

この電圧規格は実は前項のスイッチの場合にも適用されますが、スイッチの場合には電圧が0VとV_{DD}となりますから問題なくこの規格をクリアできます。

用語解説

・**オープンコレクタ**
出力回路が、トランジスタのコレクタが直接出ていて他に何も接続されていない構成のものをオープンコレクタと呼ぶ。外部にプルアップ抵抗が必要。

常識

オープンコレクタ回路をパルス入力としてマイコンに接続するときは、プルアップ抵抗を追加する。

・オープンコレクタ回路はレベル変換に便利

スレッショルド電圧の他に、センサ側の出力回路にも注意が必要で、**オープンコレクタ出力**と呼ばれる回路になっている場合には、マイコンの入力回路にプルアップ抵抗が必要になります。例えば、ブラシレスモータの回転位置を示すホールセンサ回路の出力は、図3.3.4のようなトランジスタのコレクタが直接出力されているオープンコレクタという構成になっているものが大部分です。これをパルス入力としてマイコンに接続するときは、図のように抵抗R1を追加します。この抵抗の片端をマイコン側の電源（V_{DD}）に接続することで、モータ側の電圧には無関係にマイコン側の入力電圧仕様に合わせることができるようになります。抵抗の値は、出力側のトランジスタQ1がオンになったときに流れる電流を制限するためのものですので、センサ側の仕様に合わせる必要があります。

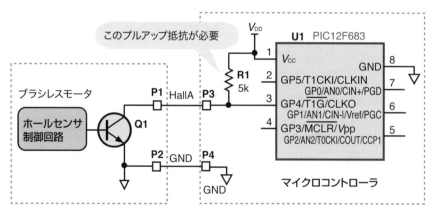

◆図3.3.4　オープンコレクタ出力の接続

■パルスの周期やパルス幅に注意

用語解説

・**ロータリエンコーダ**
インクリメンタル方式とアブソリュート方式がある。また、接触式と非接触式がある（接触式では摩耗による劣化が問題になる）。

ロータリエンコーダや積算電力計などのパルスで出力される信号を受けるパルス入力の場合には、電圧レベル以外にもうひとつ注意しなければならないことがあります。それは「パルスの周期またはパルス幅」です。周期が数100kHz以上の高速だったり、パルス幅が数μsec以下のような場合には、回路も高速対応にする必要がありますし、当然マイコン側も高速で処理できるものが必要になります。割り込みなどを使って高速に応答ができるようなプログラムとする必要があります。

ロータリエンコーダは写真3.3.1のような外観で

◆写真3.3.1　ロータリエンコーダの外観

すが、内部は図3.3.5(a)のように2個のフォトカプラの位置をずらして並べていて、

この2個の出力は図3.3.5(b)のように回転方向により2つのパルスの位相差が出るようになっています。このパルス幅は回転操作の早さにより変化しますから、最小パルス幅を意識して最小のときでもパルス抜けがないように処理する必要があります。

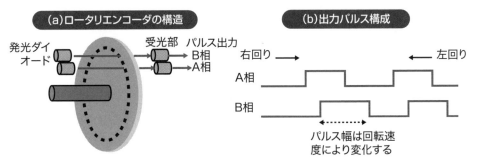

◆図 3.3.5　ロータリエンコーダの構造と出力パルス

▶ 3-3-2 ┃ デジタル出力回路

マイコンの出力には、制御対象となる多くのデバイスが接続されます。アプリケーションによってそのデバイスも多くの種類がありますが、デジタル信号で制御するデバイスを大別すると表3.3.3のようになります。

◆表 3.3.3　出力デバイスの種類

種類		機能・特徴	例
表示デバイス	オン／オフ表示	点灯、消灯で表現 色による表示	発光ダイオード ランプ、フルカラー表示
	メッセージ表示	文字表示、グラフ表示	液晶表示器、モニタ 文字表示発光ダイオード
動力デバイス	オン／オフ制御	開閉制御	リレー、プランジャ
	回転、移動制御	回転動力 位置制御	各種モータ
パルス出力	パルス幅、周波数	位置制御、音 PWM制御	RCサーボ、スピーカ

参考

マイコンの出力ピンが出力できるのは、直流電圧のオン／オフデジタル出力か、パルス出力の2種類です。

これらの出力デバイスに対し、マイコンの出力ピンが出力できる情報は表3.3.4に示すように直流電圧のオン／オフデジタル出力か、パルス幅の2種類しかありません。したがって表3.3.3の出力デバイスをマイコンが制御できるようにするためには、高電圧、高電流のオン／オフ信号に変換したり、信号レベルを合わせたりするための回路が必要になります。

◆表3.3.4 マイコンの出力

種別	機能	信号レベル 他
デジタル出力	オン／オフ情報を電圧信号として出力する	0V付近と電源電圧（V_{DD}）付近の電圧をデジタル論理0、1で区別する 電流容量は数mAから数10mA
	パルス出力	固定のパルスの場合と、PWM出力の場合がある

■直接オン／オフを出力する回路

単純なオン／オフ出力デバイスでよく使われるものに、発光ダイオードの表示器があります。プログラムの状態や出力のモニタとして使われます。発光ダイオードのように低電圧で、わずかな電流でよい場合には、マイコンに直接接続して制御できます。この発光ダイオードの接続回路は通常図3.3.6のようになっています。

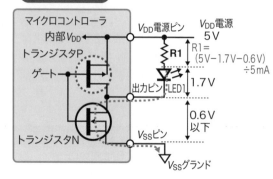
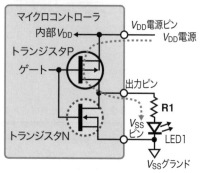

◆図3.3.6 発光ダイオードの接続回路と動作

- V_{DD}
  電源電圧
- V_{SS}
  グランド電圧

最近のマイコンの出力ピンは、FETトランジスタの出力となっています。これを簡単な構成図で表すと図3.3.6のように2個のトランジスタの組み合わせとなっています。このトランジスタは一般的に数10mA以上の出力能力を持っていますので、発光ダイオードの点灯用には十分です。

この出力ピンのトランジスタの動作は、内部で論理"0"という出力をするとトランジスタのゲート電圧が高くなるようになっていて、トランジスタPがオフ、トランジスタNがオンとなり、ピンの出力電圧がほぼV_{SS}となります。これによってピンからマイコン内部のトランジスタNに電流が流れ込み、V_{SS}グランドに出てきます。

逆に内部で論理"1"という出力をすると、トランジスタのゲートがほぼ0Vとなりますので、トランジスタPがオン、トランジスタNはオフとなり出力ピンにはV_{DD}から入った電流がピンから流れ出す方向となります。

・発光ダイオードの接続方法には2通りある

出力ピンがこのような構成ですから、発光ダイオードの接続方法には、図3.3.6のような2通りの回路があります。

図3.3.6(a)の場合には、出力ピンに論理"0"を出力すると、発光ダイオードを通った電流がマイコン内部のトランジスタNを経由してグランドV_{SS}に流れ込みますから、発光ダイオードが点灯します。逆に論理"1"を出力すると出力ピンがほぼV_{DD}になりますから、発光ダイオードを通過する電流は流せなくなり消灯します。

図3.3.6(b)の接続とした場合には、論理"1"を出力したときにトランジスタP経由でV_{DD}から発光ダイオードに電流が流れて点灯状態となります。論理"0"を出力したときには、ピンはV_{SS}電圧となりますから発光ダイオードへ電流は流れないことになり消灯します。

点灯／消灯と"1、0"の論理が逆になることに気をつける必要がありますが、このどちらの方法で接続しても問題ありません。

・適切な電流を流すための抵抗値の計算

アドバイス

図3.3.6(a)の抵抗R1の値を求めます。

次に、マイコンから直接発光ダイオードを制御する場合、発光ダイオードに流れる電流を制限するため直列に抵抗を挿入します。この抵抗値の求め方を説明しましょう。接続時の電圧関係は図3.3.6(a)のようになります。

まず、発光ダイオードに電流が流れて点灯するとき、発光ダイオード自身で約1.7V程度の電圧降下が発生します。また、マイコンの出力ピンの規格は、たとえば表3.3.5のようになっていて、Low出力のとき約0.6Vの電圧出力となります。

◆表3.3.5 マイコンの出力規格例

区分	状態	電圧範囲	条件
出力ピン	1	(V_{DD}−0.7V)以上	V_{DD}は電源電圧(2.0V〜5.5V)
	0	0.6V 以下	Max 25mAまで

これで、電源電圧V_{DD}が5Vのとき、発光ダイオードに5mAの電流を流すには、下記の式で抵抗値が求められることになります。

$$R1 = (5V − 1.7V − 0.6V) \div 5mA = 540\,\Omega$$

これから540Ω前後の抵抗でよいことがわかりました（標準値の560Ωの抵抗を使ってもかまいません）。

■モータ駆動回路（PWM 制御）

参照

・モータ制御ドライバ IC → p.92

参考

モータ制御ドライバICをマイコンと接続して複雑な制御が行えます。

小型の直流モータの制御には、Hブリッジ回路とかフルブリッジ回路とか呼ばれている回路がよく使われます。単一の電源でモータの正転と逆転、さらに可変速制御ができる回路として考案されたものです。基本構成は図3.3.7のようになっており、H型をしていることからこう呼ばれています。

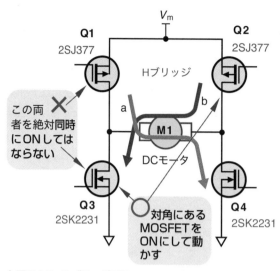

◆図3.3.7 Hブリッジ回路

Hブリッジの動作モード

Q1	Q2	Q3	Q4	モータ制御
OFF	OFF	OFF	OFF	停止
ON	OFF	OFF	ON	正転（逆転）
OFF	ON	ON	OFF	逆転（正転）
OFF	OFF	ON	ON	ブレーキ

Hブリッジ回路のPWM制御モード

Q1	Q2	Q3	Q4	モータ制御
OFF	OFF	OFF	OFF	停止
ON	OFF	OFF	PWM	正転（逆転）
OFF	ON	PWM	OFF	逆転（正転）
OFF	OFF	ON	ON	ブレーキ

Hブリッジの基本動作は、図の上側の表のように、Q1とQ4のトランジスタだけを同時にオンとすると、モータへの電流はaのように左から右に流れ、モータは正転（逆転）します。次にQ2とQ3だけをオンとすれば、bのように右から左に電流が流れ、モータは逆転（正転）することになります。さらにQ3とQ4だけを同時にオンとするとモータのコイルをショートすることになりブレーキをかける動作となります。

・Hブリッジ使用上の注意

注意することは、Q1とQ3、あるいはQ2とQ4を同時にオンにしてはいけないということです。トランジスタで電源をショートすることになってしまい、大電流がトランジスタに流れるため、トランジスタが壊れてしまうことがあります。したがって、回転方向を切り替えるときには、短時間でよいので、一旦全部オフの停止状態にしてから切り替えるようにします。

Q1とQ3、あるいはQ2とQ4を同時にオンにしてはいけません。

・PWMによる可変速制御

DCモータでは加える電流を変えれば速度を変えることができます。マイコンなどによるデジタル制御で簡単に速度制御を行うために考え出された方式が**パルス幅変調制御**あるいは**PWM**（Pulse Width Modulation）と呼ばれる方式です。

PWMで使われるパルスは、図3.3.8のように、周期は一定で、オンとオフ期間の割合（**デューティ比**）が可変になっている連続パルスです。

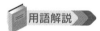

・**デューティ比**
一定周期の中でオンにする割合（出力がHigh）。

このPWM制御を行うための基本回路は、図3.3.7と同じ単純なオン／オフ制御回路で、図3.3.7の下側の表のようにオンとする制御用トランジスタの片方をPWMパルスで駆動します。このパルス状の電圧でDCモータを駆動すると、図3.3.8のように、モータを流れる平均電流は、パルス幅の周期に対するオン期間の比率（デューティ比）に比例することになります。つまりデューティ比が小さいと平均電流が小さくなり図のように回転数が下がります。デューティ比が大きくなると平均電流が上がり回転数が上がります。平均電流の大きさに回転数やトルクが比例

しますから、結局、デューティ比によってモータの回転速度やトルクが変わることになります。

アドバイス

簡単な回路で速度制御ができ、発熱が少なく小型のMOSFETで大きな駆動電流を制御できます。

このようにPWM制御をするための回路は通常のオン／オフ回路と全く同じでよいため、簡単な回路で速度制御がデジタル制御できることと、制御用トランジスタがオン／オフ動作ですので、発熱が少なく小型のMOSFETで大きな駆動電流を制御できます。マイコンによるモータ速度制御には大部分このPWM制御が使われています。

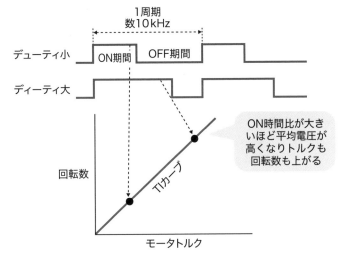

◆図3.3.8　PWM制御による速度制御の原理

・PWM制御の周波数に注意

ここで注意することは、PWM制御の周波数の選択です。周波数が低いとモータから音が発生したり、振動が大きくなったりします。高過ぎるとロスが大きくなって発熱したり思うように電力が伝わらなかったりします。一般的に、周波数は数10kHz付近を使うことが多いようです。

このようにPWM制御では10kHz以上の高い周波数のパルスを扱うため、モータやドライブ回路のノイズ対策を万全にしないと、マイコンが誤動作するなどのトラブルに悩むことになります。

また高い周波数での制御でロスをできるだけ少なくできるように、トランジスタの選定や、制御ドライブ回路の工夫がいろいろなされています。

・トランジスタアレイを使って回路を簡単化する

フルブリッジ構成とするためには、ドライブ用のトランジスタは4個ペアで必要になります。写真3.3.2のように、4個をまとめて1個のICとしたトランジスタアレイや、NチャネルとPチャネルがペアで実装されたトランジスタアレイが開発されていますので、これらを使って回路を簡単化することができます。

◆写真3.3.2 トランジスタアレイの例（デュアルトランジスタ、フルブリッジモータードライバ）
（写真は秋月電子通商のウェブサイトより引用）

　実際の回路を図3.3.9に示します。この例は2個のDCモータの可変速、可逆制御ができるようにした回路で、2個のペアMOSFETのトランジスタアレイを使って簡単化しています。

　プログラムでこれを動作させるときには次のようにします。まず、単純なオン／オフ制御として使うときには、図中の表の下側2行のようにマイコンの各ピンをオン／オフ制御することになります。

　次にこの回路でPWM制御を行うときには、マイコンの入出力ピンのRB5（RC7）とRB6（RB7）がPWMの出力ピンになっていますから、ここからPWMのパルスが出力されます。そこで、表の上4行のようにすれば、いずれかの方向でモータがPWM制御のもとで回転したり停止したりさせることになります。

　これで全く同じ回路構成で単純オン／オフ制御とPWM制御を実現することができます。ただしこの場合のモータの電源電圧はマイコンの電源電圧以下とする必要があります。回路図中のR10からR13の抵抗は、電源オン直後にフルブリッジがすべてオフ状態になるようにするプルダウン抵抗です。

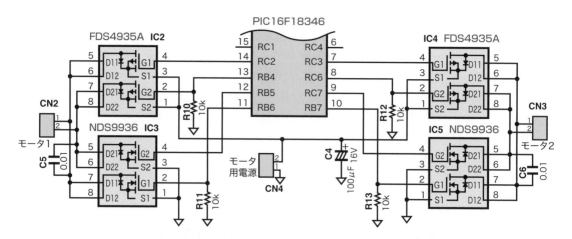

制御状態	RC2 (RC3)	RB4 (RC6)	RB5 (RC7)	RB6 (RB7)	モータ1の状態 （モータ2の状態）
停止	×	×	L	L	オフ状態で停止
PWM正転	H	L	L	PWM	正方向にPWM回転
PWM逆転	L	H	PWM	L	逆方向にPWM回転
ブレーキ	H	H	H	H	ブレーキ状態で停止
正転	H	L	L	H	オン／オフ制御で正回転
逆転	L	H	H	L	オン／オフ制御で逆回転

◆図3.3.9 DCモータ用フルブリッジ回路例

・モータ制御ではノイズに注意

　モータの制御で注意しなければならないことはノイズの問題です。とくにブラシ付きのDCモータが回転するときは整流子とブラシの間で火花が発生し、これがノイズとなっていろいろな妨害を与えます。これを防止するには、写真3.3.3のように、モータの端子間に0.001μF程度のコンデンサを接続します。これでノイズが外部に出るのを抑制できます。

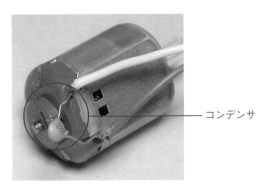

コンデンサ

◆写真 3.3.3　モータにはノイズ対策コンデンサを取り付ける

　また、モータを制御するとき、モータの起動電流により電源電圧が大きく変動したり、ノイズとなって妨害されることがありますので、特にモータ用の電源とマイコンの電源が共通の場合には、マイコンへの電源供給にはフィルタなどによる十分のノイズ対策が必要です。安定な動作のためには、モータとマイコンの電源を分離して、両電源のグランドを1ヶ所で接続するのがよい方法です。

3-4 電源回路の設計法

アドバイス

ここで紹介する電源回路は、交流100Vを直流1.5V〜15Vに変換する装置です。

私たちが実験や工作で使う電源は、比較的小容量で小型の物ですが、電子回路にとっては全てのエネルギーを電源から供給してもらっていることになります。したがって電源の良し悪しが、そのまま動作の安定性や精度の良し悪しを左右することになるので重要な要素です。

私たちの電子工作で必要とされる電源は、通常は直流の1.5Vから15V程度の電圧で、数mAから数100mA程度の電流を必要とします。特に高密度、高速の回路を含むボードは、単体でも数Aを必要とするものもありますが、特殊な用途となります。

この電源の供給元は、通常の環境であれば、商用のAC100V〜200Vか、リチウムイオン電池などのバッテリとなります。これらの入力源から直流の1.5Vから15Vを生成するために必要な回路が**電源回路**ということになります。

ここでは、電源回路の考え方と基本的な設計方法について説明しています。

▶ 3-4-1 独立の電源ユニットの場合

用語解説

・スイッチング電源
半導体スイッチを用いた電源装置。小型で効率がよく、安定した直流電圧を出力することができる。

アドバイス

電源装置は、ユニット（完成品）、ACアダプタのほかに、キットも市販されています。また、自作することもできます。

商用電源のAC100VやAC200Vから直流の1.5V〜15Vを生成するには、一昔前は、大型の電源トランスを使って商用電源から直接降圧して数Vの交流電圧としていましたが、50Hzか60Hzと周波数が低いためトランスが大型となり、効率も悪いため発熱するという問題がありました。

これに対し、最近では多くの場合市販の**スイッチング電源ユニット**か、スイッチング方式の**ACアダプタ**を使用します。独立したユニットとして装置内部に組み込むか、ACアダプタとして外付けします。

スイッチング電源の内部構成は、図3.4.1のような構成になっています。まず商用AC100VやAC200Vをいったん整流平滑して高い電圧の直流に変換します。これをスイッチング制御部で数10kHz〜数100kHzの高い周波数の交流に変換します。この変換後の交流をトランスで降圧して低い電圧に変換します。この交流の周波数が高いことで変換効率もよくなるため小型のトランスとすることができ、小型化が可能になります。この降圧した交流を整流しレギュレータ回路で安定化して必要な直流電圧を生成します。さらにこの出力電圧の変動をスイッチング制御部にフィードバックし、パルス幅変調（PWM）制御により制御して一定の出力電圧になるように制御しています。最近はこれらの制御を1個のICで行うものもできてきましたので簡単な構成にすることができるようになっています。

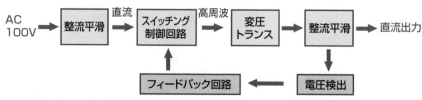

◆図3.4.1 スイッチング電源の内部構成

　写真3.4.1は市販のスイッチングレギュレータユニット（DC12V、2.5A）とスイッチング方式のACアダプタ（DC6V、2A）の例です。

(a) スイッチング電源ユニット（DC12V 2.5A）　　**(b) ACアダプタ（DC6V 2A）**

◆写真 3.4.1　スイッチング電源ユニットと AC アダプタの例

▶▶ 3-4-2 ｜ オンボード電源の場合

　商用電源のような高圧の交流電源ではなく、電源トランスで降圧した直流電源やACアダプタやバッテリのような比較的低い直流電源から、必要な直流の1.5V〜15Vを生成するには、**3端子レギュレータ**による方法と、**DC/DCコンバータ**による方法の2種類が多く使われています。いずれもボード上に必要な回路が組み込まれるのが一般的であるため**オンボード電源**とも呼ばれています。

　それぞれの代表的な回路の設計方法について説明します。

■ 3端子レギュレータの使い方

　正電圧を出力する3端子レギュレータの実用的な回路は図3.4.2のようにするのが標準的な回路です。図の例はDC3.3Vで最大200mA程度の出力を得られるものです。

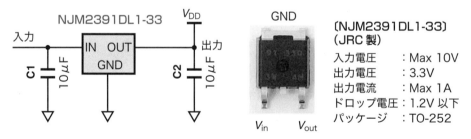

◆図 3.4.2　3端子レギュレータの標準回路（写真は秋月電子通商のウェブサイトより引用）

　入力にあるコンデンサC1は、高い周波数を通し、直流は通さないという働きを使って、外部からの高周波のノイズや変動を吸収して抑制します。さらに電気を蓄えるコンデンサの性質を使って、急激に出力負荷が増えて入力源からの供給が間に合わないような場合に、このコンデンサに蓄えた電気から一時供給して安定

な出力を保つようにしてクッションの働きをします。

　出力側のコンデンサC2は、高い周波数成分をコンデンサで吸収して少なくすることで、3端子レギュレータの動作を安定化する働きをします。これで、入力の5V～9V程度の直流から、安定な3.3Vを供給できます。

　最近では3端子レギュレータも小型化され、図3.4.3のような小型パッケージでも1Aのレギュレータとなっています。これは入出力間の電位差、つまりドロップ電圧が小さくなり、その分入力電圧を下げることができて発熱を抑えることができるようになったため、小型化が可能となりました。

（Microchip Technology 製）
型番　　　　：MCP1826S
入力電圧　　：2.3V～6.0V
出力電圧　　：3.3V
出力電流　　：Max 1A
ドロップ電圧：250～400mV
パッケージ　：SOT-223

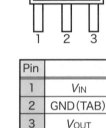

SOT-223-3

Pin	
1	V_{IN}
2	GND（TAB）
3	V_{OUT}
4	GND（TAB）

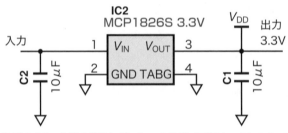

◆**図3.4.3　小型3端子レギュレータの例**（写真はマイクロチップ・テクノロジー社のウェブサイトより、右のパッケージの図はデータシートより引用）

■3端子レギュレータは発熱に注意

アドバイス

　3端子レギュレータは放熱に気を使うようにしてください。
　図3.4.4の写真のように、放熱器をつけて使用するとよいでしょう。

　3端子レギュレータの実装方法は、トランジスタと全く同じように扱うことで問題ありません。しかし特に熱設計では、入出力間電位差と出力電流で制限されますので注意して設計する必要があります。つまりレギュレータ本体で消費する電力により制限を受けるわけで、この関係は例えば図3.4.4で表されます。

　この図（図3.4.4の右）はTA48033Fという3端子レギュレータの最大許容電力を表したもので、放熱対策なしの単体で周囲温度が25℃のときは1Wが最大許容電力となっています。ということは、5V入力のときは、

　　　1W ÷（5V － 3.3V）＝ 588mA

となりますから500mAまで流すことが可能ですが、入力電圧を9V入力にすると、

　　　1W ÷（9V － 3.3V）＝ 175mA

となって170mAが限界となってしまいます。

　このように入出力間の電位差で流せる最大電流が制限されますので、注意が必要です。

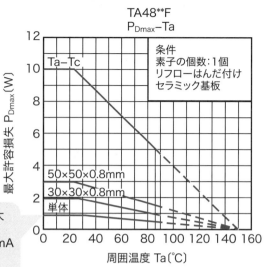

3端子レギュレータ

放熱器

放熱対策なしでは1Wが最大
5V入力とすると
　1W÷(5V−3.3V)＝588mA
が流せる最大値となる。
9V入力では、
　1W÷(9V−3.3V)＝175mA
が流せる最大値となる。

◆図**3.4.4**　3端子レギュレータの許容電力に注意
　（右の図は TA48033F（東芝セミコンダクター社）のデータシートより）

・フラットパッケージタイプの実装方法

教えて

フィンを基板にはん
だ付けするのはなぜ？
〔回答〕
　フラットパッケージ
（表面実装）タイプの
3端子レギュレータを
利用する場合は、直
接、3端子レギュレー
タのフィンをプリントパ
ターン（グランド）に
はんだ付けします。
　つまり、プリントパ
ターンを放熱器の代わ
りに利用するわけで
す。

　3端子レギュレータの実際の実装方法では、最近は**フラットパッケージタイプ**が
多くなりましたので、写真3.4.2のように、プリントパターンに直接フィンをはん
だ付けして使います。この場合フィンはグランド端子と接続されていますので、
グランドパターンにフィンをはんだ付けします。このパターンを介して基板そのも
のが放熱器となりますので、それだけ最大許容電力が大きくできます。このはん
だ付けは、パターンが広く熱容量が大きいので、温度調節付きのはんだこてを使
うと素早くできます。

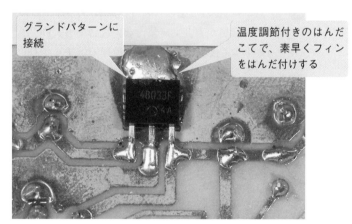

グランドパターンに
接続

温度調節付きのはんだ
こてで、素早くフィン
をはんだ付けする

◆写真**3.4.2**　3端子レギュレータの実装例

・TO-220 タイプの実装方法

図 3.4.4 の写真、
写真 3.4.3 の 3 端子
レギュレータが TO-
220 タイプです。

TO-220タイプのタブ付きの3端子レギュレータを使う場合には、トランジスタと同じように放熱器を付けて使うことが多くなります。このような実装例を写真3.4.3に示します。これは外部から7〜9VのACアダプタを接続し、5Vの電源を作成しています。

TO-220タイプに放熱器を付けて実装したもの。9Vから5Vを作成している。

◆写真 3.4.3　TO-220 タイプの実装例

■ DC/DC コンバータの使い方

DC/DCコンバータには**ステップアップ**（昇圧）と**ステップダウン**（降圧）の2種類があります。最近になってDC/DCコンバータ用のICが多く開発され、同じICでどちらもできるものがあります。

特に降圧のDC/DCコンバータは、入力と出力の電圧差が大きく3端子レギュレータでは発熱が大きくて使えない場合でも、DC/DCコンバータであれば発熱も少なく効率よく変換できるため、最近では多くがDC/DCコンバータ方式となっています。さらに昇圧は3端子レギュレータではできませんから、DC/DCコンバータに頼ることになります。

このようなDC/DCコンバータ用のICとして手軽に使えるICには図3.4.5のようなものがあります。

型番 : NJM2360
入力電圧 : 2.5V〜40V
出力電圧 : 1.25V〜40V
出力電流 : Max1.5A
発振周波数 : 100Hz〜100kHz
ドロップ電圧 : 250〜400mV
リファレンス : 1.25V±2%
許容電力 : 875mW
パッケージ : 8ピンDIP

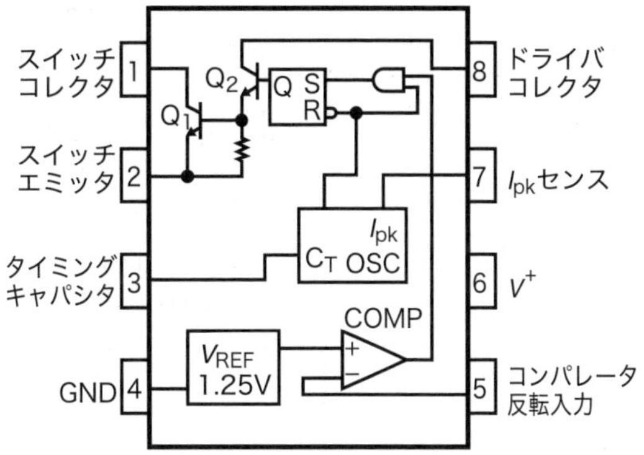

◆ **図 3.4.5** DC/DC コンバータ IC の例（写真は秋月電子通商のウェブサイトより引用）
（ブロック図は新日本無線のデータシートより）

　このICを使った昇圧電源回路の例が図3.4.6となります。DC5Vの入力から DC13Vから25V程度の電圧を出力できます。出力電圧はVR1の可変抵抗で調節 することができます。R1の抵抗で入力電流が1Aで制限されますので、最大5V × 1A＝5Wの入力ですから、出力としては20Vでしたら0.2A程度まで流すことがで きます。

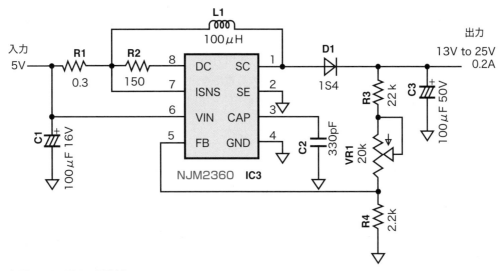

◆ **図 3.4.6** 昇圧の回路例

　図3.4.7が同じICを使った降圧回路の例です。同じようにVR2で出力電圧を可 変できます。

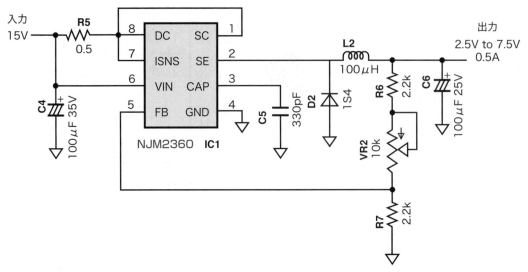

◆図 3.4.7　降圧の回路例

■チャージポンプ方式の DC/DC コンバータ

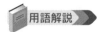

用語解説

・チャージポンプ方式
コンデンサだけで構成した電圧を上昇させるための DC/DC コンバータ回路。

　負荷電流が少なくてよい場合には、コンデンサをうまく使った**チャージポンプ方式**のワンチップ IC で DC/DC コンバータが構成できます。チャージポンプ方式ではコイルがなく、コンデンサだけで構成されます。したがって比較的簡単な回路で構成できます。

　図3.4.8がその例で、図(a)は正出力の例で、数10mAの負荷で使えます。図(b)は入力の正電圧と同じ絶対値の負電圧を出力するという便利な IC ですが、負荷電流はわずかしか取れません。オペアンプ回路で両電源が必要な場合などに便利に使えます。

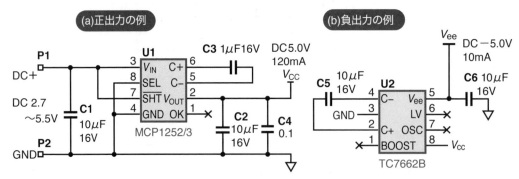

◆図 3.4.8　チャージポンプ方式の DC/DC コンバータ例

参考

・MCP1252/3
・TC7662B
　Microchip 社の製品。チャージポンプIC。

　実際に使用した例は写真3.4.4のようになります。(a)は MCP1253 の使用例で電池から5V電源を生成するために使っています。(b)は TC7662B の使用例で、出力オペアンプ用にマイナスの電源を生成するためチャージポンプ IC を使った例です。これでアンプ出力が0ボルトまで出せるようになります。

(a) リチウムバッテリから5V生成

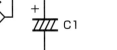

チャージポンプ
MCP1253

(b) ＋5Vから−5V生成

チャージポンプ
TC7662B

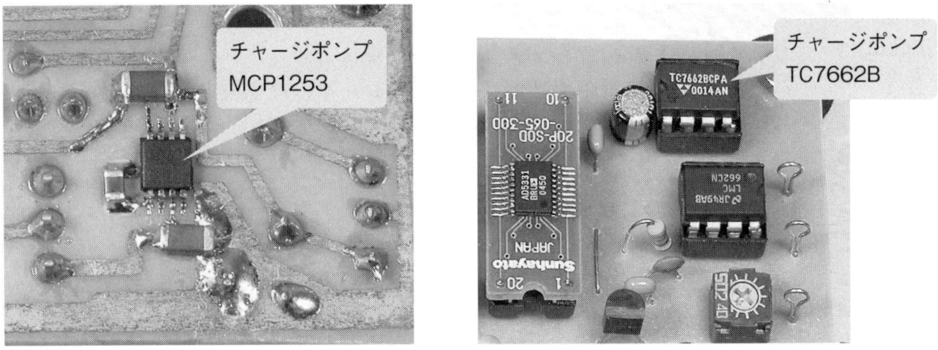

◆写真 3.4.4　チャージポンプ DC/DC コンバータ IC の使用例

▶▶ 3-4-3 │ 電源トランスの使い方

　アマチュアがAC100V入力の電源を製作する場合には、まだ電源トランスを使って降圧するのが一番簡単で確実なので、今でもよく使われています。しかし、この電源トランスの設計は意外と難しいのが実際です。

　ここでは、よく使われる図3.4.9のような電源トランスとブリッジダイオードを使った電源の概略設計方法を解説します。

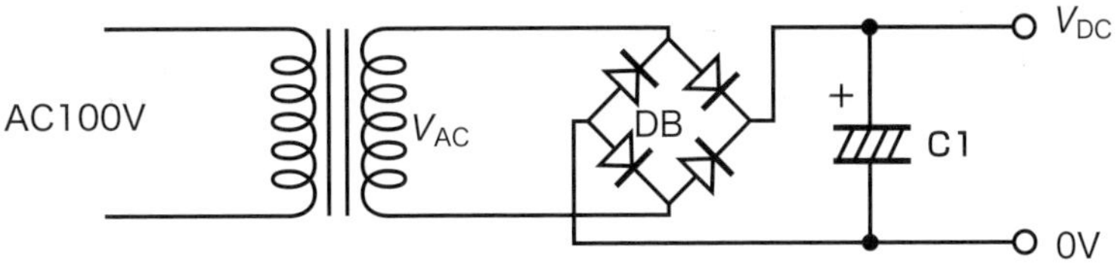

（電源トランス整流回路図：AC100V → V_{AC} → DB（ブリッジダイオード）→ C1 → V_{DC}, 0V）

式① $\quad V_{AC} \geqq 1.1 \times \left(\dfrac{V_{DC}}{\sqrt{2}} + 2V_f \right)$

V_{DC}：直流電圧
V_{AC}：トランスの出力電圧
V_f　：ダイオードの順方向電圧降下＝1.0V

式② $\quad \Delta V = 0.75 \times \dfrac{I_{out}}{2 \times f \times C}$

ΔV：リップル電圧
I_{out}：出力電流
f　：交流周波数
C　：出力コンデンサ容量

◆図 3.4.9　電源トランスの整流回路

・レギュレータ
　一定の電圧を出力するICで3端子レギュレータとも呼ぶ。

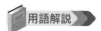

・最小入出力間電圧
　レギュレータが一定電圧出力を維持できる最小の入力電圧があり、その差を最小入出力電圧と呼ぶ。

① 必要な直流出力電圧を求める

　まずこの整流回路の直流出力電圧を決めます。この決定には実際に使う直流出力電圧にレギュレータの最小入出力間電圧（V_{drop}）を加えたものになります。例えば5.0Vの直流電圧が必要で、レギュレータの最小入出力間電圧が1.5Vである場合、6.5Vが必要な整流回路の出力直流電圧V_{DC}となります。

② トランスの二次側電圧 V_{AC} の決め方

　これは正確にはなかなか求めることが難しいので、図3.4.9の式①のような概算式で求めることになります。例えば8.0Vの直流出力を得るには

$$1.1 \times (8.0 \div 1.4 + 2) \fallingdotseq 8.5V$$

のトランス出力が必要ということになります。ここで1.1倍しているのはAC電源の変動を加味した安全余裕です。実際の例でいくつか計算したものが表3.4.1となります。

◆表 3.4.1　トランス 2 次側電圧の例

最終直流出力電圧	3.3V	5V	10V	12V	15V
レギュレータ入出力間電圧			1.5V		
整流後直流電圧 V_{DC}	4.8V	6.5V	11.5V	13.5V	16.5V
トランス二次側電圧 V_{AC}（式①で計算）	6.0V	7.3V	11.2V	12.8V	15.2V
コンデンサ耐圧	16V	25V	35V	35V	50V

③ トランスの二次側電流容量

　この値も正確に決めるのは難しく、単純に直流出力の1.5倍としています。つまり直流出力でI_{out}の電流が必要な場合、トランスの二次側に必要なAC電流容量はこの$1.5 \times I_{out}$とします。例えば1Aの直流出力の場合、1.5A以上のトランスの二次側AC電流容量が必要ということになります。

④ コンデンサ C1 とダイオード（DB）の耐電圧

　整流回路により直流に変換された後の電圧は、無負荷の場合にはトランスの二次側電圧の $\sqrt{2}$ 倍となります。したがって出力コンデンサC1と整流ダイオード（DB）の耐電圧は、この電圧の2倍以上である必要があります。代表的な例が表3.4.1となります。通常ダイオードは十分高い耐電圧となっていますから問題ありませんが、コンデンサは意識する必要があります。

④ リップル電圧

　整流回路の直流出力のリップル電圧の概算値はある程度計算で求めることができ図3.4.9の式②で表されます。これがレギュレータの入力になります。レギュレータのリップル圧縮度という性能がかかわってきます。

　例えば実際の値で計算してみると、50Hz、10000μF、1Aとすると$\Delta V = 0.75V$ということになり、意外と大きなリップル電圧になることがわかります。このリップル電圧を下げるには、出力電流が同じならコンデンサC1を大きくするしかない

ことになります。

実際の電流とコンデンサ C1 の容量でのリップルを求めたものが表 3.4.2 となります。この表のコンデンサの値は、リップル電圧が出力電圧の 10% 程度になるようにしたときの値となっています。出力電圧が低いほど大容量のコンデンサ C1 が必要となります。

◆表 3.4.2 コンデンサ C1 の容量とリップル電圧

直流出力電流		0.1A	0.2A	0.5A	1A	2A
トランス二次側 AC 電流		0.15A	0.3A	0.75A	1.5A	3A
コンデンサ容量 リップル電圧 (式②で計算)	V_{DC}=5V	1500μF 0.5V	3300μF 0.45V	10000μF 0.38V	15000μF 0.5V	33000μF 0.45V
	V_{DC}=7V	1000μF 0.75V	2200μF 0.68V	4700μF 0.8V	10000μF 0.75V	22000μF 0.68V
	V_{DC}=12V	680μF 1.1V	1500μF 1.0V	3300μF 1.1V	6800μF 1.1V	15000μF 1.0V
	V_{DC}=15V	470μF 1.6V	1000μF 1.5V	2200μF 1.7V	4700μF 1.6V	10000μF 1.5V

以上のようにして図 3.4.9 の回路で特定の直流電圧を求めるのに必要なトランスの 2 次側電圧、電流と C1 のコンデンサの値が求めることができます。

COLUMN 電子の発見

半導体はすべて電子の振る舞いで動作しています。ではこの電子はいつ誰が発見したのでしょうか？

■「電子」の命名

19 世紀後半のころは、物質の最小単位が分子・原子であるという認識でしたが、これとは別に電流が存在し、金属中に電気を持った何かが流れていることも認識されていました。

例えば、クルックス管と呼ばれる図 1 のような真空のガラス管の中でフィラメントを加熱すると何か正体のわからないもの（陰極線）が出ることが知られていました。電圧を加えて途中に何かを置くとガラスに影が映り、さらに磁石を近づけると影が動いて変形することもわかっていました。この現象については何らかのエネルギーが振動しているという波動説と、何らかの小さな粒子が飛び出しているという粒子説があり、いずれも決定的な証拠がつかめないでいました。粒子説をとるイギリスの物理学者ストーニーが、1891 年電気流体にも最小の単位となる電気素量があるはずだということで、これを「エレクトロン（電子）」と呼びました。

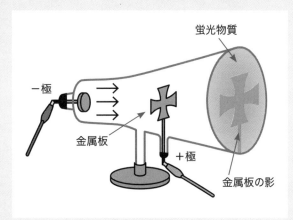

◆図 1 クルックス管

■電子の存在の特定と電荷の測定

　その電子の存在を実験で確かめたのが J.J. トムソンです。1897 年、これまでなかなか成功しなかった実験が、ガラス細工が進歩して高い真空度のガラス管ができるようになったことで、ガラス管で電子が電界により進行方向が変化することを定量的に確認することに成功しました。この実験で影がプラス電源側に偏向することから、電気の流れが「負電荷」をもつ粒子の流れであることを突き止めたのです。後にこの粒子をストーニーの命名にしたがって「電子」と呼ぶことになりました。

　この電子の持つ電荷の測定は、電荷が小さすぎて J.J. トムソンの実験では測定不可能でした。しかし、1909 年になってロバート・ミリカンが図 2 のような「油滴の実験装置」を使って電子 1 個の持つ電荷の量を求めています。

　この実験では、図 2 の上部から非常に小さな油滴を放出し、それを帯電させます。その下に小穴のあいた 2 枚の金属電極を置き電圧を加えておきます。そしてこの電極の間の電圧を調整して電極間に入ってきた油滴が静止するようにします。このとき重力とクーロン力（電気力）が釣り合ったことになります。

　これでたくさんの実験を繰り返すうちに、測定値がいつもある特定値の整数倍になることがわかりました。油滴の電荷は電子の有限個でしかないことから、この特定値が電子 1 個の持つ電荷ということになります。この実験で電場の強さを知ることで電子 1 個の持つ電荷を導くことができ、求めた電子の電荷は、1.602×10^{-19} クーロンであることがわかりました。ミリカンはこの功績で 1924 年にノーベル賞を受賞しています。

参考

・J.J. トムソン
Joseph John Thomson
1856-1940
　イギリスの物理学者。電子と同位体の発見者で質量分析器の発明者。
・ロバート・ミリカン
Robert Andrews
Millikan
1868-1953
　アメリカ合衆国の物理学者。電気素量の計測、光電効果の研究。

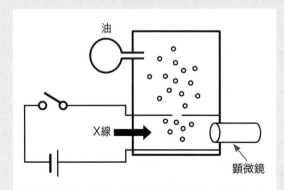

◆図 2　ミリカンの油滴の実験

第**4**章

自作のノウハウ

　これまでで電子工作に必要とされる常識や部品の知識、回路設計方法をもとに回路図が読み書きできるレベルになったことと思います。しかしこれらの回路図をもとに実物として動くものを作るには、実際の設計をする方法や、組み立て方を知る必要があります。そこで、本章では、実際の回路図作成から実物を自作するノウハウを紹介していきます。

　筆者が実際に工作をする手順に沿って、ポイントごとに具体的な自作方法について解説していきます。これがベストな方法ではありませんが、そこは趣味の世界、自由に、ひとつの方法にとらわれないで自分流で進めましょう。

　また最近では、電子工作をする多くの方々が、パーソナルコンピュータを持っていることと思います。そこで、このパソコンを徹底的に活用し、電子工作の道具とすることにより、もっとレベルアップした設計を楽しむ方法を中心にして紹介していきます。

4-1 回路の組み立ての方法

回路図ができ上がり部品の入手もできたら、いよいよそれを組み立てるわけですが、電子工作での回路の組み立て方法にはいくつかの方法があります。よく使われるのは次の3つの方法です。

① ブレッドボードによる方法
② ユニバーサル基板による方法
③ プリント基板を自作あるいは注文する方法

それぞれの概要を説明します。また後の章でそれぞれの詳しい作り方を解説していきます。

▶▶ 4-1-1 ブレッドボードによる方法

ブレッドボードという穴が開いていてその中があらかじめ接続されているボードを使う方法で、部品を穴に差し込んで固定し、接続も専用の線材で接続します。組み立て後の修正も簡単ですし、元に戻すこともできますが、穴の自由度が少ないので複雑な回路の組み立てには向いていません。

実際のブレッドボードの大きさは数種類あり、ブレッドボードだけのものと鉄板の上に固定されているものとがあります。0.1インチピッチで穴が開いています。これはICを含め多くの部品の端子が0.1インチピッチでできているためです。

実際にブレッドボードで組み立てたものが写真4.1.1となります。これはFMラジオで専用の「DSPラジオIC」と呼ばれるICを使ったものです。

写真のように縦の数個の連続した穴が内部で接続されていて、ここに部品と接続用の線材を挿入して配線をします。穴に挿入するだけなのではんだ付けは不要ですが、部品のリード線や配線を適当な長さに切断して曲げたりするため、ラジオペンチとニッパなどの道具を使います。

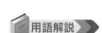

用語解説

・DSP
Digital Signal Processor。
高周波のアナログ信号を処理できる専用のプロセッサ。

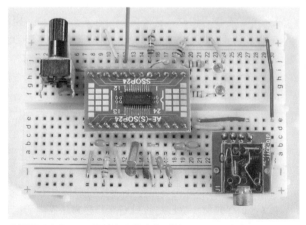

◆写真 4.1.1　FMラジオの組み立て例

このように比較的簡単な回路でしたらブレッドボードで組み立てができますが、いわばバラックセットですから、完成品としては低レベルとなります。しかし、最終的な作品ではなく、ちょっと実験で動作を確認するためというような使い道には便利に使えます。

▶ 4-1-2 │ ユニバーサル基板による方法

穴が等間隔にあけられたはんだ付け用のランドが用意されているプリント基板を使う方法で、はんだ付けで配線します。やや複雑な回路まで組み立てられますが、自分で配置と配線を考えて進めなければならないので、意外と難しい方法です。自分でプリント基板の自作が難しかった時代はほとんどこの方法で製作していました。

実際の**ユニバーサル基板**が写真4.1.2に示すようなもので、こちらもブレッドボードと同じように0.1インチピッチで穴が並んでいます。写真のように穴だけで穴の間はすべて接続されていないものと、4個とか3個のいくつかがパターンで接続されているものとがあります。

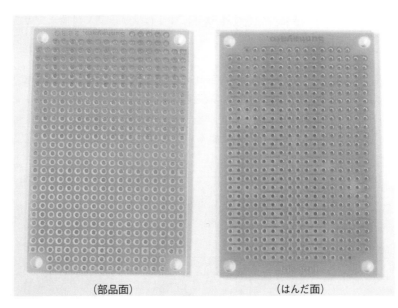

(部品面)　　　　　　　　　(はんだ面)

◆写真 4.1.2　ユニバーサル基板の例

・錫メッキ線
　錫でメッキされた銅線ではんだ付けしやすい。

いずれの場合も、部品のリード線などをはんだ付けすることで穴の間を接続します。配置は自由ですので自分で配置を考え、配線がうまく重ならないようにする必要がありますから、使い方は結構難しくなります。

ユニバーサル基板を使った製作例が写真4.1.3となります。電源とグランド配線にパターンを利用するか、錫メッキ線でまとめて配線するのがコツです。

部品の足を穴に差し込む

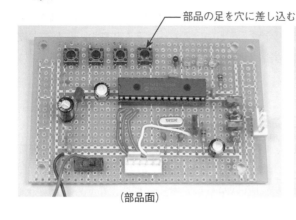 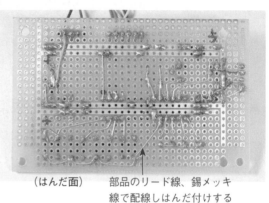

（部品面）　　　　　　（はんだ面）　部品のリード線、錫メッキ
線で配線しはんだ付けする

◆写真 4.1.3　ユニバーサル基板の組み立て例

▶ 4-1-3 ｜ プリント基板を自作あるいは注文する方法

参照
・EDA → p.212

　プリント基板のパターンを作成するソフトウェア（EDA）を使ってプリント基板を自作したり、プリント基板を専門の会社に発注して作成してもらったりする方法です。プリント基板さえできれば組み立ては簡単でできばえもきれいにできます。回路が間違っていたような場合の修正もちょっと面倒にはなりますが可能です。

　プリント基板の例が写真4.1.4となります。左側が自作したもので右側が発注して購入したものです。最近の部品は表面実装といってプリント基板に直接はんだ付けするタイプのものが多くなっています。このような表面実装の部品が多い場合にはプリント基板で組み立てる方法が必須となります。

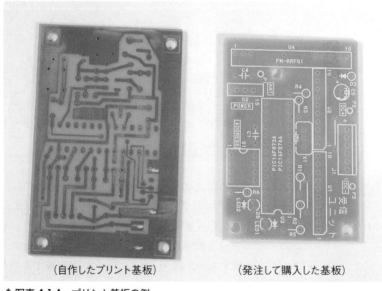

（自作したプリント基板）　　　（発注して購入した基板）

◆写真 4.1.4　プリント基板の例

　実際に組み立て完了したものが写真4.1.5になります。できばえはこれが一番きれいで完成度も高くなります。

部品のリード線を穴に差し込む

（部品面）

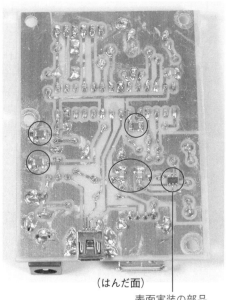
（はんだ面）

表面実装の部品
（○で囲んだ箇所の部品）

◆**写真 4.1.5　プリント基板の組み立て例**

■

COLUMN　プリントパターンに流せる電流値

　プリント基板でパターンを作成した場合、パターン幅と流せる電流の許容値は、よく言われるのが「パターン幅1mmで許容電流は1A」ということです。この根拠は、銅箔の厚みが $35\mu m$ の場合に、パターンの温度上昇を10℃以下とするための条件となっています。

　いろいろなパターンの条件と許容電流の関係は表1のようになっています。この値はIPC-2221B「プリント基板設計に関する共通基準」という標準に記載されている計算式に基づいて、およその値を求めたものです。温度上昇を7℃から10℃の範囲としています。

◆**表1　パターン条件と許容電流（IPC-2221の計算式を参考）**

パターン幅〔mm〕	銅箔厚みと許容電流〔A〕		
	$18\mu m$	$35\mu m$	$70\mu m$
0.1	0.3	0.4	0.5
0.2	0.4	0.6	0.8
0.5	0.9	1.2	1.5
1.0	1.5	2.2	2.7
2.0	2.5	3.4	4.4
3.0	3.2	3.9	5.4

 参考

・IPC
　米国電子回路協会。
　ジャパンユニックス
社で日本語化。

4-2 ブレッドボードの使い方

用語解説

・ブレッドボード
　breadboard。
　電子回路の試作実験用のはんだ付け不要の基板。
　Solderless Bread board ともいう。

・プリント基板
　エッチングで銅箔を溶かして配線パターンを作成した基板。

　最近、実験でちょっと試してみたいというような場合にブレッドボードと呼ばれるものがよく使われるようになってきました。

　結構便利に使えるので、試作の場合だけではなく、初心者ではんだ付けはちょっと苦手という方や、プリント基板はできないという方々が電子回路の組み立て用の基板として使うようになってきました。これに合わせて、これまでの電子部品をブレッドボードに実装しやすいようにするための変換基板が用意されたりして、より一層ブレッドボードが使いやすくなってきています。ここではこのブレッドボードに電子回路を組み立てる方法を説明します。

▶ 4-2-1 ブレッドボードの種類と構造

　現在市販されていて入手しやすい代表的なブレッドボードには表4.2.1のようなものがあります。これ以外にも互換品を含め多くの製品が販売されていて種類は多くなっています。

◆表4.2.1　ブレッドボードの種類

型番	ボードサイズ	穴数	電源系統	備考
EIC-801	84 × 54 × 8.5	400	青×2、赤×2	5穴
EIC-3901	81 × 51 × 8.5	360	青×1、赤×1	6穴
EIC-803	145 × 85 × 8.5	1100	青×4、赤×4	
EIC-102BJ	165 × 54 × 8.5	830	青×2、赤×2	鉄板プレート付き プレートの寸法は含まない 線材付
EIC-104-3	165 × 80 × 8.5	1360	青×1、赤×1	
EIC-106J	165 × 175 × 8.5	1390	青×4、赤×4	
EIC-806	145 × 170 × 8.5	2200	青×8、赤×8	
EIC-108J	185 × 195 × 8.5	3220	青×5、赤×5	

　ブレッドボードの内部構造は、例えばEIC-801のブレッドボードは写真4.2.1のようになっています。中央の縦溝を境に穴が左右5個ずつ30列並んでいます。その5個ずつの1列が内部で金属端子により接続されています。さらに左右両端の縦2列は、列ごとにすべて接続された状態になっていて、赤と青の線で色分けされています。通常はこの赤線の列を電源のプラスに、青線の列を電源のマイナス側つまりグランド側として使います。

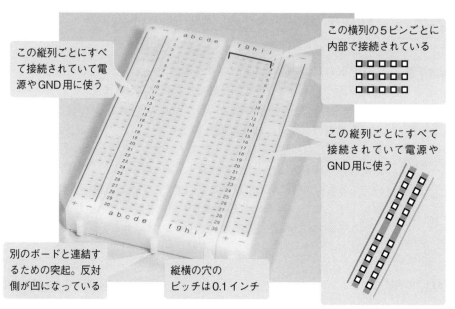

この横列の5ピンごとに
内部で接続されている

この縦列ごとにすべて
接続されていて電源や
GND用に使う

この縦列ごとにすべ
て接続されていて電
源やGND用に使う

別のボードと連結す
るための突起。反対
側が凹になっている

縦横の穴の
ピッチは0.1インチ

◆ **写真4.2.1** ブレッドボードの外観

 参考

・両面接着テープ
薄膜の両面に接着
剤を塗布し、その表面
に剥離紙を取り付けて
帯状にした文房具だっ
たが、最近は電子機
器の固定用にも使われ
ています。

　このブレッドボードの裏側は両面接着テープで固定されています。その接着テープをはがすと写真4.2.2(a)のように金属端子が埋め込まれていて、その端子は写真4.2.2(b)のような形状をしています。これで穴から部品のリード線を挿入すると端子のばねの間に入り込んで接触するようになっています。このため写真4.2.1の横列の5穴は金属端子で接続されることになりますから、ここに部品を差し込めば互いに接続したことになります。
　ブレッドボードを使う場合に注意が必要なことは、古くなったブレッドボードは、この内部の金属端子の表面が酸化したり錆びたりして接触不良になることがあることです。古いブレッドボードを使う場合には、一度ちょっと太めのリード線などを何回か抜き差しして接触をよくしてから使うようにします。

(a) 裏面の両面接着テープをはがしたところ

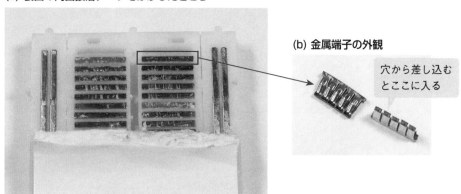

(b) 金属端子の外観

穴から差し込む
とここに入る

◆ **写真4.2.2** ブレッドボードの構造

▶▶ **4-2-2** ┃ ブレッドボードへの部品実装の仕方

ブレッドボードに部品を実装し配線する場合には、写真4.2.3のようにします。

DIP型のICは写真4.2.3(a)のように中央の溝をまたぐように配置します。これでICのピンごとに4つの穴が接続可能な状態になります。

用語解説

・DIP

Dual In-Line Package の略で、0.1インチピッチで足が2列に平行に出ているICパッケージのこと。

抵抗やコンデンサなどの部品は、写真4.2.3(b)のように穴の間隔に合わせてリード線を直角に折り曲げ1cm程度の長さで切断します。リード線を長いままにしておくと隣接した部品と接触したりしてトラブルのもとになります。

配線用リード線はあらかじめ写真4.2.3(b)のように、穴の間隔に合わせて折り曲げてあるものが何種類か用意されていますのでこれを使います。

挿入する場合には手でも良いのですが、狭くなるとやりにくくなるので、ラジオペンチかピンセットを使います。挿入には意外と力が必要ですのでピンセットよりラジオペンチの方がやりやすいでしょう。

(a) ICの実装

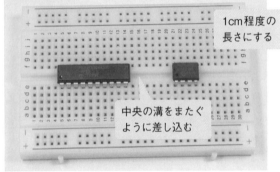

1cm程度の長さにする

中央の溝をまたぐように差し込む

(b) 抵抗、コンデンサと配線用線材

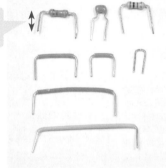

◆写真 **4.2.3** ブレッドボードの使い方

配線用リード線には写真4.2.4のような各種の長さを用意したセット（型番EIC-J-L）が販売されていますのでこれを使うと便利です。このセットには緑と黄色の長いものがあるのですが、これを使うことはまずありませんので、使いやすい長さに切断して短いものを増やした方が使い勝手がよくなります。

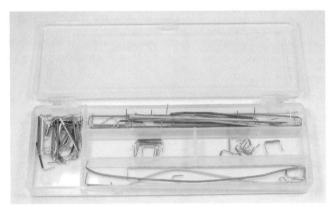

◆写真 **4.2.4** 線材セット（EIC-J-L）

最近では、電子部品でブレッドボードに実装しにくいものを、実装しやすくするための変換基板が市販されています。

「DIP化キット」というような名称で写真4.2.5のようなものが市販されていますので、これらを使うとさらに便利になります。この実装にははんだ付けが必要ですが、わずかのピンのはんだづけだけですから何とかなるでしょう。

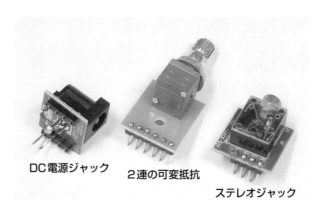

DC電源ジャック　　　２連の可変抵抗

ステレオジャック

◆写真 4.2.5　DIP 化キットの例

用語解説

・**SOIC**
　Small Outline Integrated Circuit。
　小型の表面実装タイプのパッケージのこと。
・**TQFP**
　Thin Quad Flat Package。
　正方形の薄型パッケージで4方向に足が出ている。

さらにSOICやTQFPという表面実装タイプのパッケージのICの場合にも、写真4.2.6のように変換基板が用意されていますのでこれを使ってDIP型に変換して使います。このICのはんだ付けはテクニックが必要になりますが、はんだ付けの仕方の章を参照してください。あるいはすでに実装した状態のものも販売されていますので、こちらを使えばはんだ付けが必要なくなります。

◆写真 4.2.6　表面実装型 IC の実装方法

これ以外に、もともと挿入できるリード線がなくブレッドボードには実装しにくいものがあります。このような場合には、写真4.2.7のように**シリアルピンヘッダ**（通常40ピンのものが市販されている）を1ピンか2ピンにカットして使います。

写真4.2.7の例はセラミックイヤホンの接続線をピンヘッダにからげてはんだ付けしたものです。

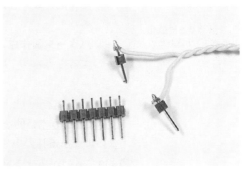

◆写真 4.2.7　ピンヘッダを使う

4-3 電子工作用の設計ツール

　最近はパソコンとインターネットが広く利用されており、電子工作の世界でもこのパソコンとインターネットが非常に力強い見方となってくれます。

　電子工作には、まず何をどう作るか、どんな部品があるか、どんな方法があるかなどアイデアを絞ることが必要です。これらの情報を集める手段としてインターネットは強力な道具です。

　最近ではほとんどの部品メーカが自社のホームページで部品に関するデータ（データシート）を公開していますので、部品の使い方のオリジナルの情報がすぐ入手できます。さらにはオンライン販売をしているショップも多く、個人でも最新の部品を入手できるようになりました。

　これらの情報を活用すれば、最新のデバイスで、最新機器をアマチュアが製作することも容易になります。

■フリーソフトを活用する

　パソコンとインターネットの活用が最大効果を発揮できるようになったのは、やはり設計用の道具となるフリーソフトが数多く紹介され、また簡単に入手できるようになったためです。

　回路図作成やプリント基板のパターン図作成は、ちょっと前までは、手書きしたり、レタリングで貼り付けたりして作成していましたが、今ではすべてフリーソフトを利用すれば、パソコン上で描くことができます。自由に消したり、移動したり、部品を登録しておけば、いつでも同じものをすぐ取り出して貼り付けできますし、回路図とパターン図を連携させることもできます。

用語解説

・EDA
（読み方：イーディーエー）
　設計作業を自動化しサポートするためのソフトウェア。

・設計用（EDA）ツール
　① 図面作成：CAD（キャド）。筐体（きょうたい）の配置や設計などに使う。
　② 回路図作成：回路図エディタ（パターン作成ソフトと連携できるものもある）。
　③ パターン図作成：プリント基板を作成するために必要なパターン図を作成するためのツール。

　さらに高度な道具としては、組み込むケースや、ロボットの躯体の構造設計までできてしまう本格的な2次元CADや3次元CADもあります。

　このような道具の中で、現在フリーまたは小額で利用できるものには、表4.3.1のようなものがありますが、日々改良、追加されていますので、インターネットで検索してみるとよいでしょう。

◆表 4.3.1 代表的なフリーの設計ツール

名称	機 能 概 要	価格・制限事項
KiCAD	オープンソースの EDA ツール、回路設計と基板設計が可能、ガーバー出力、3D 表示が可能。 オートルータ機能あり、Eagle の部品を読み込める。 https://www.kicad-pcb.org/	無制限のフリーソフト。商用利用可能。
EAGLE	Autodesk 社が提供する回路図作成とパターン図作成を一体化した強力なツール。オートルータという自動パターン描画機能もある。 https://www.autodesk.co.jp/products/eagle/overview	無料版と有償版がある。無料版は基板サイズ制限あり。 書籍もある。
DesignSpark PCB	RS コンポーネンツ社が提供する回路図、基板作成一体化。 ガーバー生成、3D 表示可能、Eagle のデータを読み込める。 https://www.rs-online.com/designspark/pcb-software-jp?_locale=jpn	無制限のフリーソフト。商用利用も可能。
CADLUS	P 板 .com 社が提供する EDA ツール。回路図作成の Circuit とパターン作成の X とがあり連携できる。 http://www.p-ban.com/	無料

▶ 4-3-1 回路図・パターン図の作成ツール「Eagle」の使い方

つい最近まで手書きで回路図を描き、パターン図もマジックインキで塗ったり、レタリングを貼り付けたりして作成していました。しかし、パソコンとインターネットの普及とともに、回路図やパターン図を作成するソフトウェアも非常な勢いで普及してきました。さらにうれしいことに、私たちアマチュアが電子工作のために使えるフリーソフトウェアによる回路図作成ツールやパターン図作成ツールも数多く提供されるようになってきました。

そこでこれらをおおいに活用してしまおうということで、ここではフリーソフトウェアによる回路図作成やパターン図作成方法の例を紹介します。紹介するのは、筆者が日常使い慣れている Autodesk 社の「EAGLE」というツールによる回路図作成からパターン図作成までの手順を説明していきます。

参考

・EAGLE
　もとは Cadsoft 社の製品でしたがAutodesk 社が買収しました。

■ Eagle の概要

EAGLE は回路図作成とパターン図作成の両方を 1 つのツールでできるようになっています。Windows 版、MAC 版、Linux 版がそれぞれ用意されています。この EAGLE の概要を説明します。

アドバイス

　フリー版は基板サイズは 80 × 100mm まで、回路図シートは 2 枚まで、信号レイヤ 2 層まで。

用語解説

・ネットリスト

　回路図エディタで作成した結果を、テキストファイルのリスト形式で出力したもの。

・ラッツネスト

　パターン配線の補助用に、ピン間の接続を直線で表したもの。

・Undo

（読み方：アンドゥ）

　もとに戻すこと。

・ディスクリート部品

　抵抗、コンデンサ、ダイオードなどの個別部品。

・ベタパターン

　基板のパターン配線が完了した後で、パターンの空いている部分をベタのパターンで塗りつぶしたもの。

　まず、EAGLE にはいくつかのバージョンがあり、価格と機能構成で差がついています。特に非商用の個人ユーザ用として無償版が用意されていて無料で使えます。作れる基板サイズと回路図枚数に制限がありますが、アマチュア工作用としてはこれで十分使えます。

■ Eagle の機能

機能については下記のような特徴があります。

① プロジェクトによる統合管理

　回路図からネットリスト、パターン図と一連の全てのファイルが"Project"として統括管理されるので、ファイルの管理が容易です。

② 回路図・パターン図連動編集機能

　回路図を作成した段階でパターン図も編集できるようになり、以降は同時進行ができ、回路図を変更するとすぐパターン図にも反映されます。ライブラリ作成時に回路図記号と一緒にパターン図記号も作成しておけば、自動的にラッツネストでパターン図の接続が行われます。

　図の拡大・縮小、回転・反転、移動、削除、コピー、Undo 操作が Windows ライクにできます。回路配線はクリックだけで連続操作が可能です。

③ ライブラリエディタ

　部品を作成するための機能で、Autodesk 社からフリーの部品ライブラリが提供されていますし、ユーザが作成したライブラリも Autodesk 社に登録されているものは自由にダウンロードできるようになっています。ライブラリにはデジタル、アナログ IC 以外に、ディスクリートの各部品や真空管も用意されています。

　さらに自分専用の部品ライブラリを作成することができ、既存のものをコピーして新たに部品を追加作成したり、既存のものを変更して新たなライブラリを作成することもできます。このライブラリ作成の自由度が高いのと、比較的簡単にできるのが EAGLE の特徴です。

④ オートルータ機能

　フリーのツールでありながら自動パターン配線機能を持っていて、かなりのパターン描画を自動で行わせることができます。もちろん手動でラッツネストをもとにパターンを描くこともできます。とくにグランド等のベタパターン描画機能があるので、ベタパターン作成が容易にできます。

4-3-2 | Eagle による回路図の作成

Eagleを使って回路図を作成する手順は、通常下記のようになります。

・プロジェクトを作成する。
・回路図エディタを起動する。
・回路図に部品ライブラリから必要な部品を選んで配置する。
・配置した部品の向きを回転し、移動させて位置を整える。
・部品間の配線をする。必要なら部品の回転、移動を行う。
・部品の値を設定する。

① プロジェクトを作成する

参考

本書の解説で使用
した EAGLE のバー
ジョン は「EAGLE
9.4.2」です。

EAGLE を起動すると開くコントロールパネルで、図4.3.1のように〔Projects〕
〔sample〕を選択して右クリックで表示されるメニューから①〔New Project〕を
選択し、プロジェクトを新規作成します。ここでプロジェクト名を②「sample1」
と入力すれば、この名前がそのまま格納ディレクトリ名になります。

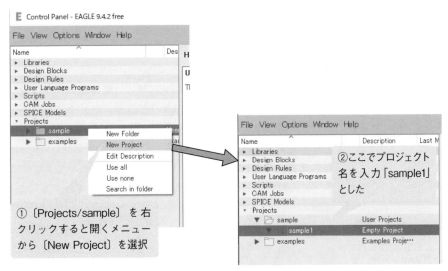

①〔Projects/sample〕を右
クリックすると開くメニュー
から〔New Project〕を選択

②ここでプロジェクト
名を入力「sample1」
とした

◆図4.3.1　プロジェクトの作成

② 回路図エディタの起動

用語解説

・Schematic
　回路図のこと。

次に回路図エディタを起動します。図4.3.2のように、新規に作成したプロジェ
クトの①〔sample1〕を右クリックすると開くメニューで〔New〕を選択、続いて
開くメニューで②〔Schematic〕を選択すると、③回路図エディタが新たに開きま
す。何も描画しない段階でこの内容をファイルとして保存してしまいます。回路
図エディタウインドウのメインメニューで④〔File〕とし⑤〔Save as〕として名
前を付けてsample1プロジェクトフォルダの中に保存します。ファイル名称はプ
ロジェクト名と同じ「sample1.sch」としておきます。これで回路図を作成する準
備が完了です。

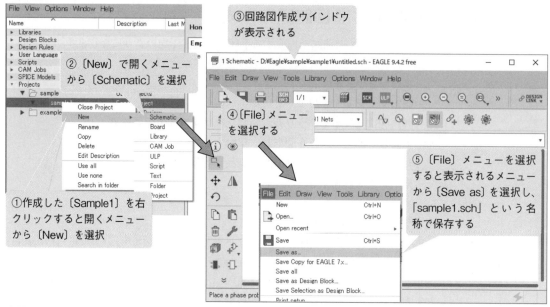

◆図4.3.2 回路図ファイルの作成

③ 回路図の作成

　回路図エディタの左端には、描画用のツールバーがあります。これらを使って作図をしていきます

　回路図に部品を選択し配置するには、[**部品選択アイコン（ 📌 Add Part）**] をクリックします。これで図4.3.3の部品選択のダイアログが表示されますので、ここでまず左側の窓で部品が含まれているライブラリファイルを選択します。部品名称を選択すると右側の窓に部品の回路シンボルとパターン図のシンボルが表示されます。これで確認をしたら回路図描画ウインドウにマウスカーソルを移動します。これで指定した部品の貼り付け配置ができるようになります。

注意

　部品選択のダイアログに表示されている「MyLib」は、筆者が作成し、ユーザライブラリに登録したものです。

　登録方法は、本書では解説しません。インターネットなどで調べてください。

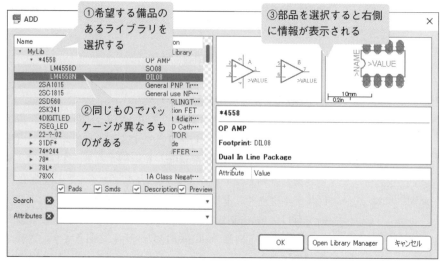

◆図4.3.3 部品の選択

④ 部品の配置と配線

アドバイス

　描画、配線が終了したら、ファイルを保存します。

　途中で保存すると、万一のときにも元の状態に戻せますから、こまめに保存しましょう。

　回路図エディタではマウスの左クリックをすれば、カーソルのある位置に部品が張り付きます。クリックする都度同じ部品が追加されていきます。オペアンプのように複数回路が含まれている部品の場合は、クリックする都度順に配置されていきます。

　部品の配置を終了させるにはESCキーを押します。これでまた図4.3.3の部品選択に戻りますので別の部品を選択します。このようにして必要な部品を配置します。

　削除は部品を選択後DELキーかごみ箱アイコン（🗑）で削除できます。部品の追加と削除はいつの時点でも可能ですので、回路を作成しながら必要な部品を配置していくことができます。

　部品の配置、設定が終わったら次に部品間の配線をします。配線には、［⌐Net］アイコンを使います。

　配線アイコンをクリックすると配線モードに入ります。配線は図4.3.4のように配線を接続する部品のピンで左クリックすると端点が接続され、配線が開始されます。次に接続先までマウスを移動して相手の部品のピンでクリックすれば接続されます。続ける場合にはさらにそのまま次の接続先でまたクリックします。

　配線を終了させる場合にはダブルクリックします。これで配線はいったん終了しますので、次の配線開始点で左クリックすれば、次の配線が始まります。配線を途中で曲げる場合には、曲げる場所でクリックすればそこまでの配線が固定され、次の場所への配線が続きます。曲げは基本的に直角となります。

　配線を別の配線の上でクリックすればそこで接続となりジャンクションマークが自動的に追加されます。

　配線作業を終了する場合にはESCキーを押せば配線モードを終了します。

参考

・ジャンクションマーク

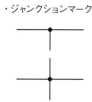

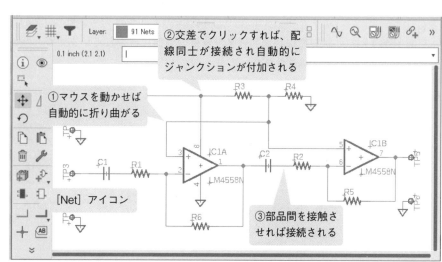

◆図4.3.4　配置と配線

⑤ 部品の値の設定

　抵抗、コンデンサなど各部品の値を設定する必要があります。これには、［📇 Value］アイコンを使います。また部品に付く部品番号は自動的に採番されて

配置した順に付けられていきますが、あとからでもNameアイコンで変更ができます。

図4.3.5のように①[🔲 Value]アイコンをクリックしてから②対象部品をクリックすると図のようなダイアログが開きますので、ここで③値を入力します。すべての部品の入力が完了すれば回路図の作成は完了です。

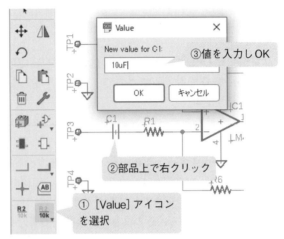

③値を入力しOK

②部品上で右クリック

①[Value]アイコンを選択

◆図 4.3.5　部品の値の入力

▶▶ 4-3-3 ┃ Eagle によるパターン図の作成

回路図が描き終わったら続いてパターン図を作成します。

① パターン図の起動

📖 用語解説 ▶

・パターン図
　プリント基板を製作する際に利用するもの。部品をプリント基板に取り付け、配線するためのパターン。

・ラッツネスト
　パターン配線の補助用にピン間の接続を直線で表したもの。

回路図のメインメニューの上欄にある[🔲 Generate/switch to board]アイコンをクリックすると、図4.3.6のようなパターン図が自動的に表示されます。この状態では各部品はまだ基板の外側に置かれていますが、互いの配線はラッツネストで接続されています。

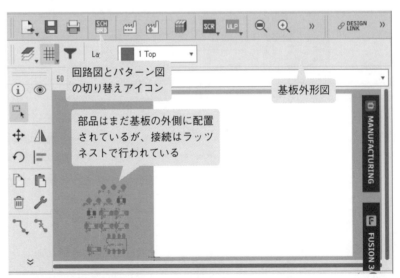

回路図とパターン図の切り替えアイコン

基板外形図

部品はまだ基板の外側に配置されているが、接続はラッツネストで行われている

◆図 4.3.6　回路図から呼び出したパターン図

② 部品の配置

　基板の外側にある部品を基板の上に配置します。［⊹ Move］アイコンをクリックしてから部品をクリックすれば移動できます。配置はいつでも変更可能ですので、まず大体の位置に配置していきます。

　配置が終わったら、次にパターンのルートが最適な位置になるように配置を調整します。このときには移動や回転、左右反転をしながら行います。とくに片面基板の場合に表面実装の部品を配置するときは、反転させると基板配置の表裏が切り替わります。配置が完了したら、mmピッチにしてから基板サイズの角を移動してサイズを変更し最適サイズにします。図4.3.7が配置を完了し基板サイズも変更したところです。

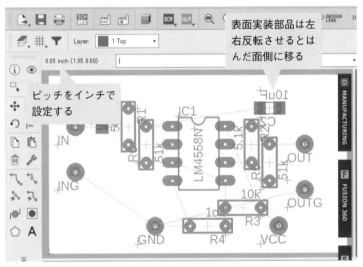

◆図4.3.7　部品配置を完了したところ

③ パターン作成

　いよいよラッツネストをパターンで描画していきます。最初に①［⊿ Route］アイコンでパターン描画を開始します。次に②設定で〔Layer〕をBottomにし、部品を回避しないで自由配線とし、パターンの幅を設定します。通常は0.032mm程度とし、電源やグランドはこれより幅広にします。

　ラッツネストでつながっている配線をパターン化していきます。表面実装部品ははんだ面側にする必要がありますから、［⬥ Mirror］アイコンで表裏を逆にします。ここでは、電源配線の1本のパターンだけ部品面を通すこととしジャンパ接続に変更しています。この変更は［🔧 Change］アイコンでレイヤを変更することで簡単にできます。

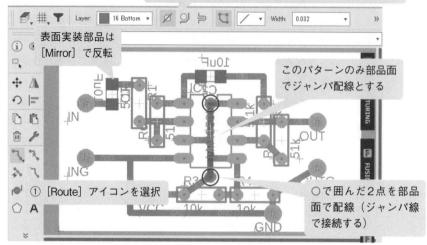

② 〔Layer〕は〔Bottom〕自由配線〔Width〕は0.032

注意

図中の〇は、図の説明用に図に描き込んだもので、EAGLEで表示したものではありません。

表面実装部品は［Mirror］で反転

このパターンのみ部品面でジャンパ配線とする

① ［Route］アイコンを選択

〇で囲んだ2点を部品面で配線（ジャンパ線で接続する）

ジャンパ線でつなぐ箇所は、部品面（Top）で配線します（赤色）。
このモノクロの図ではわかりづらいのですが、Bottom面での配線の色（青色）とは違う色の配線で実際には表示されています。

◆図4.3.8 パターンの描画完了

④ ベタアースの作成

　プリント基板ではグランド（アース）をできるだけ広くすることで回路が安定な動作ができるようになります。そこでパターンの余っている部分をすべてグラ

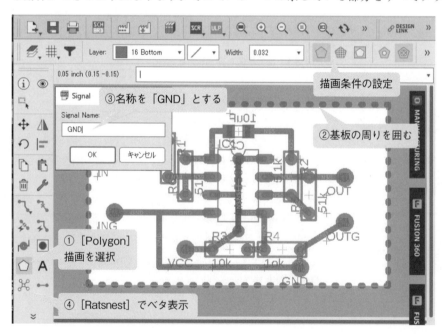

描画条件の設定

③名称を「GND」とする

②基板の周りを囲む

① ［Polygon］描画を選択

④ ［Ratsnest］でベタ表示

Polygonの条件設定

多角形の線幅　ベタの選択　ランドの接続方法　パターンとの隙間

◆図4.3.9 ベタアースの作成

ンドパターンとしてベタ塗り状態にします。

　これには、まず［□ Polygon］アイコンをクリックします。そして図4.3.9のように描画条件を設定してから基板のすぐ外側を囲むように四角形を描きます。これで図4.3.9のようにSignal Nameダイアログが表示されるので名称を「GND」とします。

　次にベタアースを実際に表示させるには、［✂ Ratsnest］アイコンをクリックすれば、図4.3.10のように実際のベタアースが表示されます。また表示を多角形状態に戻すには、ラッツネストへ戻す［✎ Ripup］アイコンをクリックしてから基板の外側をクリックすることでできます。

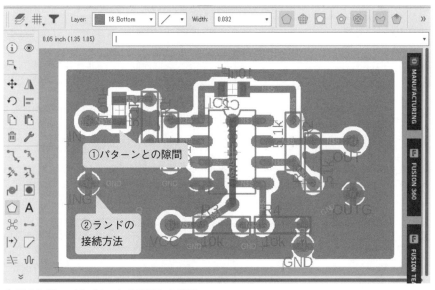

◆図4.3.10　ベタパターンを表示した結果

用語解説

・ガーバーファイル
　プリント基板の製作を自動化するための情報を数値で表示したガーバーデータのファイルのことで、このファイルで基板製作を発注できるよう規格化されている。

　以上がEAGLEを使った基本の回路図、パターン図の作成手順ですが、EAGLEは自分専用のライブラリを作成できる機能が豊富に揃っています。また数多くのユーザが作成したライブラリも公開されていますので、それをベースにして自分が使いやすいライブラリを作成すれば、もっと効率よく楽しむことができます。

　さらに**ガーバーファイル**というデータで基板作成を業者に発注することも可能ですので、多層基板でさえも個人で安価に自由に作ることができます。

4-4 プリント基板の自作法

📎 アドバイス

プリント基板は、電子部品を実装し、はんだ付する配線用の基板です。

材料の種別によって、紙フェノール基板、紙エポキシ基板、ガラスエポキシ基板などがあります。

オリジナルの電子工作を行う場合は、回路図をもとにパターン図を作成し、図4.4.1の手順に従って製作します。

電子工作をはじめると、やがて自分でプリント基板を自作しもっと複雑な回路をもっときれいに作ってみたくなります。本章では**プリント基板**を自作するノウハウを説明していきます。

自作にはやはりできるだけ入手しやすい部品や、道具を使うように心がけましたので、一般のお店か通信販売で入手可能だと思います。

プリント基板をうまく自作するためには図4.4.1の手順で行います。ここではその手順に従って、実際の作り方を紹介していきます。

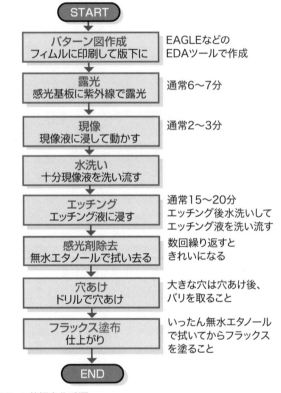

```
START
  ↓
パターン図作成              EAGLEなどの
フィルムに印刷して版下に      EDAツールで作成
  ↓
露光                      通常6〜7分
感光基板に紫外線で露光
  ↓
現像                      通常2〜3分
現像液に浸して動かす
  ↓
水洗い
十分現像液を洗い流す
  ↓
エッチング                 通常15〜20分
エッチング液に浸す          エッチング後水洗いして
                         エッチング液を洗い流す
  ↓
感光剤除去                 数回繰り返すと
無水エタノールで拭い去る      きれいになる
  ↓
穴あけ                    大きな穴は穴あけ後、
ドリルで穴あけ             バリを取ること
  ↓
フラックス塗布              いったん無水エタノール
仕上がり                  で拭いてからフラックス
                         を塗ること
  ↓
END
```

◆図4.4.1　プリント基板自作手順

▶ 4-4-1 ｜ 用意するもの

📎 アドバイス

ここで紹介するものは、プリント基板の製作で必要なものです。製作する前に準備しておいてください。

プリント基板の自作に必要なものを整理しました。これらの中には手持ちのもので代用できたり、自作キットとしてまとめて市販されていたりするものもあります。それぞれの状況に合わせて用意すれば問題ないでしょう。

■入れ物

・バット小　2個：現像液とエッチング液用別々に用意。市販のタッパでも代用可。
・広口ビン　1個：エッチング液保存用（ポリ容器）

エッチング液は濃い黄色（茶色）の液体で、入れ物に色が付くと取れないので専用の入れ物を用意した方がよいでしょう。また保存用には金属ケースは化学反応を起こしてしまいますので使えません。広口ビンは東急ハンズなどで化学実験用器材として販売しています。

アドバイス

口の広いポリ容器であればなんでもかまいません（ただし金属製の容器は使用できません）。

バットは現像用とエッチング用の2個必要。タッパでも代用できる。

エッチング溶液の保存用に使う。金属製の容器は化学反応するので使えない。

◆写真4.4.1　バットと広口ビン

■薬品類

プリント基板を作成するためには、感光と現像、さらにはエッチングを行いますが、それぞれ下記のような薬品を使います。いずれも市販されていて容易に入手できます。

現像液：現像剤（サンハヤト製DP-10またはDP-50）を指定された量の水道水に溶かして使います。冬季は水が冷たいので少し温めた方が溶けやすくなります。DP-10の方が200ccという量で使えますので、1回ごとに使い切ることができて便利です。また湿気を吸いやすいので開封したら早めに使い切るようにします。

エッチング液：サンハヤト製エッチング液が便利です。何回か使えるので使った後広口ビンに保存しておきます。衣服などに付くと取れませんので気を付けてください。塩化第二鉄なので、薬局で固形のものを購入することもできますが、取り寄せになるためサンハヤト製の方が便利です。

無水エタノール：油汚れの清掃用として売られています。ドラッグストアで購入できます。基板に残った感光剤の除去や、基板そのものや手のクリーニングに使います。

フラックス：完成基板の酸化防止用で、これを塗布しておかないと銅箔面がすぐ酸化して汚くなってしまいます。また酸化した状態でははんだ付けがうまくできなくなるので、フラックス塗布は必ず実行してください。

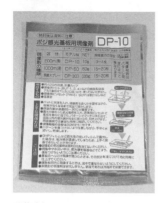
現像剤
200cc用で使い捨て

エッチング溶液
古くなったら処理してから
廃棄

無水エタノール
感光剤除去用

フラックス
基板酸化防止用

◆ 写真 4.4.2　薬品類

　数回の試作用であれば、以上のものを一式セットにした自作キット（「プリント基板工作キット」）がサンハヤトより発売されていますので、これを入手するのが早道です。

■道具

　プリント基板を作成する間で、作業を楽に、正確にできるようにいくつかの道具が必要となります。

参考

　「PK-CLAMP」という製品がありましたが生産中止となりました。

マグネットクランプ：感光するときに基板とパターン図を挟んで固定する道具で、サンハヤト製「PKC-120」が便利です。単純にアクリル板かガラス板を上に置くだけでも大丈夫ですが、仕上げの善し悪しは結構このクランプに影響されますのでぜひ1台用意したい道具です。この仕上げに影響するのはパターン図と基板面の隙間の問題で、ぴったりと合わさっていないと細いパターンがエッチングのとき切れてしまいます。

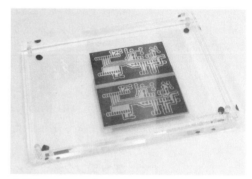

◆ 写真 4.4.3　マグネットクランプ PKC-120

注意

　「捕虫器用ケミカルランプ」を使用すること。「殺菌灯」は露光がうまくできないので、使用しないこと。

感光光源：「捕虫器用ケミカルランプ」の10W品（FL-10BL）を使用します。蛍光燈スタンドを利用して蛍光灯を交換して点灯させて使うか、安定器とグローランプ等を入手して自作することもできます。ここで紫外線発光用の蛍光灯には「殺菌灯」もありますが、少し発光波長が異なるようで露光がうまくできません。

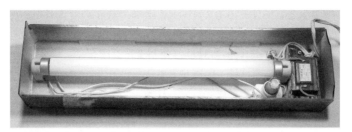

◆**写真 4.4.4** 自作した露光用光源

ドリル：筆者はサンハヤト製ミニドリルD3と専用スタンドST-3を長く使っていましたが、とうとう生産中止になってしまったようです。

　代替としては最近多くの製品が発売されている**ミニルーター**が使えます。本来は研磨などに使うのですが、ドリル刃に交換すればドリルとして使えます。この製品には非常に多くの種類があり、価格もピンキリなのですが、ある程度の出費をしないとよい道具は手に入りません。

　筆者が使っているのは写真4.4.5のようなものです。「PROXXON ミニルーター No.28512」という製品で、無段階回転数制御ができ**ドリルチャック**も3.2mmまでできるので、超硬ドリル刃も問題なく取り付けできて便利です。これに**ドリルスタンド**（No.27800）も組み合わせています。

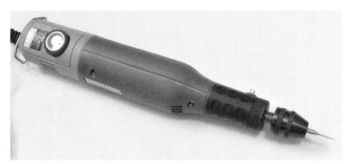

◆**写真 4.4.5** ミニルーターのドリル（PROXXON No.28512）

 参照

・ドリル刃 → p.233

ドリル刃：0.8mmとか1mmの小さな穴あけ用ドリル刃を使いますが、これ以外に取り付け穴の2mmと3.2mmが必要です。筆者はいずれも超硬ドリル刃を使っています。これらとは別にバリ取り用の6mm程度の太めのドリル刃（使い古しで可）が必要です。

その他：基板切断用カッターを用意します。市販アクリルカッター用ナイフで十分です。またこれに合わせて金属製の定規があると便利です。

▶▶ 4-4-2 ┃ 手順 1：パターン図の作成

　最初にすることはプリント基板のもととなる**パターン図**の作成です。パターン図作成は、一昔前は耐酸性ペンやレタリングを使って手書きしましたが、いまではパソコンとEDAツールで作成します。仕上げがすばらしいですし、細いパターンでICのピン間を通すことも楽々できます。しかもこれらのEDAツールがフリー

・**EDA ツール**
　設計作業を自動化
しサポートするための
ソフトウェア（設計用
ツール）。
・**OHP**
　オーバーヘッドプロ
ジェクタ

ソフトとして使えるものがいくつかありますのでこれを利用しない手はありません。

　EDAツールを使って作成したパターン図を、インクジェット用OHP透明フィルムにできるだけ濃く印刷します。

　注意すること　プリンタはインクジェット方式のものを使います。最近のものでしたら細い線も十分きれいに印刷できますので性能的な問題はありません。プリンタ設定で、きれい、モノクロ、濃さを最高として使います。

　レーザプリンタは、ベタ部の印刷時に濃度コントロールが自動的に行われて薄く印刷されてしまいますので使えません。

　写真4.4.6が実際に作成したパターン図をフィルムに印刷して適当な大きさに切ったものです。

　コツ　同じパターンを同時に1枚のプリント基板で作成するような場合には、写真左側のように2枚同じものを印刷してセロテープで貼り合わせる方法と、印刷を2回同じフィルムに位置をずらして実行する方法があります。この場合には最初の印刷が十分乾いてから2回目を印刷する必要があります。

　エッチング液を節約するコツ　パターン図が基板より小さい場合は、余った基板部分をベタパターンにしておくとエッチング液の節約になります。

余った部分はベタにしておくと
エッチング液が節約できる

同じパターン図を2枚並べたもの。セロテープで結合している

◆写真 **4.4.6**　パターン図のフィルム例

　パターンを印刷するとき、裏表に注意すること。部品実装面から見た透視図で作成し、それをそのまま印刷する。

　パターン図の裏表を間違えないように。

　注意すること　パターンを印刷するときの裏表に注意して印刷します。

　印刷する際のコツ　EDAツールを使ってパターン図を作成すると、通常基板の部品実装面から見た透視図で作成するので、それをそのまま印刷しておきます。こうすると、露光するとき印刷面を基板と直接密着させることになり、フィルムの厚さによる隙間がなくなるのでパターンが痩せることがなく、より正確に露光ができるからです。

■パターン作成時のコツ（図4.4.2参照）

① できるだけ片面基板で作成する

プリント基板用の感光基板には銅箔が片面と両面にあるものがあります。両面基板は複雑なパターンを通すときには両面が使えるので楽なのですが、裏表のパターン位置をピッタリ合わせるのが結構難しいのと、裏表を接続する（市販の基板では**スルーホール**という）のが結構面倒ですので、できるだけ片面基板で作成した方が工作は楽になります。

> **コツ** パターンが通せないときは、ジャンパ線を使って部品面側で接続します。ジャンパ線が10本くらいまでは我慢して片面基板にしましょう。どうしても表面実装を裏表両方にして小型化したいときなどは、基板製作会社に発注するのが得策です。

用語解説

・ジャンパ線

ここでの意味は、プリント基板上で、配線が重ならないように（パターンが通せないので）あらかじめ切断しておいた箇所をつなぐ線。抵抗器のリード線の切れ端などをジャンパ線に代用することができる。

①片面基板でパターンが通らないところはジャンパ接続とする。スイッチなど部品のケースでジャンパも可能

② ランドは大きめにし、穴径は小さめにしてドリル刃のポンチの役を果たすようにする

④あいたスペースはベタアースとする。EDAツールを使うと自動でランドなどとの隙間を作る

⑤表面実装部品はサイズに合わせたパターンとする

③配線パターンはできるだけ幅広くする

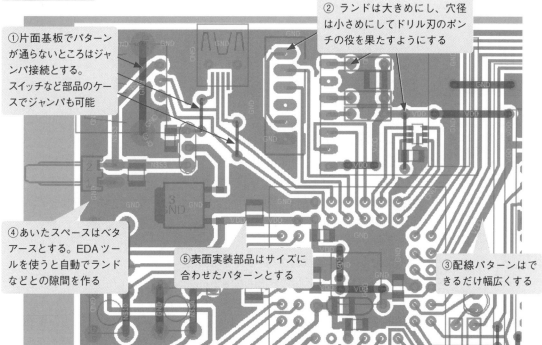

ジャンパ線でつなぐ箇所は、部品面（Top）で配線します（赤色）。
図4.4.2のモノクロの図ではわかりづらいのですが、Bottom面での配線の色（青色）とは違う色の配線（この図では濃い目の配線箇所）で実際には表示されています。
（EAGLEの設定：Topが赤色、Bottomが青色）

◆図4.4.2　基板作成のコツ

② 片面基板のときのランドは大きめにする

ランドとは部品を取り付ける穴の周りの丸いパターンのことです。これが片面のときには部品を固定するための部分になるので、あまり小さいとはんだ付けの熱などではがれてしまいますので、ちょっと大きめにしておきます。どれくらいかというと、

アドバイス

必ず、ランドの穴径（センター穴）をパターンに描いておきます。

- **IC用ランド** ：60mil φ×80mil φの楕円
- **部品用ランド**：60mil φ〜80mil φ（抵抗、コンデンサ、トランジスタ等）
- **大型部品** ：70mil φ〜90mil φ（TO-220トランジスタ、コネクタ等）
- **電源ピン** ：100mil φ〜150mil φ

（milは1/1000インチ＝0.025mm）

ランドの穴径 ランドの穴径は実際の穴より小さめのサイズとして描画しておきます。これは穴をあけるときのドリルの刃先がちょうど穴の中央になるようにするためです。つまりポンチの役割をします。

③ 配線パターンは通せるところは幅広くする

用語解説

- **ランド**
  部品を取り付ける（はんだ付けする）穴の周りの丸いパターン（銅箔部分）
- **パターン**
  配線（銅箔の線）。

通常の配線パターンもできるだけ幅広くしておいたほうが丈夫になります。デジタルICのピンの間を通すときには、細くせざるを得ませんが、それでも15mil以上は確保しましょう。

- **通常の配線** ：30mil〜40mil
- **電源、グランド** ：40mil〜80mil
- **ピン間を通すとき**：15mil〜20mil

④ 空いたスペースはベタアースとする

用語解説

- **グランド**
  電子回路で扱う電気の電位基準点で0Vを示す。アースとか接地とも呼ばれる。

常識

空いているスペースはすべてグランドに接続するパターン（ベタアース、ベタパターン）にすること。

空きスペースが必ずできますが、このようなスペースはノイズ対策や、安定動作の目的で、グランドのベタパターンで埋めます。

コツ EDAツールを使うと簡単にベタパターンができますので便利です。エッチング液の節約にもなります。

⑤ 四隅は取り付け用の穴のスペースを確保する

基板の四隅は取り付け用の穴として3.2mm φをあけられるスペースをできるだけ確保するようにします（ネジで固定するための穴）。

コツ EDAツールを使うとマウントとして描画できるようになっています。穴をあけなくても最近は両面接着テープ付きのゴム足が多くなりましたから、その取り付け用スペースとしても使えます。

▶▶ 4-4-3 ┃ 手順2：露光

用語解説

- **露光**
  感光基板の上にパターン図をのせ、光を当てて焼き付けること。

印刷したフィルムのパターンを、市販の感光基板に直接露光します。筆者は、写真4.4.7のようなサンハヤトの**クイックポジ感光基板NZ-P10K**というのをよく使っています。寸法は10cm×7.5cmで大抵の物がこの大きさで実装できて、ちょうど手ごろな大きさです。この感光基板シリーズにはいろいろな種類があるので、適当なものを購入して使います。作成するパターンが小さいものの場合で手ごろ

な大きさの感光基板がないときは、複数枚のパターンを一緒に作るなどして有効利用した上で、穴あけのときアクリルカッターで余分な部分を切断して利用するとよいでしょう。

感光には、この感光基板とパターン図のフィルムを、露光用のホルダー（サンハヤトPKC-120が便利）で挟んで固定し、露光用光源から紫外線をあてて露光します。

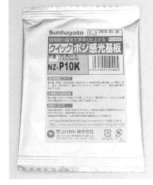

◆写真 4.4.7　感光基板例

アドバイス

この感光基板を利用し、図4.4.1の手順で製作したものがプリント基板になるわけです。

参考

・クイックポジ感光基板：NZ-P10K
片面紙フェノール

注意

パターン図の裏表を間違えないように。

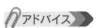

アドバイス

作業はできるだけ薄暗い部屋で行ってください。太陽光は厳禁です。

注意すること　感光基板とフィルムのパターン図をクランプに挟むときに注意が必要なことは、パターン図の裏表を間違えないようにすることです。いったん間違えたらもう元には戻せません。やり直すしか他に方法がありません。

露光のコツ①　さらに、パターン図の印刷面側が基板の銅箔面とぴったり密着するようにセットします。こうすると、フィルムの厚さの隙間から紫外線が入って、パターンが痩せるのを防ぐことができるからです。

■露光用の光源

露光用の光源を準備します。この光源としては、専用に自作もできますが、簡単なのは蛍光燈のスタンドの利用です。これならいたって簡単にできます。蛍光燈のスタンドか小型天井灯のセットを用意し、蛍光燈を**ケミカルランプの10W**に差し替えれば光源が完成するのでこれが一番簡単な方法です。

露光のコツ②　実際の露光では、紫外線の光源を、5cm程度の距離で、6分から7分程度で露光できます。このとき注意することは、何度か光源の位置をずらして基板の全面に万遍なく光が当たるようにすることです。比較的太いランプなので基板の端の方にさえきちんと光りを当てれば問題なく露光するはずです。筆者は3分ごとに両端にずらしています。

露光のコツ③　また長く露光しすぎると、フィルムの印刷部分からも紫外線がわずかに通過してしまうため、全体が露光されてしまいますので要注意です。この時間は「勘」に頼るしかないのですが、6分から7分の間でやれば、まず大丈夫です。

注意すること　さらに注意することは、基板とパターン図の間に隙間がないようにすることです。フィルムの厚さも問題になります。この隙間があると光源からの光が斜めに入り、一定の方向のパターンだけが痩せ細ってしまいます。

アドバイス

一般の蛍光灯や太陽の自然光での感光は、失敗の確率が高いのでお勧めできません。

写真4.4.8は露光の最中です。光源の高さは紅茶の木箱や本で確保しています。この露光が上手にできればほぼでき上がったも同じです。

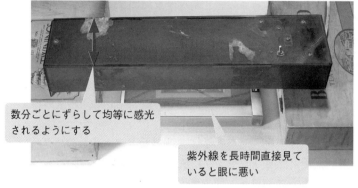

数分ごとにずらして均等に感光
されるようにする

紫外線を長時間直接見て
いると眼に悪い

◆写真 4.4.8　露光中

4-4-4　手順3：現像の仕方

教えて

エッチングの前の現
像って？　なぜ必要な
の？
〔回答〕
この場合の感光基
板には、銅箔の上に、
フォトレジスト膜（感
光剤）が塗られていま
す。実は露光すること
で、必要な箇所のみこ
の膜を残したわけです
（現像液につけて不要
な箇所を取り除く）。
言いかえると、光があ
たった箇所は、現像に
て感光剤をとり除き、
銅箔のみ残すわけで
す。
本書では、フォトレ
ジストが最初から塗ら
れている基板を使用し
ましたが、フォトレジス
トが塗られていないも
のを使用する場合は、
フォトレジストを別に
購入し塗布する必要が
あります。
次に、エッチングで、
むき出しになった（感
光剤がとれ、銅箔の
み残った部分）銅箔を
溶かして取り除きます。

露光している間に現像液を準備しておきます。市販されている現像剤（サンハ
ヤトポジ感光基板用現像剤・DP-10が便利）を200ccの水道水で溶かして作ります。

コツと注意　冬季は少し水を人肌程度に温めた方が溶けやすくなります。温め
過ぎると基板全体の感光剤が溶けてしまうので要注意です。

現像液は保存がきかないので使い捨てになります。そこで現像剤も少ない量の
DP-10の方が便利です。

バットを前後左右に動かしながら1～2分で現像は完了し、青い感光剤が溶け出
して、銅箔面がきれいに見えてきたら完了としてすぐ水洗いします。この現像時
間は露光時間により多少左右され、露光時間が短かったときは若干現像時間が長
くなります。

注意すること　現像後は充分水洗いをして、現像液が付着していないようにし
てください。

この現像は見ていればでき具合が分かるので比較的簡単です。つまり見ている
間に青い色の感光剤が溶けてパターンがそのまま現れてきます。また現像中は容
器を動かして感光剤を溶けやすくします。

写真4.4.9は現像中の写真で、感光剤が溶け出してきている所です。

青い感光剤が完全に溶け
出して銅箔面がきれいに
見えてきたら完了

バットを斜めに傾けて現
像液が動くようにする

◆写真 4.4.9　現像中

▶ 4-4-5 | 手順4：エッチングの仕方

 用語解説

・エッチング
　エッチング液で不要な銅箔部分を溶かすこと。

 常識

　現像終了後に、できるだけはやくにエッチングすること（1日おいたりしないこと）

現像が完了したら間をあけないでエッチングに移ります。

注意すること 1日おいたりすると銅箔面が酸化しエッチングがきれいにできません。

まずエッチングの準備をします。塩化第二鉄液を適当な量をバットに入れます。このときの量は深さが1cmぐらいになるぐらいが適量です。

エッチングのコツ 基板は割り箸などを使って常時動かしながらエッチングします。動かすことでムラなく早めに仕上がります。約10分から20分ぐらいでエッチングが完了するはずですが、エッチング液の新しさと温度により時間が変わります。新しい程早くできますので、エッチング液が黒くなって古くなって来たら新しいのに変えどきです。

写真4.4.10はエッチングの最中で、割り箸で基板を動かしている所です。

【エッチング】
配線部分を残し、不要な銅箔部分を溶かす作業

割り箸で基板を傾けて、基板表面のエッチング液を流すようにする。ときどき方向を変えて、均等にエッチングが進むようにする。

◆写真 4.4.10　エッチング中

 注意

　金属容器は化学反応を起こしてしまうので使用しないでください。
　使用済みのエッチングの廃液（銅イオンが溶け込んでいるため決して下水に流さないでください）は、必ず処理剤で処理してください。

エッチングが完了したらエッチング液を広口ビンに戻して保存しておきます。

注意すること 古くなったエッチング液は、添付されている処理剤で処理してからごみとして廃棄します。これがちょっと面倒なのですが、大きなポリバケツで処理してしまうのがよいでしょう。衣服が汚れると取れないので注意してください。

▶▶ 4-4-6 | 手順5：感光剤の除去

　エッチングが終了したら、感光剤を基板から除去するのですが、短時間できれいにとるには、**無水エタノール**で拭き取る方法がお勧めです。新聞紙などの上で、無水エタノールを基板面に十分ふりかけ、しばらくしてからティッシュペーパーなどで拭けばすぐきれいに取れます。写真4.4.11は無水エタノールで表面を濡らしているところと、右は一部ふき取ったところです。

　これを3回ほど繰り返せばきれいな銅箔面となります。

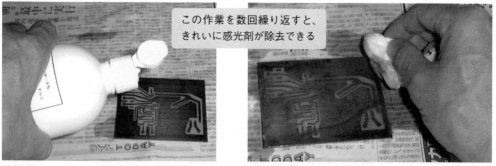

この作業を数回繰り返すと、きれいに感光剤が除去できる

基板表面に無水エタノールをたっぷりふりかけてから、1分ほどそのままにする

ティッシュなどで基板表面を拭き取ると、感光剤がとれる

◆**写真4.4.11　感光剤除去中**

　きれいに仕上げるコツ① ここで穴あけまでの間に日にちがあるなら仕上げ用のフラックスを塗布しておきます。そうすれば銅箔面が酸化せずきれいなままで保存できます。

　きれいに仕上げるコツ② すぐ穴あけするなら、穴あけの後で、再度無水エタノールできれいに拭き取った後、フラックスを塗布した方がきれいに仕上がります。それは、穴あけの最中に指紋が表面についてしまい表面が汚れるためです。

▶▶ 4-4-7 | 手順6：穴あけ

　次ぎは穴あけですが、道具は前述のミニルーターが便利です。筆者が使っているミニルーターの仕様は下記のようになっています。

- ・**型番**　　　　　：PROXXON No.28512
- ・**電源**　　　　　：DC12V　専用電源トランス付属
- ・**ドリルサイズ**：標準チャック　0.5mm ϕ から3.2mm ϕ
- ・**回転数**　　　　：8,000～20,000RPM　無段階設定

　筆者は写真4.4.12のようにこのミニルーターを専用ドリルスタンドにセットして使っています。高速で穴あけができますし、アルミ板や、アクリルケースなどの加工にも使えて便利です。回転数は最小として使います。

　ドリルの刃には、写真4.4.13のような**超硬ドリル刃**を使います。チャックにセットする根本部分はすべて3.17mmに統一されているので便利です。ドリル刃として揃えておく必要があるサイズは表4.4.1程度で、これぐらいの種類があればまず問題ありません。5mmのドリル刃は通常の金属用ドリル刃で問題ありません。

アドバイス

　プリント基板の製作では、表4.4.1のドリル刃が必要です。

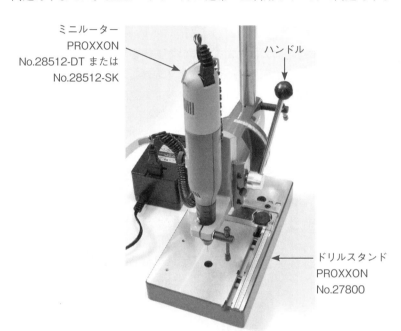

ミニルーター
PROXXON
No.28512-DT または
No.28512-SK

ハンドル

ドリルスタンド
PROXXON
No.27800

◆写真 4.4.12　ミニルーターと専用スタンド

◆表 4.4.1　ドリルの刃

種類	ドリル刃サイズ	対象となる部品
超硬	0.7 〜 0.8mm	IC、抵抗、コンデンサ
	1.0mm	基板コネクタ、テストピン、大型抵抗
	2.0mm	トリマコンデンサ、大型コネクタ
	3.0mm	取り付け用ねじ穴（M3 ネジ）
一般用	5.0mm	バリ取り用（使い古しで可）

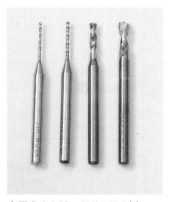

◆写真 4.4.13　ドリル刃の例

　この穴あけは結構コツが必要で慣れるまでは失敗が多いかも知れません。しかし慣れれば正確に素早く作業できるようになります。そのあけ方のコツには次のようなものがあります。

EDAツールでパターン図を作成する際に、ランドの穴径(センター穴)をパターンに描いておきます。

ランド

穴を描いておく

参照

・EDAツール
→ p.212

① ランドのセンター穴をパターンに描いておく

パターンを作成するとき、ランドの中心がエッチングで銅箔が除去されるように穴を描いておくことです。これがあるとドリルの先端が滑ることなくランドの中心に正確に穴をあけることができます。ICなど、並んで多くの穴をあける必要があるときには不可欠です。

② 大きな穴には下穴をあける

2mm以上の穴は、先に0.8mmか1mmのドリルで下穴をあけておきます。これで楽にきれいに大きな穴があけられます。

③ 長方形の穴は丸穴をつないであける

コネクタの固定穴やトリマコンデンサなどの足には長方形の穴が必要になりますが、このためには写真4.4.14のように複数個の丸穴を接近させてあけ、それをカッターナイフの先で間をカットしたあと、1mmのドリルで穴の間を整形するときれいに仕上がります。またミニルーターのやすりで穴を成型することもできます。

1mmφの穴を3つ並べてあける。その間をカッターナイフで切り落としてつなげる。その後1mmφのドリルで間を整形する

◆写真 4.4.14　長方形の穴あけ

④ あけ終わったあとのバリを取る

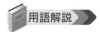

・バリ
穴のまわりにはみだした余分な部分。

穴をあけおわったら、まわりの**バリ**を大き目のドリル刃（5mmφぐらい）を直接手で持って軽く削ぎ落としてきれいにします。ミニルーターのやすりも使えます。

⑤ 部品面とはんだ面を一緒に印刷した図で確認する

穴のあけ残しがないかは、パターン図を印刷するとき、部品面とはんだ面を合わせて一緒に印刷した図を見ながら確認すると楽にできます。

▶ 4-4-8 | 手順 7：基板の切断と仕上げ

複数のパターンを一緒に作成したり、余分な部分がある場合には、ここでそれらを切断します。直線部分の切断には**アクリルカッター**を使い、曲線の場合には糸鋸を使います。

📎 **アドバイス**

滑りやすい机の上では作業は行わないでください。また、作業中にカッターで机を傷付ける恐れがありますので、注意してください（厚手の雑誌などを下に置いて作業すると安全です）。

アクリルカッターで切断する際のコツ 写真4.4.15のように金属定規でしっかりと補助しながらアクリルカッターで溝を付けて行きますが、コツは最初の内はカッターにあまり力を加えず軽く溝をつけ、大体の溝が付いてから力を加えます。その後溝が十分についたら定規をはずして何回もカッターをかけて溝を深くします。最初からカッターに力を加えると、補助定規に沿った線でなく、別の方向に刃がそれてしまうことがあります。片面に十分深く切れ目をいれたら、今度は裏面からも切れ目を入れます。両面に切れ目がついたら、手で折れば簡単に切断できます。

バリをそぎ落とす カッターの丸い歯の部分を使って切断面のバリをそぎ落としておきます。

アクリルカッター

金属製定規

定規をしっかり押さえて最初は軽く切れ目を入れる。次に力を加えて何度か切れ目を深くする。その後裏面からも切れ目を入れてから手で折る。

◆写真 4.4.15 アクリルカッターで基板の切断

用語解説

・**フラックス**
基板の酸化防止用薬品。

穴あけが完了したら最後の仕上げに、もう一度無水エタノールで表面の汚れを取り、全体にフラックスを塗布して仕上げます（サンハヤト 基板用フラックス）。

このフラックスを塗布しておくと銅箔表面が酸化せずいつまでもきれいな状態を保つことができます。写真4.4.16は、穴あけ後にフラックスを綿棒を使って塗布しているところです。

<u>塗布する際のコツ</u> ニス塗りと同じ要領でさっと手早くすることです。また一定の方向に塗布し行ったり来たりの塗り方はムラができて汚くなってしまいます。

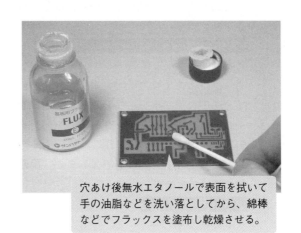

穴あけ後無水エタノールで表面を拭いて手の油脂などを洗い落としてから、綿棒などでフラックスを塗布し乾燥させる。

◆写真 4.4.16 フラックスで仕上げ

▶ 4-4-9 │ パターンの修正

実装途中でパターンが間違っていたことに気が付いたときは次のようにして補修します。

① 穴のあけ忘れ

単純にあけ忘れのときは1mm以下の小さい穴なら、ドリル刃を直接手で持って回転させてあけます。ただしドリル刃は非常にもろいので、斜めにするとすぐ折れてしまうので注意が必要です。

② パターン抜けのとき

近くの配線のときは、部品のリード線を利用します。必要な長さで切り、折り曲げて配線します。遠くのときは細めの被覆線材で配線します。

③ パターン間違いのとき

余分なパターンはカッターで切断し、不足のパターンは②の方法で配線します。

このような補修が自由にできる所が自作のよい所です。気にしないでどんどん補修をして使いましょう。

▶▶ **4-4-10** 部品の実装組み立て

　プリント基板ができ上がったら部品を実装して組み立てますが、このとき必要となる電子部品類は小型のものが多く、種類も多いので、電子工作を続けて行くには整理整頓をしておくことが間違いなく手早く作るコツです。

　この電子部品の整理のためには写真4.4.17のような**パーツ整理箱**が便利です。小物を入れるためのスペースが仕切りの入れ方で可変にできるので、大きさに合わせて変更ができ、整理には持ってこいです。

◆写真 4.4.17　パーツ整理箱

4-5 組み立て方のノウハウ

　電子工作で設計の仕方がある程度理解できたら、あるいは工作キットから始めるときも、次のステップは組み立て方です。その中でも最初の課題ははんだ付けです。慣れてしまえば意外と簡単なのですが、それまでは結構むずかしく感じる方がいるかも知れません。しかし次のような手順で進めれば問題なくできるようになるでしょう。

▶▶ 4-5-1 はんだ付けのノウハウ

　電子工作に必ず必要となるのが**はんだ付け**です。このはんだ付けの良し悪し、上手下手で電子工作の成功、不成功が左右されます。何と電子工作の動作不良の90％がはんだ付け不良だといわれています。はんだ付けが上手にできるようになれば、電子工作もまた楽しいものとなってきます。うまくなるには練習しかありません。繰り返しやってみることです。

■はんだ付けに使う道具

　はんだ付けに使う道具には表4.5.1のようなものがあります。はんだ付けの対象によって方法が異なり、また道具も異なってきますが、電子工作用には表にあるもので十分でしょう。

◆表4.5.1　はんだ付けの道具

名　称	外　観		用途・選び方
はんだこて			温度調節機能付きはんだこてが便利に使える。大型部品のはんだ付けでも温度が下がらないので作業しやすい。
はんだ吸取器			大型の方が吸引力は強いが、小型の方が扱いやすい。
はんだ吸取線		銅の網線の毛細管現象で溶けたはんだを吸い取る。フラックスを浸み込ませてあるので、はんだがよく溶ける。1.5mmか2mm程度の細い幅のものが使いやすい。	**はんだ**　　0.8mm φ程度の細めのフラックス入りで基板用と配線用は同じもので可。鉛フリーはんだはアマチュアには使い難い。フラットパッケージ基板用には0.6mm φの細目が扱いやすい。
こて台			重量のあるものの方が安定感があって安全。こて先清掃用のスポンジがついているものを選ぶ。このスポンジには水を含ませて時々こて先をクリーニングしながら使う。

ピンセット		配線を保持したり表面実装部品など特に小型の部品をつかむのに使う。しっかりしたものがよい。先端形状が直線のものと曲がったものがあるが直線の方が多用途。
ニッパ		ラジオペンチ
	線材の切断と被覆むき。		端子折り曲げと固定。

■はんだ付けの基本

はんだ付けの基本は、次のことを守っていればうまくできます。

① はんだ付けの面がきれいで油や錆が付いていないこと

参照
・フラックス → p.224

はんだは油面や錆ではじかれてしまうので付きが悪くなってしまいます。特にプリント基板の銅箔面は、仕上げフラックスがされていないと酸化してはんだ付けがしにくくなってしまうので、必ずプリント基板作成のときには仕上げ用のフラックスを塗布しておきます。

② はんだ付けするものに予備はんだ付けをしておくこと

参照
・予備はんだ
　→ p.242

あらかじめリード線や線材にはんだを付けておくと、はんだが流れやすくなって上手に付けられます。ただし、プリント基板は予備はんだをすると穴がふさがってしまいますので避けた方がよいでしょう。

③ こての先を常にきれいにすること

はんだこては、購入したらすぐに先端にはんだを溶かしてメッキしたような状態にします。使用中は、こて台についているスポンジ等に水をたっぷり含ませてときどきこて先を拭き取ってきれいにしながら使います。

スポンジ

④ 十分はんだが溶けるまで、こてを当てたままにしておくこと

1、2秒の間、こてを当ててはんだが溶けるように両者を熱し、そこに糸はんだを当てて溶かし込むようにします。そしてさらに数秒そのままとすると、溶けたはんだが部品の間に溶けこんでなじむようになりますので、そこで完了です。

コツ　特に基板のときには、スルーホールやランドにはんだが溶けて広がるようになるまで待ってから、はんだこてを離します。この待つ時間は慣れるに従って短くなってきますので、最初はあせらずじっくりはんだを溶かし込むのがコツです。

■プリント基板のはんだ付けの方法

プリント基板に部品を取り付けるためのはんだ付けは、次の手順で行います。

① パターンや部品のリードがきれいで酸化していないこと

もし酸化しているようなときは、パターンは作業前に台所用アルミたわしで磨き、部品のリードは細かなサンドペーパーやヤスリなどで磨きます。

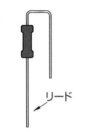
② 部品の挿入

部品のリード線を取り付け穴の間隔に合わせて折り曲げます。このときあまり部品の根元近くから曲げると部品の特性が変わってしまうこともあるので、1〜3mm程度の余裕を持って曲げるようにします。

コツ リードを穴に通し、わずかにリードの間隔を広げて落下しないようにしますが、あまりきつく曲げると修正などのとき取り外せなくなってしまうので、真っすぐに近い状態としておくのがコツです。また部品の極性のあるものに注意して挿入します。極性のある部品には、電解コンデンサ、ダイオード、トランジスタ、IC（ICソケット）、発光ダイオードなどがあります。

③ 予備加熱をする

はんだこての先を部品とパターンの両方に接するように当てて、リードとパターンを熱します。

④ 糸はんだを一緒に当てて溶かし込む

はんだこてを当てたまま、熱した部分に糸はんだを当てれば自然に溶けますが、あまりたくさんのはんだを溶かさないようにします。

⑤ はんだをなじませ終了

はんだが水を流したように溶け、周りにいき渡ったらこてを離し、ちょっと待ってはんだが固まったら終了です。

⑥ リード線の余分をニッパで切断する

抵抗やコンデンサなどのリード線は、はんだ付けをしながら、ひとつずつ、付けては余分なリード線をニッパで切断するということを繰り返します。あまりリードは長くせず、短め（1〜2mm程度）に切断します。

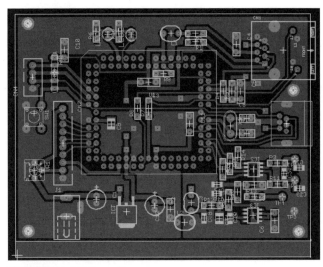

少し広げる　　　予備加熱する　　　糸はんだを一緒に当てて溶かし込む　　ニッパで切断

◆**図4.5.1**　はんだ付けの手順

⑦ **実装内容のチェック**

　はんだ付けが完了したら、回路図と照らし合わせながら確認していきます。

　コツ　このとき図4.5.2のようにパターン図に部品実装図を加えた図を印刷して
チェックすると間違いなく確実にできます。

◆**図4.5.2**　部品実装図によるチェック

⑧ **はんだ付けのやり直し**

　間違って部品を取り付けたような場合には、**はんだ吸取器**を使って次の手順で
交換します。

方法

　・はんだこてを取り外す部品の基板上のはんだ部分に当てて、はんだを十分溶
　　けた状態にする。

　・こてを当てたままで、はんだ吸取器を当てがい、はんだこてを離した直後に
　　吸い取る。

　・すべてのリードの吸い取りが完了したら、部品をペンチなどではさんで引っ
　　張って取り外す。

　・抜いた後の基板の穴が完全にあいていないときは、再度こてを当てて溶かし
　　たあと、もう一度吸い取って穴をあける。

⑨ **はんだ吸取線を使う場合**

参照

・はんだ吸取線
　→ p.243

　はんだ吸取器の代わりに、**はんだ吸取線**を使って部品を取り外すことができます。

方法

・はんだ吸取線を取り除きたい部品のランドの上におき、はんだこてをその上から当ててはんだを溶かせば、吸取線に溶けたはんだが吸い取られ、部品がはずれるようになる。

■線材のはんだ付けの方法

　線材を使って配線するときのはんだ付けの方法です。このときのはんだ付けの手順は図4.5.3のようにします。

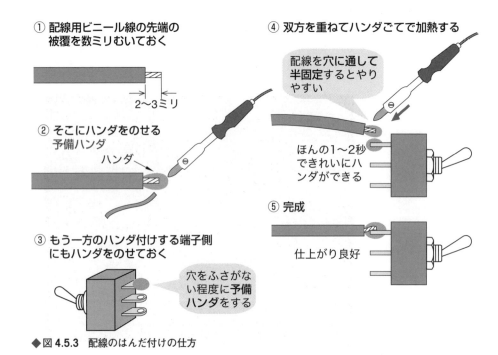

① 配線用ビニール線の先端の被覆を数ミリむいておく

2〜3ミリ

② そこにハンダをのせる
予備ハンダ

ハンダ

③ もう一方のハンダ付けする端子側にもハンダをのせておく

穴をふさがない程度に**予備ハンダ**をする

④ 双方を重ねてハンダごてで加熱する

配線を穴に通して半固定するとやりやすい

ほんの1〜2秒できれいにハンダができる

⑤ 完成

仕上がり良好

◆図**4.5.3**　配線のはんだ付けの仕方

アドバイス

線材が太いときは撚り合わせる

アドバイス

線材は、あらかじめ予備はんだしておきます。

① **線材の被覆をむき芯線を撚る**

　線材が太いときは撚り合わせた方がまとまりますが、細いときはそのまま予備はんだをした方がきれいにまとまります。

② **「予備はんだ」ということで線材の先をはんだ付けする**

　線材の先をはんだ付けしてまとめてしまいます。こうすると穴に挿入するときなど、芯線がばらばらにならずスムースに入れられます。またはんだ付けも手早く行うことができます。

③ **端子の穴に線材を通し半固定して、こてをそこに当てて熱する**

　このあとは抵抗などの部品と同じ扱いになりますが、手で持っていると動いてしまって、はんだ付けがきれいにできないので、芯線を端子の穴に通して半固定し、そのあとでこてを当てます。

④ 糸はんだをさらにあてて十分溶かし込む

　こてを当てたまま熱した部分に糸はんだを当てればすぐ溶けて流れ込んでいきます。はんだが水のように流れて周りにいき渡るまでこてを当てておきます。

⑤ はんだがいき渡ったらこてをはずす

　はんだが線材と穴の隙間に流れ込んでいったらそこでこてをはずします。しばらくしてはんだが固まったら手を離して完了です。

▶ 4-5-2 ┃ 表面実装部品のはんだ付けの仕方

　最近は、ICや部品も表面実装のものが多くなり、高機能で便利で使いたいなと思うものほど**フラットパッケージ**になっています。そこでこれらのフラットパッケージ部品のはんだ付けの方法を説明します。

・フラットパッケージ
　表面実装タイプのもの。

■必要な道具

　表面実装をうまく行うために必要な道具は表4.5.2のようなものです。基本的にはんだ付けですから、はんだ付けに必要な道具と共通します。

◆表4.5.2　表面実装部品のはんだ付けのための道具

名　称	外　観	用途・選び方
はんだこて		温度調節機能付きはんだこてが便利に使える。大型部品のはんだ付けでも温度が下がらないので作業しやすい。
はんだ吸取線		銅の網線の毛細管現象で溶けたはんだを吸い取る。フラックスが浸み込ませてあるのではんだがよく溶ける。 1.5mmか2mm程度の細い幅のものが使いやすい。
はんだ	0.8mm φ 程度の細めのフラックス入りで基板用と配線用は同じもので可。鉛フリーはんだはアマチュアには使い難い。フラットパッケージ基板用には0.6mm φの細目が扱いやすい。	**こて台** 重量のあるものの方が安定感があって安全。こて先清掃用のスポンジがついているものを選ぶ。このスポンジには水を含ませて時々こて先をクリーニングしながら使う。
ルーペ	写真のフィルムチェック用のルーペ、拡大鏡。ガラスレンズのものが良い。拡大率が10倍以上のもの。	**フラックス洗浄剤** goot社　BS-W20B
ピンセット		表面実装部品など特に小型の部品をつかむのに使う。しっかりしたものがよい。先端形状が直線のものと曲がったものがあるが直線の方が多用途。

フラットパッケージ IC の取り付け方

　20ピン程度のSOICパッケージ程度までは、ピン間も1.27mm程度ですから、1ピンずつはんだ付けすればそれほど高度なテクニックがなくても何とかはんだ付けできると思います。

　しかし28、48、64、100ピンの**TQFP**パッケージでは、0.65mmや0.5mmピッチのピンを直接自作基板にはんだ付けするにはかなりの高等技術が必要です。

　このような場合には、市販されている**変換基板**を使うと意外と簡単に多ピンパッケージのはんだ付けができます。

　実際の変換基板の例は写真4.5.1のようなものです。このような変換基板はICの端子部が金メッキされていてよく滑るので、ICを載せて位置合わせするとき容易にできます。

48ピン用（0.5mmピッチ）

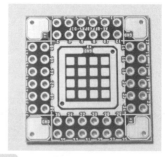

端子が金メッキされているので、滑りやすく位置合わせが容易にできる。

100ピン用（0.5mmピッチ）

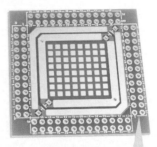

余りのピンをVDDとGNDにしている

◆**写真 4.5.1　変換基板の例**

　この変換基板にICを実装する際には、写真4.5.2のような**洗浄剤**と**はんだ吸取線**、それと写真ネガチェック用の**拡大ルーペ**（10倍以上）をうまく使います。手順は次のようにします。

洗浄剤

はんだ吸取線

拡大ルーペ

◆写真 4.5.2　活用する道具

■手順 1：位置合わせ

アドバイス

通常は 1 ピンの位置を意識して合わせる必要があります。

　最初に写真4.5.3のように、変換基板にICを載せて位置を合わせます。このときは指でICを軽く抑えながら微妙に動かして、4面のピンの位置がパターンにピッタリ合うように調整します。このとき拡大ルーペで拡大しながら確認します。

拡大して見ながら
位置を合わせる

◆写真 4.5.3　位置合わせ

■手順 2：仮固定

アドバイス

任意の端の数ピンだけに限定してください。はんだは 0.8mm φ以下の方が扱いやすいです。

　次に写真4.5.4のようにいずれかの端の数ピンだけを仮はんだ付けします。そして細かな位置修正をピンのはんだ付けをやり直しながら行います。やはり拡大ルーペを使います。この時点で確実に4面のピンがピッタリ変換基板のパターンと合っているようにすることがポイントです。この位置合わせの良し悪しで完成度が決まります。

この部分だけはんだ付けする

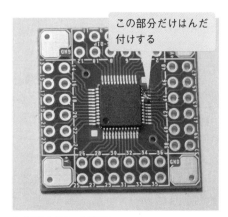

◆写真 4.5.4　仮固定

■手順３：はんだ付け

　位置合わせができたらはんだ付けし
ていない面からすべてはんだ付けしま
す。はんだはたっぷり供給するように
して行い、ピン間がブリッジしても気
にせず十分はんだが載るようにします。
4面ともすべてはんだ付けしてしまいま
す。この状態が写真4.5.5となります。
結構たっぷりのはんだを使っています。

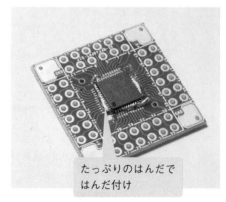

たっぷりのはんだで
はんだ付け

◆写真 4.5.5　はんだ付け

■手順４　はんだの除去

　はんだ吸取線を使って写真4.5.6のように余分なはんだを吸い取ります。吸取線
の幅は1.5mmか2mm程度の細い方が作業しやすいと思います。はんだ吸取線に
フラックスが含まれているのではんだが溶けやすくよく吸収してくれます。これ
で余分なはんだも取れますし、ブリッジもきれいに取り去ることができます。意
外と簡単にしかもきれいに除去できます。

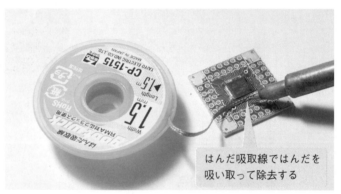

はんだ吸取線ではんだを
吸い取って除去する

◆写真 4.5.6　はんだの吸い取り

■手順５：洗浄とチェック

　フラックスでかなり汚れますので洗浄液と綿棒などを使ってきれいに拭き取りま
す。そのままでは汚いですし、酸化して動作に悪影響することもあります。この
あと、拡大ルーペを使って念入りにブリッジやはんだくずなどがないかをチェッ
クします。照明にかざしながらチェックすると見つけやすいと思います。
　終了した基板が写真4.5.7となります。

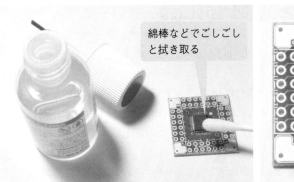

綿棒などでごしごし
と拭き取る

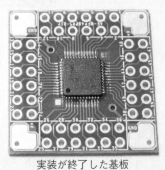

実装が終了した基板

◆写真 4.5.7　洗浄とチェックと実装が終了した基板

■手順6

　これでICのはんだ付けは終了ですが、あとは基板の周囲に丸ピンヘッダ（ヘッダピン）をはんだ付けします。

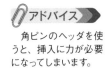

アドバイス

　角ピンのヘッダを使うと、挿入に力が必要になってしまいます。

　挿入しやすいように丸ピン型の**ヘッダピン**を使います。通常は40ピン2列で提供されていますので、カッター等で切断して使います。

　完成したデバイスが写真4.5.8となります。

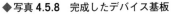

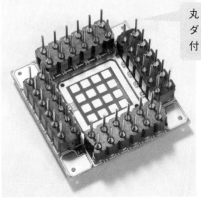

丸ピン型のヘッダピンをはんだ付けする

◆写真 4.5.8　完成したデバイス基板

チップ部品の取り付け方

チップサイズの抵抗やコンデンサ、ダイオードなどは、下記の手順ではんだ付けすると、取り付けやすいと思います。

はんだメッキ（予備はんだ）します。

■手順1：取り付けるランドの片側に予備はんだをする

最初に部品を仮固定するため、まずランドの片側にはんだメッキをします。このときあまりはんだが少ないと固定しにくいので、すこし盛り上がるくらいにします。

コツ ランドの片側にはんだメッキします（すこし盛り上がるくらいに）。

ハンダメッキする

◆写真 4.5.9　予備はんだ

■手順2：部品の仮固定

予備はんだしたランドにチョンと付けます。

コンデンサ

予備はんだ

部品をピンセットで挟みながら、予備はんだしたランドにチョンと付けます。動かない程度に固定すればOKです。

コツ 仮り付けしたとき、部品が浮き上がっていたら、今度は、ピンセットか指の爪で上から部品を押さえて再度チョン付けします。この段階では何度でもやり直しできますから、ぴったりとなるように調整しながら仮止めします。

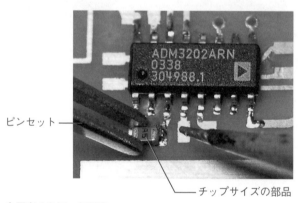

ピンセット

チップサイズの部品

◆写真 4.5.10　仮固定

■手順3：反対側のはんだ付け

チョン付けで固定したら、今度は反対側の方をきちんとはんだ付けします。これは一応部品が固定されていますから、はんだを流し込みながら行えば楽にできると思います。

◆写真 4.5.11　はんだ付け

■手順4：仮固定を本固定にして完成

チョン付けした側をきちんとはんだ付けすれば、これで取り付け完了です。

◆写真 4.5.12　固定して完成

▶▶ 4-5-3 ┃ ケース加工のノウハウ

　　ケースは工作の仕上げとも言うべきものです。回路設計をし、プリント基板に組み立て、苦労して動いたときの感動をきれいな形で残したい。誰しも同じ思いを抱くのではないでしょうか。見事なケースに納まった製作品がきちんと動作する、これが私達、工作を趣味とする者の「こだわり」でもあります。

　　写真 4.5.13、写真 4.5.14はケースに収めた状態のものです。やはりケースに収めた方ができ栄えは比較にならないほど素晴らしいものになります。また耐久性という意味でも、ケースに入れておけば何十年でも使い続けることができます。市販のキットでも、ケースに実装すれば、立派な製作品となります。

　　さらに高周波を扱う回路などでは、ケースに入れなければまともには動作しません。これはケースがシールド効果や、固定による安定化の効果を果たしているわけで、ケースなしでは考えることはできないものです。

◆写真 4.5.13　ケース実装例 1

◆写真 4.5.14　ケース実装例 2

　それでは、このこだわりのケース加工にはどんな作業が含まれるのか見ていきましょう。

　電子工作でのケース加工の基本は、次の4つにまとめられます。以下では4項目のそれぞれのノウハウについて紹介していきます。

① **切断と曲げ**：材料にはアルミ、アクリル、基板などがあるが、それぞれの切断方法と曲げ方について道具、ノウハウを紹介。
② **穴あけ**：各材料に丸穴や角穴をあけるための道具とノウハウを紹介。
③ **取り付け**：加工が完了したケースに、必要な部品を取り付ける際の方法とノウハウを紹介。
④ **飾り付け**：できあがったケースのパネル面などの飾り付けに関するノウハウ。

常識

ケースに貼り付けてある保護シートは、加工が完了するまで剥がさない。

　ケース加工のコツ　ケースにもともと貼り付けてある保護シートは、加工が完了するまで剥がさないようにします。保護シートは、穴あけや、ヤスリがけのときなどに、うっかり手を滑らせたり、穴あけのときの切りくずで表面に傷をつけたりすることから、柔らかいアルミパネルの表面を守ってくれます。

　写真4.5.15のように、加工が終わって飾り付けをするときまで、剥がさないようにしましょう。

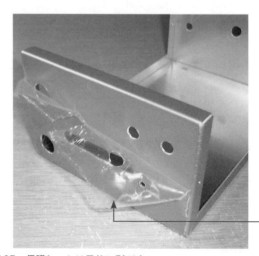

保護シート

◆写真 4.5.15　保護シートは最後に剥がす

▶▶ 4-5-4 ┃ 加工法（切断）

　ケースを加工する際、市販のケースを使っていても切断加工が必要な場合があります。例えば、内部に部品取り付け用のアルミL型板の長さを合わせるときや、前面化粧用のアクリル板や放熱用アルミ型材などは、どうしてもケースや穴に合わせるために適当な大きさに切る必要があります。

■切断用の道具

　このような切断に使う道具には表4.5.3のようなものがあります。それぞれ使い道があり、使い分けることで上手な工作ができますが、全部が必要というわけでもありません。必要になったら、揃えていけばよいでしょう。

◆表4.5.3　切断用の工具

名称	外観	用途・選び方
アクリルカッター		アルミ、プリント基板などの切断用。刃の形に特徴あり。

金のこ（小型）	小型ジグソー		万能はさみ
アルミ、アクリルなどの切断用。刃だけでも使える。		写真は小型ジグソーで、自在曲線用薄板切断に便利。	薄手の金属、アクリル、銅板など何でも切れ便利。

アルミ定規		罫書き針ポンチ	
	切断時の補助に使うため、金属製が丈夫でよい。		切断境界に線を引く。

■切断方法

　アルミ板はせいぜい1mm程度の厚さまでが電子工作でよく使うものなので、切断は比較的楽です。むしろ意外と苦戦するのが、アクリル板の切断です。電子工作に使うアクリル板は3mmくらいの厚さまでなのですが、3mmの厚さは切断するには結構分厚く大変です。このアクリル板の切断法のいくつかを紹介します。

① けがき

アドバイス

定規はアルミなどの金属製のものを使用してください。
②〜⑤まで切断方法を紹介しますが、まずけがき線をいれておきます。

切断する前に、切断する境界がはっきりわかるように罫を書いておく必要があります。直線を引くには定規が必要ですが、工作にはアルミなどの金属製の定規を用意しておくと、あとの切断時にも補助用として使えて便利です。

線を引くには、**罫書き（けがき）針**か、先端の尖った**センターポンチ**を使います。また油性のペンを使っても大丈夫です。市販のアクリル板やアルミ板によっては、傷防止用に保護シートが貼り付けてあるものがありますが、保護シートは最後まで剥がさないようにして工作します。

② 金のこによる切断 (1)

一番手軽なのが**金のこ**による切断です。しかし普通の金のこには弓状の枠が付いています。幅のある板を切断するときにはこの枠が邪魔になり、やりずらいこともあります。この場合は金のこを寝かせて30度くらいの角度にして使います。直線の切断が主ですが、大きなRの曲線なら切ることができます。

③ アクリルカッターによる切断方法

アドバイス

金属定規でしっかりと補助してカッターで溝を付けていきます。

比較的幅広の薄板を直線で切断するときには、**アクリルカッター**を使うのが簡単です。写真4.5.16のように、金属定規でしっかりと補助してカッターで溝を付けていきます。

コツ 最初のうちはカッターにあまり力を加えず軽く溝をつけ、大体の溝が付いてから力を加えます。溝が十分についたら定規をはずして何回もカッターをかけて溝を深くします。

注意すること 最初からカッターに力を加えると、補助定規に沿った線でなく、別の方向に刃がそれてしまうことがあります。また、最初に溝をつけるのは裏側になる方にします。万一傷をつけても隠れる方ということです。

半分くらいの深さの溝が付いたら、今度は表側からカッターを使います。

コツ 切断する対象の端面で、表裏両面の溝位置が合うように確認して、表面に溝を付けます。

用語解説

・バリ
　余分な部分。

両面に溝がついたら、机の端などに溝線を合わせて板を折り曲げます。さらにこの折り曲げを反対側に折り曲げることを繰り返せば、板の切断ができます。切断後は切断面をヤスリなどでバリを取りきれいにします。

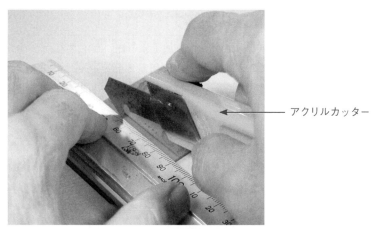

◆写真 4.5.16　アクリルカッターによる基板の切断

④ ジグソーによる切断

　最近は電動鋸である**ジグソー**も安価に手に入れることができるようになりました。機会があったらぜひ入手しておきたい道具です。ジグソーを使うと容易に切断ができますが、刃により真っすぐに切断するのはなかなか難しくコツが必要です。表4.5.3のジグソーはいわゆる糸鋸タイプのジグソーで、曲線切断に向いているものです。ジグソーを使うときには、ジグソー側を作業台に固定し、材料側を動かして切断する方が作業しやすいと思います。

⑤ 金のこによる切断 (2)（アルミ棒、アルミ型材）

万力でしっかり固定
して作業を行う。

　アルミ棒や、アルミ型材でカッターでは切れないものは、金のこで切断します。このとき固定方法をしっかりしないときれいな切断はできません。そこで万力を使って、切断するものを固定します。筆者がよく使っている万力は据え置き型のもので、比較的小物の固定には便利なものです。写真4.5.17は万力で固定しながら金のこで可変抵抗の軸を切断しているところです。

コツ　切断するものを万力で固定して行います。

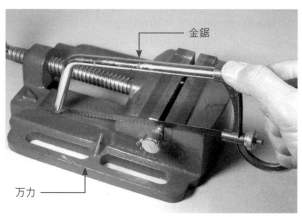

◆写真 4.5.17　万力と金鋸による切断

▶▶ 4-5-5 │ 加工法（穴あけ）

電子工作でケースを加工する際、最もよく行うのがこの穴あけ加工です。市販のケースを使った場合、何か部品を取り付けるときは必ず穴が必要になります。したがって、電子工作が上手にできるようにするには、はんだ付けと、この穴あけの腕を磨くことが必須となります。

■穴あけに使う道具

穴あけ加工が上手くできるようにするには、腕も大事ですがまずは道具です。工作はやはり道具次第ということになります。穴あけに使う道具には表4.5.4のようなものがあります。それぞれ使い道があり、使い分けが必要ですが、全部の道具は必要ありません。

◆表4.5.4　穴あけの道具

名称	外観	用途・選び方
・写真：左 **電動ドリル** ・写真：右 **ドリル刃**		・写真：左 穴あけには必須の道具。手回しドリルもあるが、最近は価格も大して変わらないので是非電動にしたい。 ・写真：右 セットで揃えると便利。 1.5mm〜6.5mmが必要
バリ取り		穴のバリを取るためのもので、太いドリル刃で古いものを流用。

シャーシリーマ		タップ	
	穴を大きくするのに使う。 最大15mm程度の穴あけが可能。		自在にネジが切れるので、外観がきれいにできる。

ポンチ		ヤスリ	
	穴あけの中心に印を付ける。		平、丸、平丸の3種類で金属用。

ハンドニブラ		小型ノギス	
	主に四角の任意の穴あけに便利。		穴の寸法や軸太さの測定用で、取り付ける部品の穴あけ寸法を測るのに重宝する。

ジグソー		糸鋸	
	自在曲線用。大きなサイズの穴あけに便利。		自在の穴があけられる。

■穴あけ工作の方法

　穴あけは対象ケースの材料によってあけ方のコツが異なりますが、ほとんどの場合に下記手順で行います。

① センターポンチでセンターに印を付ける

常識

穴をあける中心にポンチで印を付ける。

注意

下敷きはを硬いものを利用する。

　穴をあける中心にポンチで印を付けます。こうすることで、穴の正確な位置が出せるのと、ドリルの刃の先端が滑るのを防ぐことができます。ポンチを打つときは、下に硬い下敷きを敷いて行います（柔らかいものより硬いほうがよい）。柔らかいと印を付ける周り全体が凹んでしまいます。

　コツ センターポンチで穴の中心に印を付ける際、下には硬い敷物を利用して行います。

　またプリント基板などの取り付け穴は、「合わせ工事」で現物の穴に合わせて穴あけの位置にポンチで印を付けます。

　コツ ポンチを垂直に真っすぐ立てて印を付けます。斜めにすると穴の位置がずれてしまうので注意してください。

② 6φ以下の丸穴あけ

　これには単純にドリルを使います。取り付けるものの寸法より0.2mm～0.5mm程度大き目のドリル刃で穴あけをします。電子工作でよく使う穴サイズは表4.5.5のように大部分が、3.2φと6.5φの2種類です。6.5φの穴あけの前に、3.2φで下穴をあけておくとセンターがずれずに穴があけられます。

　コツ 取り付けるものの寸法より0.2mm～0.5mm程度大き目のドリル刃で穴をあけます。

用語解説

・バリ
　穴のまわりにはみだした余分な部分。

　穴をあけた後は、バリ取りをしてきれいに仕上げます。バリを取るには、3.2φの穴のときは、バリ取り用に太いドリル刃を用意し、これでこそぎ取るようにしてバリを取ります。6φの穴のバリは細めの丸ヤスリで削り取ります。このとき前面のパネルに傷を付けないよう、できるだけ裏側からヤスリをかけるようにします。

◆表 4.5.5　代表的な部品と穴あけのサイズ

部品種別	必要サイズ	ドリル刃サイズ
取り付け用ねじ	M3（Mはねじサイズ）	3.2φ
スイッチ類	M6	6.5φ
ボリューム類	M6	6.5φ
LEDランプ類	M6	6.5φ

　ドリルで穴あけをするときは、ドリルの刃は真っすぐ立て、材料はしっかり固定します。特にアルミ材は穴があく瞬間に大きな力が加わるので、最後は慎重に穴をあけることがコツです。

　コツ ドリルの刃は真っすぐ立て、材料はしっかり固定します。最後は慎重に穴をあけます。

③ 6φより大きい丸穴あけ

6φより大きい丸穴をあけるには、まず6φの穴をドリルであけたあと、リーマを使って穴を広げます。

コツ このときあまり急いで広げようとして力を入れすぎないようにします。力が入り過ぎると、広げた穴が円形にならずに、凸凹の穴になってしまいます。焦（あせ）ってはダメです。

リーマで広げたあとは、ヤスリを使ってバリを取って仕上げをします。また楕円など、円形でない穴が必要なときにもヤスリで広げて作ります。

大きな穴が必要なものには表4.5.6のようなものがあります。

◆表4.5.6　大きな穴の必要なもの

部品種別	必要サイズ	穴サイズ
ACコード用ブラケット	10×12楕円穴	リーマとヤスリ
RCAジャック	M6、M8	6.5φ、9φ
BNCコネクタ	M9	9.5φ
ボリューム類	M7	8φ
ヒューズブラケット	M12	13φ

写真4.5.18が実際にリーマを使って穴を広げているところです。リーマは真っすぐにしてあまり押す力を加えずに回しながら切り取っていく要領です。

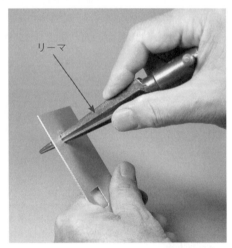

リーマ

◆写真4.5.18　リーマの使い方

④ タップ立て

常識

作業は、万力で固定して行うこと。

タップ立てとは何かというと、**ネジ切り**です。つまりアルミやアクリルなどの厚手の板に直接ネジを切って、ナットを使わずネジだけで固定できるようにするとき使います。これに使う道具が**タップ**で、ネジの太さに合わせていくつかのタップを取り替えて使えるようになっています。タップを立てるには、まず下穴をあけることが必要です。下穴の寸法はネジによって下記のようにするとちょうどよいようになっています。

・M2ネジ：1.5 φ
・M3ネジ：2.5 φ
・M5ネジ：4.0 φ

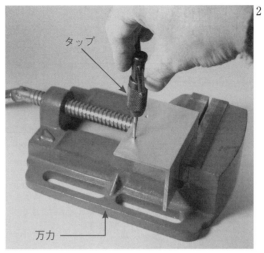

◆写真 4.5.19　タップ立て

コツ　下穴をあけたら、タップを回しながらネジを切っていきます。無理に回す
とネジがつぶれてしまうので、きつくなったら、いったん逆に回してタップを取
り出し、再度切り直しをします。これを何度か繰り返すことで、楽にきれいにネ
ジを切ることができます。

写真4.5.19は実際にアルミの型材にタップを切っているところで、型材の固定
に据え置き型の万力を使っています。

⑤ 大きな丸穴や角穴のあけかた

表4.5.7のような部品には、20 φ以上の大きな丸穴や角穴を必要とします。この
ような大きな穴のあけ方には、3つの方法があります。

◆表 4.5.7　大きな取り付け穴を必要とする部品

部品種別	必要な穴サイズ	あけ方
セグメントLED	12×40など角穴	①ドリル小穴とヤスリ
メータ	40×60など角穴	②ハンドニブラ
	または80φ丸穴	③糸鋸
ディジスイッチ	角穴	
コネクタ類	角穴	
ねじ端子類	角穴	
液晶表示器	角穴	

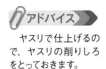
アドバイス
ヤスリで仕上げるの
で、ヤスリの削りしろ
をとっておきます。

方法その①　図4.5.4のように、小さな穴を連続してあける方法です。まず、3.2
φの穴をあける穴の周囲の内側に沿って連続してあけます。次に、それらの穴
の間をニッパ等の先で切り取り、内側を切り落とします。あとはヤスリできれい

に仕上げます。したがって、小穴を連続してあけるときには、ヤスリの削りしろを作るように、あけたい穴より1mm程度内側になるようにして穴を連続してあけます。

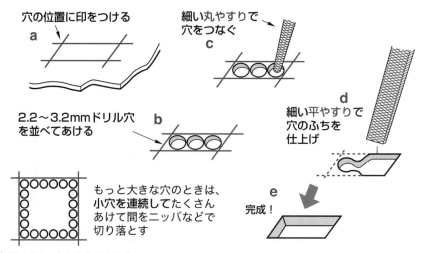

◆図4.5.4　大きな穴のあけ方

方法その② ハンドニブラであける方法です。ハンドニブラは丸穴、角穴いずれにも使用でき、簡単に大きな穴をあけられるので便利に使えます。

　使い方はまず、ハンドニブラの刃先が入る下穴をあけます。下穴は6.5φ以上の穴が必要なので、6.5φの穴をドリルであけたあとヤスリでちょっと広げてニブラの先端が入るようにします。後はニブラで切り取っていくので自由な形の穴があけられます。ニブラで大体の穴をあけたら、後はヤスリで仕上げます。写真4.5.20がハンドニブラで角穴をあけているところです。

◆写真4.5.20　ハンドニブラによる穴あけ

方法その③ 糸鋸による穴あけ方法です。糸鋸は原始的な道具ですが、穴をあけるには便利な道具です。特に、複雑な形の穴をあけたいときには重宝します。

使い方は、まず下穴を3.2φのドリルであけておきますが、穴のコーナーごとにこの下穴が必要です。つまり鋸刃には数mm程度ですが幅があるので、向きを変える所には下穴が必要となります。その後鋸刃を下穴に通してから、鋸刃を糸鋸本体にきつく固定します。そして順次切っていきます。しかし、糸鋸の弓状の枠があり、これが邪魔になるので、ある程度の大きさ以下のものにしか穴をあけることができないので注意してください。

⑥ ジグソーによる大きな穴あけ

特に自在曲線対応のジグソーを使うと、鋸刃が細いので比較的小さな穴も容易にあけられます。ジグソーを使う前に、刃を通すための下穴をあける必要があります。4φから6φ程度の丸穴をドリルであければOKです。ジグソーを使うときには、ジグソー側を作業台に固定し、材料側を動かして切断する方法の方が作業しやすく、精度よく仕上げられると思います。これで穴あけができたらあとはヤスリで仕上げます。

▶▶ 4-5-6 | 加工法（取り付け）

ケースを加工したあと、各種の部品を取り付けていきますが、部品によって取り付けかたに工夫が必要なものがあります。しかしこれにも大体一般的な取り付け方法があり、その方法そのものがノウハウとなっています。

■取り付けに使う道具

ケースへの部品の取り付けに使う道具には表4.5.8のようなものがあります。それぞれを使い分けることで上手な工作ができます。

◆表4.5.8　取り付け工作用の道具

名称	外観	用途・選び方
ドライバ		プラス、マイナスと大きさで幾つかの種類が必要。
ラジオペンチ		配線用と取付け用と兼用するため中型のものを使う。
ボックスドライバ		ナットを固定する時便利（M3ネジ用）ペンチでも代用できる。
6角レンチ		ツマミなどのネジ固定に使う。 代替の方法がないので必須道具。 何種類かセットになっているのが便利。
両面接着テープ		意外と丈夫に固定できるので、いろいろなものの固定に重宝。 薄手と厚手を用意。

■取り付け用小物パーツ

　道具以外に部品の取り付けによく使う小物パーツで、表4.5.9のようなものを一式用意しておくと便利に使えます。

◆**表4.5.9　取り付け用小物**

名称	外観	用意する種類
ボルトナット	ねじ（さら、なべ、バインド、トラスなど）六角ナットなど	M3×5、M3×10、M3×15
スペーサ		貫通型　5mm、10mm ネジ付き10mm、15mm
絶縁シート		TO-220用、TO-3用
タイラップ		配線の束線用細めのもの
L金具		30mm、50mm高さ 固定ネジはM3

ACコード用ブッシュ		線材	
	AC電源ケーブルの固定に使用		カラー線材が色分けできてよい 太さも2種類程必要

アドバイス

　ねじには頭の形状によって、さら頭、なべ頭、バインド頭、トラス頭などの種類があります。

■プリント基板の取り付け方

　ケースの中に取り付けるものとしてまずプリント基板があります。プリント基板をケースの中に取り付けるときには、裏側のはんだ付けが、ケースと接触しないように浮かせて取り付ける必要があります。このためには普通、**スペーサ**を使います。

　スペーサは絶縁タイプの貫通型が安全です。金属タイプの物はパターンとショートしてしまう危険があるので避けてください。スペーサには高さの違いで何種類かのものがあるので、あらかじめ何種類か揃えておいて、その中から適当なものを選びます。実際の取り付けは写真4.5.21のようにします。

　基板の取り付けねじは、ケースの外側にネジの頭側が来るようにすると仕上げがきれいです。スイッチなどが基板にあるときは、その近くにスペーサが来るように取り付けると、押す操作をしても丈夫になります。

　基板の取り付けのとき、液晶表示器やセグメント発光ダイオードなどの表示面が、ケースにぴったりと合うようにスペーサの高さを選ぶことも必要です。

　写真では液晶表示パネルがケースの裏側に、ぴったり付くようにスペーサを使っ

参考

・スペーサ

アドバイス

　金属タイプのスペーサは使用しないでください。

ています。

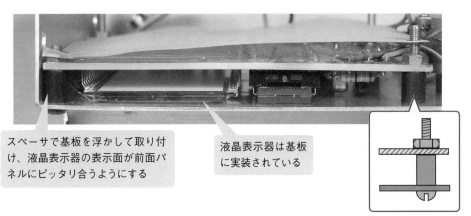

スペーサで基板を浮かして取り付け、液晶表示器の表示面が前面パネルにピッタリ合うようにする

液晶表示器は基板に実装されている

◆ 写真 4.5.21　基板の取り付け方

■トランジスタなどの放熱フィンの取り付け方法

・放熱器 → p.156

・FET の形 → p.75

　放熱が必要なレギュレータやパワートランジスタに放熱フィン（放熱器）を取り付けたり、ケースを放熱フィン代わりにするときの取り付け方です。

　絶縁シートを使って電気的に絶縁して、熱的には放熱しやすいように接続します。放熱をよくするために素子と絶縁シートの間にはシリコングリースを塗布します（最近は**熱伝導性絶縁シート**というものが多く使われています）。写真4.5.22のようにTO-220型を取り付けるときの取り付けネジは、絶縁する必要がある場合にはプラスチック製のネジを使って取り付けます。

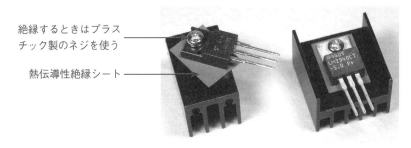

絶縁するときはプラスチック製のネジを使う

熱伝導性絶縁シート

◆ 写真 4.5.22　放熱器の取り付け方

・L 金具

・セグメント発光ダイオード → p.109

■数字表示発光ダイオードの取り付け

　数字表示の発光ダイオードを取り付けるには、必要な桁数の発光ダイオードを取り付けられるプリント基板を使います。この基板の表示面をケースのパネル面にピタッとなるように取り付けるのですが、そのまま外に見せたのではきれいにならないので、色付きの透明アクリルをパネルと発光ダイオードの間に挟みます。このアクリル板は薄手の両面接着テープでケースの前面パネルに固定し、発光ダイオードの基板はL金具でケースに固定します。

　写真4.5.23は実際の例で、褐色のアクリル板の両端を両面接着テープで前面パネルに固定し、発光ダイオードの基板はL金具で高さと奥行きの両方を調整してアクリル板に密着させています。

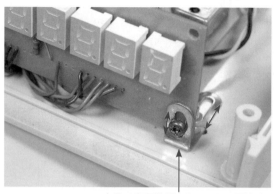

アクリル板を両面接着テープで
前面パネルに固定する

L金具で表示基板をシャーシに固定する。
前後の位置と高さが自由に調整できる

セグメント発光ダイオードの表示面が
ピッタリとアクリルに接するように、表
示基板の位置をL金具で調整する

◆写真 4.5.23　数字表示発光ダイオードの取り付け方

■スイッチ類の取り付け

参照

・トグルスイッチ
→ p.150

　スイッチにはいろいろな種類のものがありますが、電源スイッチなどによく使う
トグルスイッチの取り付けは写真4.5.24のようにします。

　表面にあまり余分なネジの部分が出ないように、ナットを2個使ってナットで前
面パネルを挟むようにして取り付けます。ナットとスプリングワッシャを裏側に入
れ、表側からナットで締めます。

コツ　このとき裏側のナットは、前面の出っ張りがちょうどよいように、ナット
の位置を調整します。

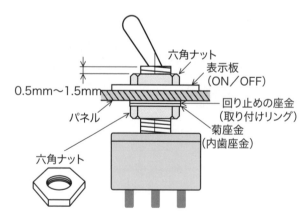

六角ナット

表示板
(ON／OFF)

0.5mm～1.5mm

パネル

回り止めの座金
（取り付けリング）

菊座金
(内歯座金)

六角ナット

パネル表面の出っ張りがちょうどよ
い状態にしてから、内側のナットを
回して固定する

◆写真 4.5.24　スイッチの取り付け方

▶▶ 4-5-7 | 配線の仕方

　ケース加工が終わり、各種の部品を取り付けたら、いよいよ最後の接続配線となります。配線を決めるのははんだ付けの良し悪しで、特にプリント基板でのはんだ付けと異なり、大きな物や特殊なものへのはんだ付けがあるのでコツが必要です。

■配線に使う道具

　部品の配線に使う道具には基板の組み立て用とほぼ同じですが、表4.5.10のようなものがあります。それぞれ使い道があり、使い分けることで上手な工作ができます。

あ〜なって
こ〜なって

◆表4.5.10　配線用の道具

名称	外観		用途・選び方
はんだこて			温度調節機能付きはんだこてが便利に使える
はんだ	**はんだ吸取器**		**はんだ吸取線**
細めのフラックス入り。基板用と同じ	大き目の方が使いやすい		はんだ除去用の網線
ニッパ		**ラジオペンチ**	
線材の切断と被覆むき		端子折り曲げと固定	
ピンセット	**タイラップ**		**線材**
あると固定しながらできて便利	束線し固定する		ちょっと太めの方が丈夫。多色の線材がよい。12/0.18〜30/0.18（本/直径mm）

■線材の被覆のむき方

　結構簡単そうでコツがいるのが線材の被覆むきです。中の芯線を傷付けると、後で断線の元にもなってしまうのでていねいにむく必要があります。

コツ 私の使う方法は、まず太めの線材は、写真4.5.25のようにして、ペンチとニッパを「てこ」のようにして軽くむきます。細い線材のときには写真4.5.26のようにニッパだけで、向きを逆にして軽くはさんでからニッパを引っ張って被覆をむきます。この方が線材にあまり力が加わらずきれいにむけます。

◆写真 4.5.25　線材の被覆むき

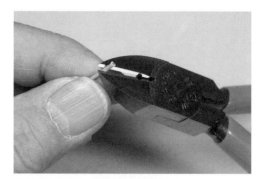

◆写真 4.5.26　細線の被覆むき

■プリント基板への配線

プリント基板に外部部品を接続したり、電源線などを配線するには、プリント基板にあらかじめ配線接続用の端子を実装しておきます。端子にはいろいろありますが、太くて丈夫な方が熱にも強く安心です。

常識

あらかじめ配線接続用の端子をプリント基板に実装しておく。

コツ あらかじめ配線接続用の端子を実装しておきます。また、配線に使う線材は、信号の種類で色分けをしておくと後からのチェックが非常に楽になります。

配線完了後にタイラップでまとめるときれいに仕上がる

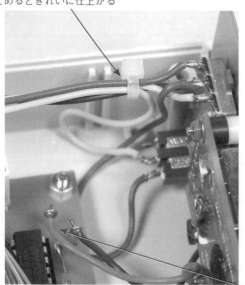

【配線接続用のピンの例】
元々は測定端子用のピン

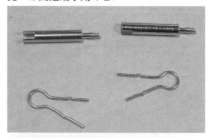

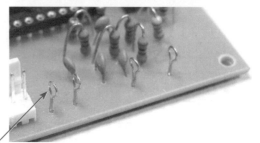

基板に配線接続用の端子を実装しておく

◆写真 4.5.27　基板への配線方法

　配線が終了したら、写真4.5.27のようにタイラップで束ねて型を作ってきれいに曲げておくとでき上がりが美しくなります。タイラップの余分な部分はニッパで切り落としてしまいます。

■スイッチ類への配線

常識

　AC電源の線は、2本の線を写真のようにより合わせておく（誘導ノイズを抑える）。

　パネル取り付け型のスイッチへの配線は、取り付け端子の穴にケーブルの先端を通し、半固定してからはんだ付けします。こうするとはんだ付け中に動かないのでやりやすくなります。また電源ケーブルなど太い線材のときは、十分のはんだでしっかりと固定しておきます。

　コツ　まず取り付け端子の穴にケーブルの先端を通し、半固定してからはんだ付けして固定します。AC電源の線は、2本を撚っておきます（こうすると余計な誘導ノイズを抑えることができます）。

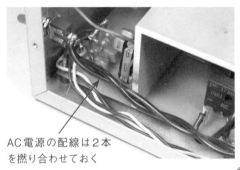

AC電源の配線は2本
を撚り合わせておく

端子の穴に線の先端を通して固定する

◆写真 4.5.28　スイッチへの配線

▶▶ 4-5-8 ┃ ケースの種類

　工作方法が大体理解できたところで、私達が工作として使えるケースにはどんなものがあるでしょうか。筆者がよく使うものを紹介します。選択の基準はあくまでも誰にでも買え、安いということです。

■タカチ YM 薄型ボックス（小型アルミケース）

アドバイス

　「タカチ電機工業」のホームページに詳しい製品情報が掲載されています。

　これは小物を作るときに、加工もしやすく見た目も結構きれいにできるので重

◆写真 4.5.29　YM-150 の外観

◆写真 4.5.30　実際の使用例（デジタルマルチメータ）

宝します。筆者がよく使うアルミケースです。これには下記のような種類があります が、筆者が使うのはYM-130、YM-180という型番の2種類でほとんど済んでいます。

アドバイス

「SETTSU（摂津金属工業（株））」のホームページに詳しい製品情報が掲載されています。

■ IDEAL CB シリーズ

これにはあまり種類はありませんが、大型の電源トランスや大きなパーツがあるときで、奥行きと高さが必要なとき便利に使えます。カバーの固定がネジ2本だけなので注意が必要です。

◆写真4.5.31　CB-60の実際の使用例（NiCd代用電源）

■ IDEAL SF-4（化粧パネル付きアルミケース）

ちょっと高価なのですが、見栄えのするケースを使いたいとき、筆者がよく使うケースです。これは前面パネルが二重になっていて化粧パネルが独立していたり、内部の中央に棚板があって、上下面に取り付けができるなど便利に使えるケースです。

◆写真 4.5.32　SF-4 の使用例

■樹脂ケース／プラスチックケース

携帯するものや、内部を見えるようにしたいものを作るときに便利なのが樹脂やプラスチックでできたケースです。透明なものや、色付きのもの、さらには導電性塗料を内部に塗布した電磁シールド付きのものまであります。

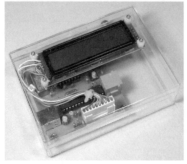

◆写真 4.5.33　透明樹脂ケースの使用例

◆写真 4.5.34　プラスチックケースの使用例

4-6 測定器の使い方

せっかく製作した作品が成功するか、それとも失敗に終わるかは測定器の使い方次第といえます。電子工作用の測定器には非常にたくさんあってどれを使ったらよいか迷うところですが、本書では最近高機能化が著しく、しかも安くなった**デジタルマルチメータ（DMM）**を必須の道具として使い方を説明します。

また、もうひとつ、今後、電子工作を趣味とするのであればぜひ揃えたい測定器として**デジタルオシロスコープ**を挙げ、基本的な使い方を説明します。

▶ 4-6-1 ｜ デジタルマルチメータ

参考

DMMの表示は電池駆動の液晶が使われています。

なお、本書は、サンワの「PC500」を使って解説しました。

アドバイス

表示桁数が3桁から4桁のものを選んでください。ちなみに3ヶ1/2桁、4ヶ1/2桁と表現されたものがありますが、3ヶ1/2桁というのは、たとえば最大表示が"1999"のように3桁（0 ～ 999）と4桁（0 ～ 9999）の間であることを意味しています。

デジタル・マルチメータ（DMM）は、いわゆるテスターと同じで、電圧、電流、抵抗などの基本的な測定機能を1台にまとめた汎用デジタル測定器です。最近はこれに加えて、温度、周波数カウント、コンデンサ容量、トランジスタ増幅率、コイルインダクタンスなどの測定機能や信号出力機能までも含まれた高機能なものが非常に安価に入手できるようになりました。

私たちが電子工作をする範囲では、表示桁数が3桁～4桁のDMMが1台あれば、まず大抵の場面での測定は間に合うので、これだけはぜひ揃えましょう。

筆者が使っているDMMは写真4.6.1のような4桁表示（9999）のもので、その仕様は表4.6.1となっています。これがあれば、基本的な測定関係で他の測定器が必要になることは少ないでしょう。

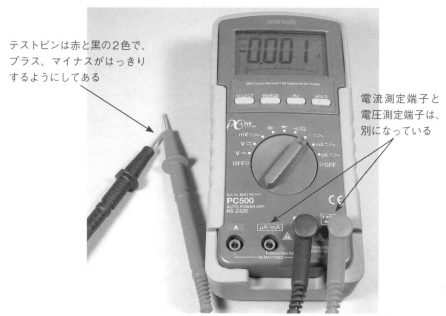

テストピンは赤と黒の2色で、プラス、マイナスがはっきりするようにしてある

電流測定端子と電圧測定端子は、別になっている

◆**写真4.6.1　デジタルマルチメータ（DMM）の外観例**

◆表4.6.1 デジタルマルチメータ（DMM）の仕様

測定機能	測定範囲	確度
直流電圧 オートレンジ	50.00mV	0.3%
	500.0mV	0.06%
	5.000〜1000V	0.08%
交流電圧 オートレンジ	〔50Hz〜60Hz〕 50.00mV〜1000V	0.5%
	〔40Hz〜500Hz〕 50.00mV、500.0mV	0.8%
	5.000〜500.0V	1.0%
	1000V	1.2%
	〔20kHz以下〕 50.00mV、500.0mV	0.5dB
	5.000〜500.0V	3dB
	1000V	
直流電流 オートレンジ	500.0μA〜10.00A	0.2%
交流電流 オートレンジ	〔50Hz〜60Hz〕 500.0μA〜50.00mA	0.6%
	500.0mA	1.0%
	5.000A〜10.00A	0.6%
	〔40Hz〜1kHz〕 500.0μA〜50.00mA	0.8%
	500.0mA〜10.00A	1.0%
抵抗 オートレンジ	50.00Ω	0.4%
	500.0Ω	0.2%
	5.000〜500kΩ	0.2%
	5.000MΩ	1.0%
	50.00MΩ	1.5%
コンデンサ容量 オートレンジ	50.00nF、500.0nF	0.8%
	5.000μF	1.0%
	50.00μF	2.0%
	500.0μF	3.5%
	9999μF	5.0
ダイオード	5.000V	1%
周波数	5Hz〜125kHz	±0.01%
温度	−50℃〜1000℃	0.3%
導通	20Ω〜120Ω	スレッショルドレベル

　ここでDMMの仕様の見方で安定度と確度および温度係数について説明しておきます。

参考

　確度は数字が少ないほど精度が高いことになります。

・**確度**：通常「±○○% of reading ＋△△digits」で記されている。第1項は読み値に対する誤差で入力の大きさに比例する。第2項は入力によらない一定の値の誤差で表示のディジット数（下一桁）で表される（上表では第2項を省略している）。

　　国家標準に対する絶対的な誤差を示す。確度は積分時間や測定レンジによっても異なる。

・**安定度**：ある期間内の相対的な変動を示す。

　切り替えスイッチには記号で測定対象の種類を示していますが、通常は図4.6.1のような意味になっています。

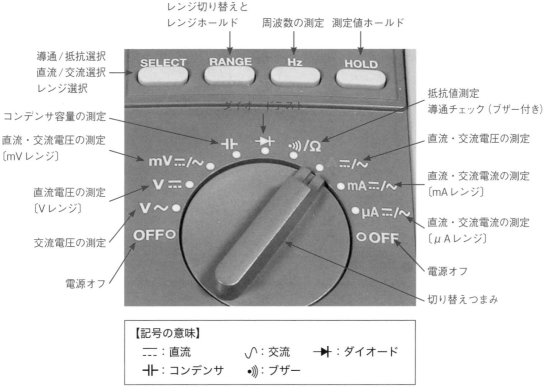

◆**図4.6.1　スイッチの記号と意味**

▶▶ 4-6-2 ┃ デジタルマルチメータの使い方

　実際にデジタルマルチメータ（DMM）を使うときの注意事項や測定方法について説明します。

■測定内容の決定

・**レンジ**
　測定種別や測定範囲のこと。

　自分の行いたい測定にあわせ、「切り替えつまみ」を回して測定内容を決定します。まず測定内容が、電圧か電流か、あるいは抵抗かなどにより、さらに電圧や電流の場合には、直流か交流かにより切り替えが必要です。つぎに、測定値を予測し、この中からレンジの決定をします。実際にはほとんどオートレンジになっていますので、この選択は必要ないことが大部分です。例えば、ロジック回路の電源電圧（電圧：5V）の電圧を測定する場合でいえば、電源は直流ですからDC電圧測定レンジを選択します。

　アドバイス

　「切り替えつまみ」を「直流・交流電圧の測定」に合わせ、「SELECT」ボタンで「DC電圧測定レンジ」を選択します。

　また通常プラス側の端子は電圧測定用と電流測定用に分かれていますので、それぞれの測定内容に合わせて接続変更が必要です。

■電圧測定

電圧測定の基本は、対象の回路に並列に接続して測るということです。また、直流回路の場合は極性（プラス、マイナス）に注意が必要です。図4.6.2に測定のためのDMM接続例を示します。このプラス、マイナスは間違っても壊れることはなく、表示の＋と－が逆になるだけです。

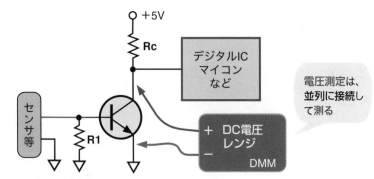

◆図4.6.2　電圧測定方法

■電流測定

電流測定の基本は、対象の回路に直列に挿入して測るということです。また、直流回路の場合は極性（プラス、マイナス）に注意が必要です。逆に接続しても表示の＋と－が逆になるだけですので問題ありません。

図4.6.3に測定のためのテスター接続例を示します。図のように電流を計測するためには、回路を切断してその間に直列にDMMを挿入することになります。このときDMMを挿入したことにより、DMMの内部抵抗が回路に直列に挿入されたようになりますが、DMMの電流測定レンジでの内部抵抗は非常に小さく、0Ωとみなして構いません。つまり回路には影響を与えないということです。

注意 例えば電源の電圧を測定しようと思って、電流測定状態にしたままテストピンを当てると、電源を直接ショートしてしまうような接続となってしまうので、思わぬ大電流がDMMに流れてしまう。そのようなときのために安全ヒューズがついているが、危険なことには変わりはないので注意すること。

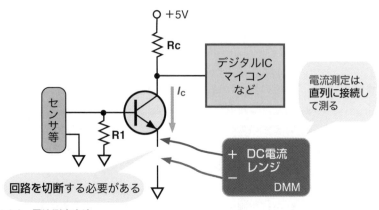

◆図4.6.3　電流測定方法

■抵抗測定

抵抗測定は、電圧測定と同じ要領で対象に並列に接続して測りますが、問題があります。それは、回路が接続された状態で測定すると、接続されたもの全ての抵抗の合成値を測ることになってしまうことです。つまり図4.6.2のようにして抵抗測定すると、実際には、電源を経由してトランジスタや電源の内部抵抗など、いろいろなものの合成した結果の抵抗値を測定してしまうことになるわけです。抵抗値を測定するときは、必ず周りの回路を切り離した単体の状態で測定するようにします。

■ダイオードの極性を知る方法

テスターの抵抗測定機能の応用として、ダイオードの極性がよくわからない場合にテスターを使って知ることができます。ダイオードには、一方の極（A：アノード）から、他方の極（K：カソード）へ向かっては、電流が流れやすく、その逆は、電流が流れにくいという性質があります。

一方、テスターを抵抗測定とした場合、マイナス端子（黒のテストリード）と、プラス端子（赤のテストリード）の間で、一方向に向かって電流が流れる回路となっています。

したがって、あらかじめ方向がわかっているダイオードで確認してから、わからないダイオードの抵抗値を測定すれば向きを知ることができます。

例えば、マイナス側からプラス側に電流が流れるようなDMMであれば、導通がある（抵抗が小）ように指示されたときの、マイナス端子（黒のテストリード）を当てたダイオードのリード側から、プラス端子（赤のテストリード）を当てたダイオードのリード側に向かってが、ダイオードの導通方向であるとわかります。図4.6.4にダイオードの極性を知るためのテスター接続方法を示します。

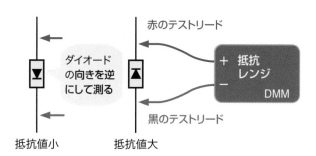

◆図4.6.4　ダイオードの向きを知る方法

本例のDMMにはダイオードテスト機能があり、ダイオードの順方向電圧降下値を表示します。これが0だったり無限大（断線の場合）はダイオード不良とわかります。

■交流電圧の測定

交流電圧測定も直流電圧測定と同じ接続方法で測定できます。しかし交流の場合には、低電圧の交流測定（100mV以下）では外部ノイズによる影響に注意が必要です。露出した測定リードがアンテナの役割を果たして、電磁波や商用電源か

 常識

抵抗は、対象の回路に並列に接続して測定する。ただし、抵抗値を測定するときは、必ず周りの回路を切り離した単体の状態で測定する。

 教えて

私のテスターはΩレンジの表示が「×1、×10、×1k、×10k」となっています。どのように使い分ければいいのですか。
〔回答〕
これは表示された値に「×1、×10、×1k、×10k」を乗じたものが実際の測定値だという意味です。したがって×1kなら表示値がkΩということになります。
〔チャレンジ〕
はんだ付けする前の抵抗器の抵抗値を測定しみましょう。

 参考

・ダイオード
ダイオードには、アノードからカソードへ向かっては、電流が流れやすく、その逆は電流が流れにくいという性質があります。

ダイオード

 常識

交流電圧測定も直流電圧測定と同じ接続方法で測定できる。注意点があるので、右の解説を参照すること。

らの誘導ノイズが測定値に誤差を生じさせる場合があるので、シールド線の使用や測定系全体のシールドが必要になります。

さらにDMMで交流測定という場合には、DMMの保証周波数範囲に注意が必要です。通常は数10Hzから数kHz程度が多いのですが、この範囲外の周波数の測定では誤差が大きくなりますので注意が必要です。

■交流電流の測定

交流の場合も直流と同じ方法で電流を計測できます。この電流の場合も、微小な電流測定の場合には、外部ノイズによる誤差に注意が必要です。

常識

交流の場合も直流と同じ方法で電流を計測できる。

■コンデンサ容量の測定

容量の大きなコンデンサの場合には、長めのリード線で接続しても誤差の心配はありませんが、数100pF以下の容量を計測するときは、リード線間の浮遊容量による誤差が加わりますので、できるだけ短いリード線で計測した方が誤差が少なくなります。

参考

コンデンサ容量を測定できる機能がついていないDMMでは測定できません。

■導通テスト

パターンや回路チェックのために、接続されているかどうかを抵抗値を計ることで確認できます。数10Ω以下の抵抗値であればその間は配線されているとみなし、ブザーで知らせます。写真4.6.2はパターンの導通チェックをしているところです。

参考

「切り替えつまみ」を「ブザー／Ω」にあわせます。

アドバイス

断線していると、ブザーはなりません。

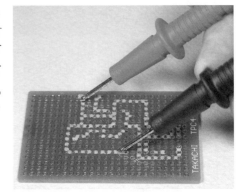

◆写真4.6.2　パターンの導通チェック

▶▶ 4-6-3 │ オシロスコープの使い方

オシロスコープは目に見えない電気の現象を小型の液晶表示器などに目で見えるようにしてくれる測定器で、電子工作を続けていくときにはぜひ揃えたい測定器です。最近はデジタル方式のものもかなり安価になってきましたので機会があればぜひ揃えましょう。どんなものがよいかといえば、上を見ればきりがないのですが、私たちの電子工作用としては下記のようなレベルで選べば十分実用になります。

・デジタルかアナログか

最初から最後までアナログ信号のままで増幅して表示するようにしたものがアナログ方式で、通常はブラウン管で表示します。これに対し、信号を高速でサンプリングしてメモリに保存し、それを液晶表示器などに表示するものがデジタル方式です。いずれにも一長一短あるのですが、最近はデジタル方式の方が安価で高機能になっていますし、使いやすいと思いますのでデジタル方式の方がお勧めです。

・チャネル数（現象）

表示器に同時に表示できる波形の数を言います。たくさんできるに越したことはありませんが、2チャネル以上であれば問題ないでしょう。

・周波数特性

どれくらいの周波数まで波形として観測できるかという性能です。これも上をみればきりがないのですが、最近多くなってきたマイコンなどは数10MHz程度で動作しますから、100MHz以上のものにすれば将来も問題なく使えるでしょう。

・トリガーモード

表示するタイミングを設定する機能で、これに関連する機能はデジタル方式の方が圧倒的に優れています。

・リードアウト機能

直接の性能ではないのですが、画面の端に掃引時間や電圧感度、チャネル番号、日付などを数値で表示してくれる機能です。なくても問題は何もないのですが、写真を撮って整理しておくことなどを考えると便利な機能です。これもデジタル方式では当たり前になっていますが、最近のアナログ方式でも標準搭載されていることが多くなりました。

■デジタルオシロスコープの前面パネル（主要機能）

以降は筆者が使っているデジタルオシロスコープを使った例で、実際の使い方を説明していきます。

まず前面パネルを写真4.6.3に示します。多くのつまみやコネクタがあり最初の内は戸惑うかもしれませんが、大部分が自動的に設定されますし、慣れてくれば

簡単に操作できるようになります。波形が観測できるようにするまでの操作方法を順に説明していきます。

補助機能設定　トリガ関連設定

表示モード
（オートセット／単発波形）

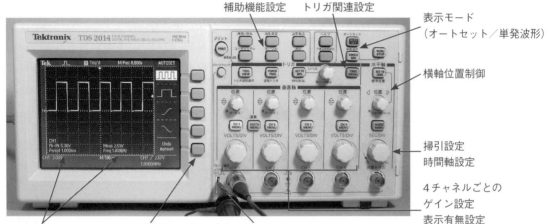

横軸位置制御

掃引設定
時間軸設定

4チャネルごとの
ゲイン設定
表示有無設定
表示位置設定

液晶表示画面と
各種リードアウト情報

表示画面に合わせて
機能設定されるボタン

プローブ較正用
基準信号出力端子

◆写真 4.6.3　デジタルオシロスコープの例

■電源投入後の最初はプローブの調整

用語解説

・プローブ
　測定する回路からの信号を取り出すために用いるツール。オシロスコープに接続する。

アドバイス

　プローブの調整は、写真 4.6.5 を参照してください。

　基本的な動作は大部分自動設定で動作しますので、とりあえず波形表示はすぐできます。しかし、測定用プローブにはそれぞれ特性がありますので、まずプローブを基準の状態に較正します。この調整用としてオシロスコープには較正用の基準信号が出力されています。

　調整は、使用するチャネルのプローブ先端を較正用基準信号出力ピンに接続して行います。「オートセット」ボタンを押せば写真4.6.4のような矩形波が表示されます。表示された矩形波が写真4.6.4のように矩形波の角が直角でなく、丸くなったり尖ったりして歪んでいる場合はプローブの調整をします。

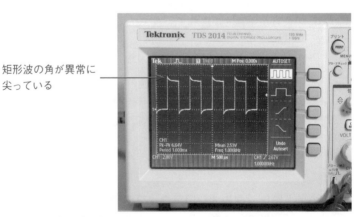

矩形波の角が異常に
尖っている

◆写真 4.6.4　テスト矩形波の表示

常識

　調整用ドライバを利用します。

　通常のプローブには1倍と1/10倍の切り替えスイッチがあります。特性調整機能は1/10倍の方でしか有効ではないので、プローブは常時1/10倍の方で使います。

したがって、入力の電圧は常に1/10倍されてしまいますがオシロスコープの表示は正常に表示されるようになっています。プローブ特性調整用の機能がプローブのコネクタ側に組み込まれていてネジ形式になっていますので、調整は写真4.6.5のように調整用ドライバで回します。

👉 **参照** ▶

・調整用ドライバ
　→ p.286

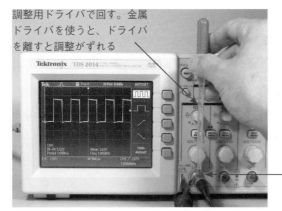

調整用ドライバで回す。金属ドライバを使うと、ドライバを離すと調整がずれる

プローブのコネクタ内に調整機能があり、調整用の穴がある

◆写真 4.6.5　プローブの調整中

　プローブの調整穴から調整用ドライバを使って調整し、写真4.6.6のように角がシャープな直角の矩形波になるようにします。これで最初のプローブの較正は終了です。

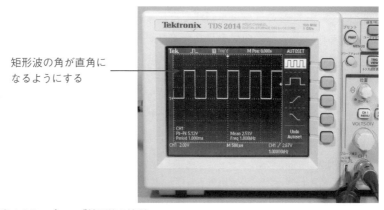

矩形波の角が直角になるようにする

◆写真 4.6.6　プローブ較正後の波形

■実際の波形観測：単発現象の表示

📎 **アドバイス** ▶

・単発波形ボタン
　データをメモリに保存して表示する機能。

　一定周波数の連続信号の表示は、オートセットとするだけで簡単に表示されます。しかし、1回だけしか出力されない信号があります。このような場合の表示方法はどのようにすればよいのでしょうか。

　オートセットのままでは一度表示されても、すぐ次のスキャンに入ってしまうため、消えてしまいます。これでは単発現象を観測できません。そこで、**「単発波形」ボタン**を押します。これで信号の入力待ち状態になりますので、ここに信号が入ればデータをメモリに保存して表示します。しかし時間幅は適当かどうか決められませんので、掃引時間を適当に変えてから再度「単発波形」ボタンを押すと再

入力待ちになりもう一度繰り返します。こうして適当な時間軸で表示した例が写真4.6.7となります。こうして信号が捕まえられたら時間軸を変更して拡大縮小して観測します。

このように、デジタルオシロスコープは入力した波形を記憶できるので単発現象を観測するには便利です。

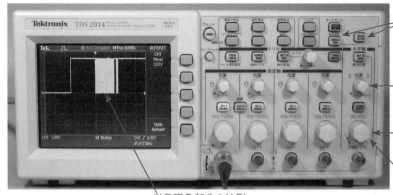

単発波形ボタンを押して、信号入力を待つ。
再入力するときは単発波形ボタンを押す。

波形位置の左右をずらすのに使う。

波形表示が画面に納まらないときは、時間を変更して再度やり直す。

表示された波形を拡大縮小するときも時間を変える。

単発現象部分の波形。
拡大するには時間軸を変更する。
左右に波形を動かすには位置のダイアルを使う。

◆ 写真 4.6.7 　単発現象の観測

■ 2チャネルによる観測

アドバイス

2チャネルの信号を同時に表示し、信号の前後関係を見ることができます。

特にデジタル回路では信号のタイミングが問題になります。そのため複数の信号の前後関係を見たいことが多くなります。このための機能が多チャネル表示になります。2チャネルの場合には、CH1とCH2にそれぞれの信号を表示しておき、TRIGボタンを押すと表示されるボタンメニューに従って、トリガーをどちらの信号のエッジにするかを選択します。これで、写真4.6.8のようにトリガーをかけた方の信号のエッジを基準にして、もう片方の信号が表示されますので、掃引時間がわかっていますから時間的なズレを測定することができます。

TRIGボタンを押すと、画面にボタンメニューが表示されるので、これでトリガをするチャネルとエッジを選択する。

単発波形ボタンを押して、信号入力を待つ。
再入力するときは再度単発波形ボタンを押す。

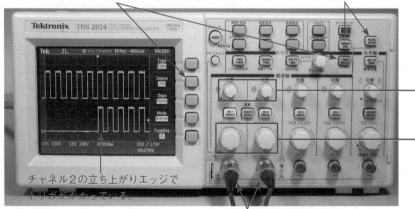

各チャネルの表示の上下位置を動かす。

各チャネルの表示の上下幅を変更する。

チャネル2の立ち上がりエッジでトリガがかかっている。

2つのプローブを使って2つの信号を入力。

◆ 写真 4.6.8 　2チャネルの観測例

■グランドの取り方

オシロスコープで常に気をつけなければならないことは、プローブのグランド
の取り方です。通常プローブの途中からグランド接続用のクリップが出ています
が、グランドは、プローブで測定する対象のすぐ近くのグランドピンに接続する
ようにします。そうしないと、グランドと信号との間が離れてしまい、その間にあ
る回路から余計なノイズ成分を拾ってしまうため、オシロスコープの表示が正し
いものでなくなってしまうことがあります。特にデジタル回路とアナログ回路が混
在する場合には注意が必要です。

また、2チャネル表示の場合には、片方のプローブだけをグランドに接続すれば
表示は確かに2チャネルとも表示されるのですが、これも場合によってはノイズな
どで正常な表示ではなくなってしまうことがあります。そこで、プローブのグラン
ドは写真4.6.9のように必ず両方ともグランドピンに接続するようにします。

プローブのグランドピンはみの
虫クリップになっている。

両方のプローブのグランドを同
じところに接続する。

◆写真4.6.9　プローブのグランドの取り方

▶▶ 4-6-4 ┃ パソコンを利用した計測器

最近の傾向として計測器にパソコンを利用するようになってきています。特に
パソコンを使うことで計測器本体に表示部が不要になりますから、小型化でき価
格も非常に安くできるようになります。ほとんどがUSBで接続して使うようになっ
ています。

オシロスコープやファンクションジェネレータという機能だけを実現した計測
器も多くの種類がありますが、安価でアマチュアにも便利だなと思う測定器は写
真4.6.10のような多機能の測定器です。

両者とも高機能化された製品で、オシロスコープやファンクションジェネレー
タだけでなく、ロジックアナライザ、スペクトラムアナライザ、デジタルバスアナ
ライザまでできるようになっているとんでもなく高機能な製品です。オシロスコー
プの帯域も25MHzや30MHzですから、高速マイコンなどの高い周波数を観測す
るにはちょっと物足りないかも知れませんが、アマチュアが使う周波数帯であれ
ば十分かと思います。デジタルバスアナライザではI^2Cなどの波形表示だけでなく、
データ解析まで実行してデータ値のチェックをしてくれます。さらに高度な使い

方も多くの雑誌や書籍で紹介されていますから、これを使いこなせば万能の測定器として重宝します。これ1台持っていればほぼ必要な測定器すべてが手に入ったと同じレベルになってしまいます。

品名：Analog Discovery 2（Digilent社製）　　ソフトウェア：Waveform
【機能仕様】
①オシロスコープ
・2チャネル 100Msps
・帯域 30MHz
・最大入力：±20V
②ファンクションジェネレータ
・2チャネル　100Msps
・14ビットDAC
・最大振幅：±5V
・帯域 20MHz
③ロジックアナライザ
・16チャネル 100Msps 双方向
④パターンジェネレータ

⑤電源出力：±5V
最大：700mA（ACアダプタ）
⑥電圧計：AC、DC±25V
⑦ネットワークアナライザ：
1Hz〜10MHz
⑧スペクトラムアナライザ
⑨デジタルバスアナライザ
（SPI、I2C、UART、パラレル）

品名：アクティブラーニングモジュール　　ソフトウェア　　：Scopy
　　　（Analog Devices社製）
【機能仕様】
①オシロスコープ
・2チャネル 100Msps
・帯域 25MHz
・最大入力：±25V
②ファンクションジェネレータ
・2チャネル　150Msps
・12ビットDAC
・最大振幅　±5V
・帯域 30MHz
③ロジックスコープ
・16チャネル 100Msps
④パターンジェネレータ
・16チャネル 100Msps

⑤電源出力：±5V　　最大50mA
⑥電圧計：AC/DC　±20V
⑦ネットワークアナライザ
⑧スペクトラムアナライザ
⑨デジタルバスアナライザ
（SPI、I2C、UART、パラレル）

◆写真 4.6.10　高機能測定器の例（写真は秋月電子通商のウェブサイトより引用）

　　例えばAnalog Discoveryのファンクションジェネレータでは図4.6.5のような基本的な波形を出力することができます。周波数、振幅、デューティも自由に選択できますから、テストをする際の信号源として多くの用途に応用できます。

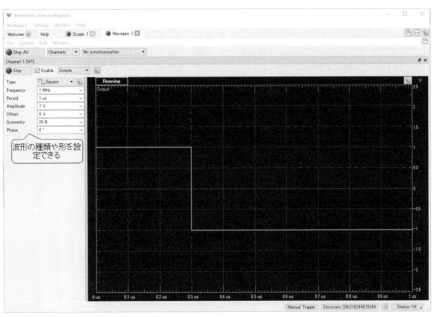

◆図4.6.5　ファンクションジェネレータの例（Analog Discovery2）

　ファンクションジェネレータで生成した波形を自分自身で折り返してオシロスコープで表示した例が図4.6.6となります。こちらも2チャネルで表示位置や水平周波数、トリガ方法など多くの設定項目があります。1MHzの波形ですが、きれいに表示できています。

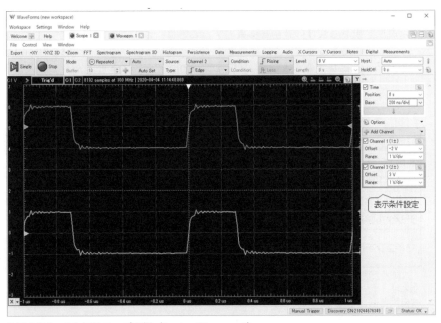

◆図4.6.6　オシロスコープの例（Analog Discovery2）

　これらの機能の設定や表示はすべて1台のパソコンでできますから、作業机の上が広く使えます。さらにAnalog Discoveryにはより便利に使えるように写真4.6.11

のようないくつかのオプションが用意されています。BNCコネクタ拡張ボードを
使えば通常のオシロスコープ用のプローブが使えるようになります。

(1) BNCコネクタ拡張ボード　　　(2) インピーダンスアナライザ　　　(3) ブレッドボードアダプタ

◆写真 4.6.11　Analog Discovery 用オプション（写真は秋月電子通商のウェブサイトより引用）

COLUMN　電子工作で可能な周波数の範囲

　電子工作で可能な周波数はどの程度の範囲でしょうか。直流はその電圧レベルが 1mV 以上であ
れば問題なく扱えます。交流やパルスの場合はおよそ表 1 のような条件であれば、私達の電子工
作で可能な範囲と思われます。ただし、これ以上の周波数は製作が不可能ということではなく、非
常に高度な設計と製作の技術を必要とするということです。
　しかし、回路を自分で作ることは無理でも、モジュールとして提供されている電子部品を使えば
限界を破ることができます。例えば、Bluetooth や Wi-Fi などのモジュールを使えば、2.4GHz な
どという高い周波数をいとも簡単に使うことができます。

◆表 1　電子工作で可能な周波数の上限

製作物	最高周波数上限	備考
高周波回路	100MHz	FM 放送は 70 ～ 90MHz
低周波アナログ回路	100kHz	ステレオアンプなど
広帯域アナログ回路	1MHz	計器用アンプやビデオアンプなど
デジタル論理回路	50MHz	デジタル IC を使う回路
マイコンを使った回路	1μsec（1MHz）	パルス入出力の場合のパルス幅の限界
	1MHz	入出力可能なアナログ信号の周波数

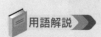 用語解説

・Bluetooth
　2.4GHz の無線を利用した数 m から数 10m の近距離通信ができる規格。
・Wi-Fi
　無線 LAN 規格の一つで、統一された規格で相互接続性がよく、どのメーカも接続可能。

4-7 動作チェックのノウハウ

1 2 3 4 5 6

アドバイス

基板を作成したら、ケースに組み込む前に必ず動作チェックをするようにしてください。ここでミスを修正しておきます。

私たちが電子工作で何か製作したとき、一発で完全に動作することは珍しいと思います。何らかの間違いがあって、正常には動作しないことがほとんどです。筆者自身も作りっぱなしで100%動作OKとなることはまずありません。しかし長年電子工作を続けていると、経験により現象を見れば不具合の原因がすぐ特定できるようになってきます。ここでは、その経験に培われた「勘」のところを解説していきます。

▶ 4-7-1 製作後のチェック

参考

動作不良の90%がはんだ付けの不良だといわれています。

電子工作での不具合の大部分は単純な間違いです。しかし、電子工作を始めたばかりの方々の起こす不具合は、まずはんだ付け不良がトップです。そのようなことを含めて製作完了後には次のチェックを必ず実行します。

■はんだ付けの不具合の確認

アドバイス

デジタルマルチメータで導通テストを行うことで、はんだ不良を確認することもできます（導通していない箇所のはんだ付けを再度やり直す）。

一見、良好のように見えても、ランドから浮いていたり（いもハンダ）、隣同士がくっ付いていたり（ブリッジ）する場合があります。必ずチェックするようにしましょう。

はんだ付けの不具合には、図4.7.1のように非常にたくさんのパターンがあります。これらのチェックは組み立てる途中でも当然しているのですが、特に一見はんだ付けができているようで、実は電気的には接触不良になっているというケースが大部分です。そこで確実にはんだ付けをチェックするには、一通りはんだ付けが完了したあとのチェックで、はんだこてを持って1箇所ずつはんだを溶かし直しながらチェックするのが、初心者の間は確実でよい方法です。プリント基板の場合には、大抵の部品は2箇所以上がはんだ付けされているので、1箇所のはんだ付けを溶かしても部品が外れることはないので簡単にできます。

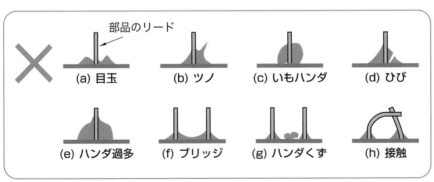

◆図4.7.1　はんだ付け不良の種類

常識

右の項目をすべてチェックする。

チェックする際には、次のことを念頭において行います。

・はんだが隣のパターンやピンと接触していないか？

・切断後のリード線が隣のリードと接触していないか？

・はんだがきれいに溶けず、盛り上がったままになっていないか？

・部品の極性を間違えていないか？

・IC ソケットのピンの付け忘れはないか？

・はんだ屑{くず}が残っていないか？

■部品の実装方向のチェック

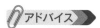
アドバイス

極性のある部品の
向きをチェックします
（回路図、組み立て図
などを利用して行いま
す）。

参照

・LED

エポキシ
樹脂

アノード　カソード

注意

電解コンデンサの
向きに注意する。

実装するときに方向性がある部品については、特に念入りにチェックします。このときのチェックポイントは下記のような項目です。

・ダイオードの向き

なかでも発光ダイオードは向きがわかりにくいので注意が必要ですが、中身が透けて見える発光ダイオードでしたら、ピンのモールド内部の形状で向きが確認できます。

・3端子レギュレータの向き

安定した電源を作り出す3端子レギュレータですが、ピン配置が種類ごとに異なっているので注意が必要です。特に正電源用と負電源用でも異なりますし、100mA用と1A用の大きさによっても異なっているので注意が必要です。

・IC ソケットの向き

これは基本的なことですが、案外間違っていることがあります。特に部品面からと、はんだ面から見たときの違い、つまり裏表を勘違いしていることが多いようです。

・電解コンデンサの向き

特に電源部分に使われていることが多く、向きを逆にすると破裂しますので注意が必要です。

・コネクタの向き

簡易コネクタの場合には実装の向きが特定できず、どちらでも実装できてしまうものが多いので、ケーブル側との相性を確認する必要があります。

▶▶ 4-7-2 ｜ 電源投入時のチェック方法

配線や、実装の間違いがないことが確認できたら、いよいよ電源を投入してみましょう。しかし、いきなり電源を投入して部品を壊すのももったいないでしょうから、まずは下記の手順で進めましょう。

■注意事項

電源を最初に投入するときは、次ページのようにします。

COLUMN　デジタルマルチメータで導通チェック

プリント基板や配線のはんだ付けが終わったら不安なところはテスターの導通チェックではんだ付けの確認ができます。

テスターを導通チェックのレンジに切り替えてブザーを鳴らす状態にしてから、接続されているはずの端子にテスターのテストピンを接触させて、ブザーが鳴れば導通していて接続は問題ありません。鳴らないときははんだ付け不良か、配線ミスですのでチェックしやり直しが必要です。

・IC ソケットには実装しない

IC ソケットへの IC の実装はしないままとします。

・コネクタは接続しない

電源以外の外部接続用のコネクタへの接続は、何もしないでおきます。万一間違って接続相手を壊してしまうのを避けるためです。

■電源投入後の確認

アドバイス

電源を ON すると表示される部品（LED など）が点灯するか確認し、点灯しないときは、すぐに電源を切ってください。

以上の状態で電源を ON としたら、電源表示器が点灯しているかを確認します。大抵の回路を作成したとき、発光ダイオードやインジケータなど、電源 ON で表示される部品を用意してあるので、それがとにかく点灯していることを確認します。

これが点灯していないときは、電源回路に何らかの不具合があると考えられます。すぐ電源を OFF して電源回路周辺の確認をします。多くの場合、下記のような不具合が見つかります。

- ・電源配線抜け
- ・整流ダイオードを使っていればその接続方向の間違い
- ・3端子レギュレータの実装向きの間違い
- ・スイッチの接続間違い

表示が正常であることが確認できたら、念のため電源電圧を確認しておきましょう。特にプラス、マイナスや複数の電源を必要としている回路は、念入りに DMM で電圧をチェックしておきます。

■ IC なしで動作確認する

IC を実装しないでも動作を確認できることがいくつかあります。ここでそれらを確認しておきます。

・マイコンなどの出力ピンの動作確認

参考

みの虫クリップが付いたケーブルです。

例えば発光ダイオードを点灯させるような回路の場合には、マイコンの IC ソケットのピンのところで、写真4.7.1のようなクリップケーブルを用意しておき、写真4.7.2のようにクリップに抵抗のリード線の切れ端などを挟んで IC ソケットのピンに接触することで、グランドや電源に仮接続して動作を確認することができます。

◆**写真 4.7.1** クリップケーブル

◆写真 4.7.2　LED の動作チェック

用語解説

・DMM
　デジタルマルチメータ。

・**入力ピンの確認**

　スイッチの入力も、スイッチを受けるICのピンのところで、DMMで電圧を測ることで確認できます。

■ IC などを実装して電源を投入する

　一通りのチェックが確認できたら、いよいよICなどをICソケットに実装して動作させてみます。そして電源を投入したらすぐ、電源まわりの部品で熱くなっているものがないか、手で触って確かめます。ICの逆向き挿入や、回路の間違いがあると、過電流が流れることが多く、特に3端子レギュレータがすぐ熱くなるので触ればわかります。

　特に異常がなければ、おもむろに回路動作の確認に進みます。

■回路の動作チェック

アドバイス

　精度が要求されるものは、オシロスコープを利用してチェックするようにします。
　精度は要求されないので、とにかく動かしたいという方は、このチェックは省略してもかまいません。

　回路の動作チェックは回路図の左側に描いた部分から順に確認していきます。これは回路図の信号の流れが左から右になっているからです。このような動作チェックのときには、**オシロスコープ**が万能とも言える力を発揮します。特に目に見えない信号がはっきりと目で確認できるわけですから、鬼に金棒とはこういうことでしょう。

　特にデジタル回路では、タイミングの確認が必要ですので、オシロスコープが役に立ちます。こういう目的のためにもオシロスコープは2現象のものを用意したいものです。

　まず最初に動作確認することは、デジタル回路なら、クロックの発振状態です。正常に設計値どおりの周波数で発振しているか、正常な出力電圧が出ているかなど、オシロスコープで観測して確認します。

　動作確認が終了し、期待通りの機能が確認できたあとは、何をするのでしょうか。これで終わりではありません。回路動作のチェックという意味では終わりましたが、あと残るのは調整です。

▶ 4-7-3 │ 調整

　回路動作の機能的な確認ができたあとは、期待通りの性能を出すための調整作業があります。デジタル回路は比較的機能が動作すればそれで完了ということが多く、調整個所というのはあまりありませんが、アナログ回路では必ず調整が残ります。調整で必要となる作業は下記のような内容です。

■電源関連の確認

　電源電圧の確認は普通実行しますが、もうひとつ、消費電流を確認しておきます。これは自分が設計したものが、どういう性能を持ったものかを確認しておく意味でも大切なことです。消費電流の確認のときには次のようなことに注意します。

・消費電流には最大と最小がある

　動作している内容により消費電流が大きく変化するICなどがあるので、どのような状態での消費電流かを注意しておき、規格表などと比較しながら最大消費電流の確認と通常時の消費電流をチェックしておきます。

　特に電池動作のものを製作したような場合には、消費電流によって電池の消耗時間が大きく変わるので大切なことです。そして期待値と大きく異なるときには、やはり不具合なので、原因を調べることが必要です。

・電源電圧によって消費電流は変わる

　通常ですと、電源電圧が高いほど消費電流は増える傾向にあります。

■アナログ回路の調整

　アナログ回路というのは、組み上げたままでは、設計どおりには動いてくれないのが一般的です。必ず調整が必要です。アナログ回路の調整は多くの場合、電圧を調べることが大部分ですのでDMMを使った調整となります。ここで行う調整には下記のようなものがあります。

・オペアンプなどのゲインの調整

　期待する最大入力のときに、何ボルトの出力にするかという設計をしたはずなので、それに合わせるように可変抵抗を回してゲインを調整します。調整は写真4.7.3のように半固定の可変抵抗を小型ドライバで回して行います。

◆**写真 4.7.3　ゲインの調整**

・オフセットの調整

最近のオペアンプなどは、高精度になってオフセットの調整はほとんど不要になっていますが、それでも特に高精度な直流計測アンプなどのときには、入力がゼロのとき（つまり入力をショートしたとき）に、出力がゼロになるようにオフセット調整をします。

・異常発振の有無の確認

オペアンプでときどきありますが、単純な直流アンプのつもりが、じつは自己発振してしまっていて、出力に異常な高周波の出力が出ていることがあります。これはオシロスコープで確認すればすぐわかるのですが、オシロスコープがないと悩まされることになります。

出力電圧が入力電圧に比例しないときには疑ってみる必要があります。これには発振対策が必要です。オペアンプのマニュアルに対策方法が記述されているのでそれに従いますが、通常はフィードバック回路の抵抗に並列に小さなコンデンサを挿入すれば発振は止まります。これで止まらないときは、使い方が間違っていることになりますから、回路を再検討する必要があります。

■高周波回路の調整

高周波回路では必ず**同調**という作業が付きまとっています。つまりコイルを使うためで、高周波増幅のゲインを最大にするためには、この同調を取る作業が必ず必要です。

これにもオシロスコープが道具として有用で、信号の振幅を見ながら振幅を最大にすることで同調作業ができます。実際の調整作業は写真4.7.4のように、コイルのコアを調整棒で回して行います。このような高周波の調整の場合には、金属ドライバを近づけるだけで特性が変わってしまいますので、写真4.7.5のような調整専用のドライバを使います。

◆写真 4.7.4　コイルの調整

◆写真 4.7.5　調整用ドライバ

シングルボード
コンピュータ、
マイコンボードを使う

　本章では、シングルボードコンピュータ、マイコンボードに
はどんな種類があって、どのようなことができるかを解説し
ていきます。さらに使う場合の基本的な方法と例題による実
際を解説します。

5-1 シングルボードコンピュータ、マイコンボードとは

本章では、シングルボードコンピュータ（SBC）、マイコンボードにはどんな種類があって、どのようなことができるかを解説していきます

▶ 5-1-1 シングルボードコンピュータ、マイコンボードを使うとできること

電子工作を楽しんでいると、誰もがしばしば思うことは次のようなことかなと思います。

・センサやグラフィック表示器を自由に扱って、リアルタイムでデータを収集表示させたい。
・Wi-FiやLANでネットワークに接続して、インターネットにもアクセスできるようにしたい。
・パソコンやスマホ、タブレットのブラウザで扱えるようにしたい。
・静止画や動画、さらには音声応答や録音もしたい。

これらをできるだけ簡単に実現したい、でも難しいプログラムを作ることは避けたいし、そんなに時間もかけたくないというのが電子工作をする方々の大部分かと思います。確かに、これらをひとつひとつ作っていては、すべて満足させることは現状では難しいものです。

それでも、最新の技術を使うと、ちょっとした工夫でこれを実現することができる方法があります。**シングルボードコンピュータ、マイコンボードを使う方法**です。シングルボードコンピュータ、マイコンボードを使うと、つぎのようなことが比較的容易に実現できます。

・LAN、Wi-Fiによるネットワーク接続

有線や無線でインターネットに接続する機能が標準で用意されています。さらに、サーバやネットワークドライブなどのネットワーク機器として動作させるための各種のアプリケーションも、大抵のものが無料で入手できます。

・USB

USBコネクタが標準装備で、HIDやUSBメモリなどのドライバも標準実装されていますから、マウスやキーボードなどUSBに接続するだけですぐ使えます。

・カメラによる画像

カラーカメラが標準オプションで用意されていて、コネクタに接続するだけで使えます。

静止画や動画を撮影するアプリケーションが用意されているのですぐ使えるようになります。

ネットワークにストリーミングするアプリケーションもあるので、ブラウザ

・HID
　Human Interface Deviceの略。マウスやキーボードのようなデバイスのこと。
・USB
　ユニバーサル・シリアル・バスの略。キーボード、プリンタ、マウスなどさまざまな周辺機器を接続するために利用されている。

で動画を見るようにすることもできます。

・**音声出力**

　音を出す機能が標準実装されています。テキストを読み上げるアプリケーションなどもあるので、簡単に音声合成機能を実現できます。また録音するアプリもありますから、マイクでSDカードに録音することができます。

・**グラフィック液晶表示器**

　高解像度のカラーグラフィック液晶表示器を接続できるコネクタが用意されており、標準アプリケーションとして表示制御アプリケーションも用意されています。

・**外部大容量メモリが使える**

　SDカードやUSBメモリを外部メモリとして接続できますから、ファイルとして大量データを保存管理することが容易にできます。

▶ 5-1-2 ｜ シングルボードコンピュータ、マイコンボードの種類

　現在世の中にあるシングルボードコンピュータ、マイコンボードと呼ばれるものは非常に多くの種類があります。その中から、本書では最近よく使われていて、比較的安価な次の3種類に限定して解説します。

・micro:bit
・Arduino
・Raspberry Pi

① **micro:bit**（マイクロビット）

　1980年代に英国放送協会（BBC）が小学生の情報教育のために開発したシングルボードコンピュータで、オープンソースとして設計情報が公開されています。マイコンと入出力ピンの他にUSBとBluetoothが実装されています。

　プログラム開発環境はスキルレベルに応じた数種類が用意されていて、ブロックプログラミングや、Python、JavaScriptなどの言語も使えます。

◆写真5.1.1　micro:bit

　比較的限定された機能の範囲で使うことになり、自由に外部拡張機能を追加するのは苦手です。

② **Arduino**（アルドゥイーノ）

　Arduinoボードと呼ばれるマイコンボードの総称で、2005年イタリアにて「もっとシンプルに、もっと安価に、技術者でない学生でもデジタルなものを作ること

ができるようにする」とい
う目的をもったプロジェク
トで開発されたものです。
基本はAVRマイコン（旧
atmel社、現在Microchip
社製）と入出力ポートを備
えた基板で構成されていて、
オープンソースとして設計
情報が公開されています。

このため、多くの派生品
や、高性能化されたボード
が開発販売されています。
本書では、現在容易に入手
できる、オリジナル品がバー

◆写真5.1.2　Arduino Uno

ジョンアップされたArduino Uno R3を使うこととします。

プログラム開発はArduino IDEと呼ばれるパソコン用の開発環境で作成でき、
Sketch（スケッチ）と呼ばれるプログラムを記述して直接ダウンロードして実行
することができます。

センサやモータドライバなどを直接接続して駆動することが得意なボードです。

③ Raspberry Pi
（ラズベリーパイ）

Raspberry Piは、ケンブリッ
ジ大学（英）の教授が設立し
た「ラズベリーパイ財団」が
開発した一般的な名刺サイズ
（Raspberry Pi 3B：86(W)×
57(D)）くらいの超小型コン
ピュータです。このシングル
ボードコンピュータで、子供
たちや学生たちにコンピュー
タならびにプログラミングの
知識や技術を身に着けてもら
うことを目的としています。

◆写真5.1.3　Raspberry Pi 3B+

高機能なARMプロセッサと大容量メモリで構成されていて、Wi-Fi、USB、グ
ラフィック表示、カメラなどが実装でき、プログラムは本格的なLinuxベースで
動作します。実装内容により数種類のモデルがあります。Linuxの多くのアプリケー
ションを追加することで、前節のようなことがほぼすべて実現できます。

用語解説

・Linux
　リーナス・ベネディク
ト・トーバルスが独自
に開発し、1991年に
公開したOS（オペレー
ティングシステム）。

5-2 micro:bit の活用

小学生でも使えるというシングルボードマイコンのmicoro:bit（マイクロビット）を実際に使ってみます。

▶ 5-2-1 micro:bit のハードウェアとソフトウェアの構成

micro:bitの外観は写真5.2.1のようになっていて、表裏両方に多くの部品が実装されています。5×5個のマトリクスLEDも実装されていますから、とりあえず何らかの表示をさせるということはいとも簡単にできます。

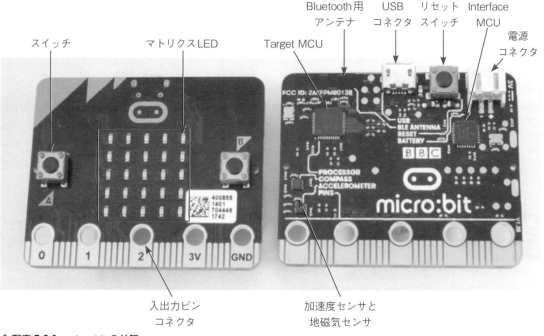

スイッチ　マトリクスLED　Target MCU　Bluetooth用アンテナ　USBコネクタ　リセットスイッチ　Interface MCU　電源コネクタ

入出力ピンコネクタ　加速度センサと地磁気センサ

◆ 写真 5.2.1　micro:bit の外観

このmicro:bitのハードウェア構成は図5.2.1のようになっています。Target MCUと呼ばれるメインマイコンはBluetooth通信機能を備えたNordic社のnRF51822というチップで、CPUコアにはARM Cortex-M0コアが組み込まれています。この先にInterface MCUと呼ばれるUSBインターフェース用マイコンとしてFreescale社のKL26Zというデバイスが使われていて、ここにもARM Cortex-M0+コアが組み込まれています。Target MCUには図に示したようなスイッチ、マトリクスLED、加速度と地磁気センサなどの周辺デバイスが接続されています。

用語解説

・ARM Cortex-M0 コア
ARM 社が開発したアーキテクチャの一つで、低消費電力の組み込み用途向け32ビットマイコン。

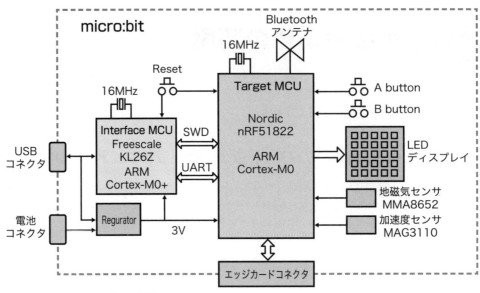

◆図5.2.1 micro:bit のハードウェア構成

このハードウェア構成に対してソフトウェアの構成は図5.2.2のようになっています。パソコンとUSBで接続するとInterface MCUがUSBメモリとして機能します。パソコンからUSB経由でアプリケーションをダウンロードするとき、パソコンからはmicro:bit runtime DAL（Device Abstraction Layer）の後にアプリケーションを追加したhexファイルとして転送されます。これをInterface MCUが受け取って、SWD（Serial Wire Debug）経由でTarget MCUに書き込みます。書き込みが完了すればTarget MCUが実行を開始します。

アプリケーションがパソコンと通信する場合は、Target MCUとパソコン間の通信はUART経由で行われ、このときInterface MCUは中継するだけとなっています。

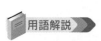 用語解説

・hex ファイル
　インテルヘキサ形式と呼ばれるファイル形式。
・SWD（Serial Wire Debug）
　ARM コアの標準プログラミングインターフェースのこと。

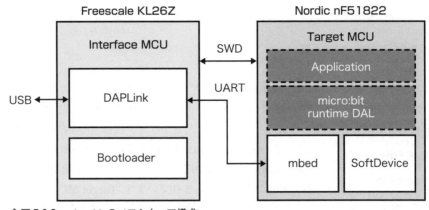

◆図5.2.2 micro:bit のソフトウェア構成

Interface MCUのソフトウェアでは次のような機能を提供します。

ソフトウェアドライバのDAPLinkがUSBデバイスとなり、次の3つのデバイス機能を提供します。

① **MSC デバイス**：USB メモリとして動作し、MAINTENANCE（Interface MCU）と MICROBIT（Target MCU）という2種類のドライブを提供する。

② **CDC デバイス**：パソコンと Target MCU 間の UART シリアル通信を提供する。

③ **HID デバイス**：デバッグ用のインターフェースを提供する。

Bootloader が2つあるドライブのいずれか指定されたドライブに切り替えてメモリの書き込みを制御します。MAINTENANCE 側を指定することにより Interface MCU のファームウェアも更新することができます。

Target MCU のソフトウェアは次のような機能を提供します。

ソフトウェア全体は mbed という既存のプラットフォームの上に構築されていて、micro:bit runtime DAL が次のような機能を提供します。

① アプリケーションタスクの起動、停止

② イベントによるメッセージの管理

③ micro:bit に接続されている周辺デバイスのコントロール

④ メモリ管理

プログラムを書き込むときは、このランタイムとアプリケーションが一体化された hex ファイルが micor:bit 開発用のエディタからダウンロードされます。書き込みが完了すると自動的にアプリケーションを実行するように動作します。

SoftDevice は Nordic 社が提供している nRF5x シリーズ向けの無線プロトコルスタックで、これで Bluetooth の他、独自プロトコルの無線通信をサポートしています。

・**mbed**
ARM 社のプロトタイピング用ワンボードマイコンのこと。マイコンには NXP 社の LPC ファミリが使われている。

・**無線プロトコルスタック**
無線通信を実行するプログラムモジュールの集まり。

▶ 5-2-2 │ プログラミング事始め

早速 micro:bit を動かしてみます。小学生用のプログラミング教室などでは、Scratch（スクラッチ）と呼ばれる開発環境が使われます。いわゆるブロックプログラミングと呼ばれる方法で、機能ブロックの図形をパソコン上でつなぎ合わせることでプログラムを作成する方法です。

本書ではこれとは異なり、もう少しプログラミング的な感じがする Python（パイソン）というプログラミング言語を使ってプログラムを作成します。Python といっても本格的なものではなく、MicroPython と呼ばれる縮小版の Python です。

これを使って micro:bit を使う際には、非常に親切なサイトがあって、下記の日本語サイトの解説通りに進めればほぼ micro:bit の全体を学習することができます。

用語解説

・**Scratch（スクラッチ）**
MIT メディアラボが開発したプログラミング言語の学習環境。

・**Python（パイソン）**
汎用のプログラミング言語で、読みやすく分かりやすいプログラムを記述できる特徴がある。

・**MicroPython**
C 言語で記述されたマイコン用の Python 互換のプログラミング言語。

「BBC micro:bit MicroPython ドキュメンテーション」
http://microbit-micropython.readthedocs.io/ja/latest/index.html

本書でもこの解説に従って進めることにしますが、多くは単体で動作するようになっています。しかし、例題ではブザーや LED など外付けする例題もあります。このようなとき、micro:bit だけでは配線などがちょっと扱いにくいので、写真 5.2.2 のような拡張コネクタを接続して進めます。解説ごとに必要なデバイスをこの拡張コネクタを使って接続しながら進めると楽にできます。

Micro:bit本体　　　　　　拡張コネクタ

ピンヘッダとなっていて、ジャンパケーブルなどで接続できる

◆写真 5.2.2　拡張コネクタを追加

▶▶ 5-2-3 ┃ 開発環境の構築

　プログラムを作成するためには、何らかの開発環境が必要です。micro:bitで MicroPython を使うときの開発環境には次の2種類があります。

① 標準開発環境（ブラウザベース）

　ウェブブラウザで扱えるエディタで、次のサイトからアクセスします。

　http://python.microbit.org

　このサイトにアクセスすると図5.2.3のような表示となり、いきなりHello, Worldのメッセージを出力する例題となります。このままで、micro:bitをUSBでパソコンに接続し、「Download」のボタンをクリックして、micro:bitのドライブを指定すればmicro:bitに転送され、すぐ実行が開始されます。これでマトリクスLEDディスプレイに1文字ずつ「Hello, World」とスクロール表示されます。

◆図 5.2.3　標準開発環境（ブラウザベース）

② Mu エディタ

日本語のドキュメントの最初で推奨エディタとして紹介されているエディタで、次のサイトからダウンロードして使うことができます。

https://codewith.mu

Mu エディタを起動したときの外観が図5.2.4となります。標準エディタとよく似ています。こちらもプログラムを入力した後、「転送」ボタンでmicro:bitに転送します。やはり転送完了ですぐ実行を開始します。この例題は加速度センサを使った例題です。

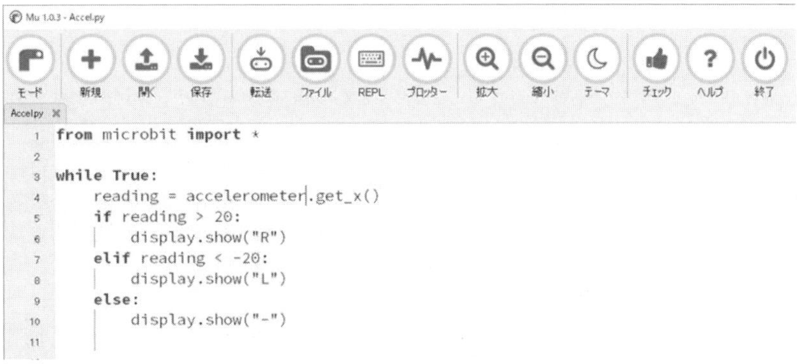
Mu 1.0.3 - Accel.py
モード
新規
開く
保存
転送
ファイル
REPL
プロッター
拡大
縮小
テーマ
チェック
ヘルプ
終了
Accel.py
from microbit import *
while True:
reading = accelerometer.get_x()
if reading > 20:
display.show("R")
elif reading < -20:
display.show("L")
else:
display.show("-")

◆図 5.2.4　推奨エディタ　Mu

5-2-4 サンプルプログラムを試す

このあとはBBCのMycroPython日本語ドキュメントに従ってサンプルの例題を実行していきます。

例題で用意されているのは次のようにmicro:bitに実装されているすべての機能を試せるようになっていますから、これだけでひととおり動かすことができるようになります。例題の中でPythonの記述の仕方も解説されていますから、順次使えるようになっていくと思います。

① Hello,World

Hello,Worldを1文字ずつ順番に5×5LEDマトリクスにスクロール表示する。

② イメージ表示

あらかじめMicroPythonのライブラリとして用意されている表示パターンを5×5LEDマトリクスに表示させる方法と自作のイメージパターンを作成する方法が解説されている。

③ ボタン

スイッチの入力の方法、ループの構成方法、イベント処理の方法が解説されている。

④ 入出力

micro:bitのコネクタのピンへの入出力方法、タッチボタン、ブザー、一定間隔の繰り返しの方法が解説されている。

⑤ ミュージック

　スピーカの駆動方法と音楽の再生方法、あらたなメロディーの作成方法、音符を再生するライブラリが用意されている。

⑥ ランダム

　randomモジュール、乱数の使い方が解説されている。

⑦ 動きの検知

　加速度センサを使った傾きの検出方法、複数機能のリンクの仕方を傾きで音を可変する例で解説している。

⑧ ジェスチャ

　加速度センサの応用で動きをジェスチャに変換してマジック8というゲームを作成する。

⑨ 方角の検知

　内蔵されているコンパス（地磁気センサ）の使い方：方角をLEDディスプレイに表示する。

⑩ ストレージ

　データのファイル保存方法、ファイルシステムの使い方、ファイル転送の方法が解説されている。

⑪ 音声

　音声合成の使い方：スピーカを駆動してあらかじめ用意されている簡単なことばを音声出力する。

⑫ ネットワーク

　2台のmicro:bit同士で通信する。入出力ピンを使ったモールス符号で通信する方式が説明されている。

⑬ 無線通信

　2台のmicro:bit間を無線で通信する。無線通信プロトコルは独自プロトコルを使う。Bluetoothは当初はメモリ不足のためサポート外となっている。

　ここまでが基本の例題による使い方の解説で、この後はより進んだ使い方ということで、micro:bitに実装されたMicroPythonのAPIの解説があります。内蔵ハードウェアごとに、動かすときに使うメソッドの解説もあります。I²CやSPI、UARTなどの使い方も含まれています。

・メソッド
　関数のこと。

　以上のように日本語ドキュメントに従って例題を実際に動かしてみるだけで、MicroPythonによるmicro:bitの使い方はほぼマスターできますから、後はアイデア次第で面白いものができるようになります。

5-3 Arduino の活用

▶ 5-3-1 Arduino Uno R3 の概要

参考

・Arduino Uno R3
オリジナル品のバージョンアップ品で、最も基本の Arduino となっている。

このボードの内部構成は、図5.3.1のようになっています。ターゲットMCUがユーザー用のマイコン本体で、8ビットのマイコンです。これにもう一つのマイコンがUARTという汎用のシリアル通信で接続されていて、USBシリアル変換機能を果たしてパソコンとUSBで通信ができるようになっています。

ターゲットMCUはほとんどのピンがコネクタに接続されていて、外部部品との接続が可能となっています。

用語解説

・ICSP
In-Circuit Serial Programming の略で、プログラムをシリアル通信で書き込む方式のこと。

電源はUSBからの5Vか、DCジャックに接続したACアダプタなどの電源からレギュレータで生成した5Vのいずれかが元になります。パソコンのUSBに接続すると自動的にUSB側の電源に切り替わるようになっています。この5Vからレギュレータで3.3Vを生成して外部に供給するようになっています。これにより電源関連コネクタから外部機器に対し5Vと3.3Vの両方が供給できるようになっています。

ICSPというのは直接パソコンからマイコンにプログラムを書き込むための6ピンのヘッダピンです。

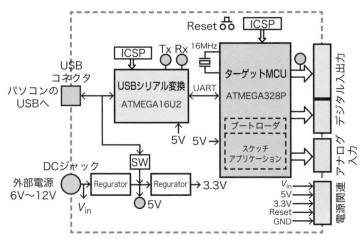
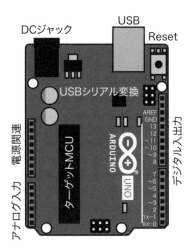

◆図 5.3.1　Arduino Uno R3 の内部構成

この構成でパソコンからスケッチプログラムをダウンロードするときの動作はつぎのようになります。

用語解説

・スケッチ
Arduino IDE で作成するプログラムの呼称。

まずパソコンから**スケッチ**のプログラムをUSBで送信します。これをUSBシリアル変換MCUで中継し、ターゲットMCUにUARTシリアル通信で送信します。これを受信したターゲットMCU内では、ブートローダプログラムの働きで、送られてきたスケッチのプログラムをプログラムメモリに書き込みます。転送が完了し、すべての書き込みが完了したら、ブートローダからスケッチのプログラムへ実行を移してスケッチアプリケーションの実行を開始します。

5-3-2 | Arduino IDE

ArduinoのプログラムはArduino専用の開発環境である Arduino IDEを使います。このソフトウェアは下記サイトから自由にダウンロードできます。

https://www.arduino.cc

図5.3.2がIDEを起動したところです。最初からsetup()とloop()という関数が表示されていますが、これがスケッチで作成するプログラムの基本の構成となります。

- setup()関数 ：起動時に1回だけ実行する関数で、初期設定などをここに記述する。
- loop()関数 ：繰り返し実行する部分で、ここに常時実行する内容を記述する。

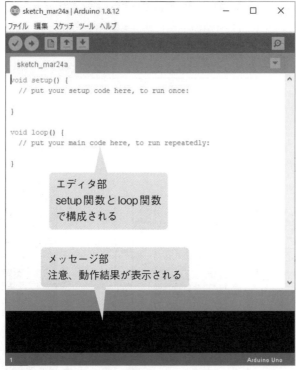

◆図5.3.2 Arduino IDE を起動したときの画面

IDEを起動後、Arduino UnoをパソコンにUSBで接続します。そしてIDEのメインメニューから次の2つを設定します。この設定でボードにプログラムを転送し書き込むことができるようになります。

参考

・ブートローダプログラム
Arduino のターゲットMCUには、このブートローダが書き込まれている必要がある。

・プログラムメモリ
フラッシュメモリで構成されていて、電源がなくなっても消えず、再度電源オンでプログラムを再実行できる。

用語解説

・Arduino IDE
IDE：Integrated Development Environment。ソフトウェアの統合開発環境のこと。

① ボードの種類の指定

　　［ツール］ → ［ボード］ → ［Arduino Uno］選択

②COMポートの指定

　　［ツール］ → ［シリアルポート］ → ［COM8（Arduino Uno)］を選択

　ここでCOMポートの番号は読者のパソコンにより異なりますから、括弧内に
Arduino Unoとなっているポート番号を選択します。

▶ 5-3-3 ┃ 実際のプログラム作成

注意

ここでははんだづけ
が必要。

　Arduinoを使った実際のプログラムで、LEDや有機EL表示器を動かしてみます。

　この準備として図5.3.3のような拡張ボードを製作します。市販のArduino用の
汎用拡張ボードにフルカラーLEDと有機EL表示器（OLED）を実装しています。

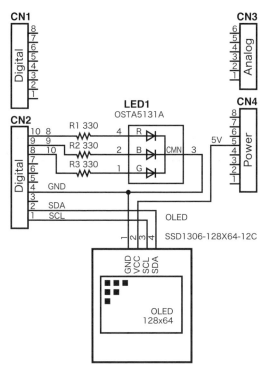

◆図5.3.3　Arduino用拡張基板の回路図と実装図

アドバイス

拡張ボード両端に足
の長いコネクタを使っ
て、Arduino のコネク
タに挿入できるように
しています。

　この拡張ボードを写真5.3.1のようにArduino Unoに上から差し込んでプログラ
ムで動かします。

　写真はOLEDを動かしているところで、画面にメッセージが表示されています。

写真 5.3.1 の拡張基板の部品は、表5.3.1 を参照してください。

有機EL表示器 ──────── フルカラー LED

──── ピンソケット

リード長：15mm

──── Arduino uno R3

◆写真 5.3.1　拡張ボードを実装した状態

この拡張基板の製作に必要な部品は表5.3.1となります。

◆表 5.3.1　部品表

部品番号	品名	型番・仕様	数量
OLED	有機EL表示器	0.96 インチ　128x64 ドット有機 EL ディスプレイ（OLED）（秋月電子通商）	1
LED1	フルカラー LED	OSTA5131A（秋月電子通商）5mmLED 用拡散キャップ	各1
CN1、CN4	ソケット	ピンソケット 1 × 8　リード長 15mm（秋月電子通商）	2
CN2	ソケット	ピンソケット 1 × 10　リード長 15mm	1
CN3	ソケット	ピンソケット 1 × 6　リード長 15mm	1
R1、R2、R3	抵抗	330 Ω　1/6W	3
	基板	Arduino 用バニラシールド基板（スイッチサイエンス）Arduino 用ユニバーサルプロトシールド基板（秋月電子通商）	どちらか 1
	線材		少々

① LED 点滅プログラム

最初はフルカラー LEDの点滅のプログラムで、図5.3.4のようになります。

最初にLEDを接続した8、9、10のピン番号にledredなどの名前を付け、プログラム中でこの名前で記述できるようにしています。次にsetup()関数部でピンのモードをpinMode関数で3ピンともデジタルの出力ピンとしています。あとはloop()関数に繰り返しのプログラムを記述しますが、ここでは赤、緑、青、全消灯の順に、digitalWrite関数で出力のHIGHかLOWかを制御し、delay関数で1000msecずつ間隔を取りながら繰り返しています。

この記述後、[スケッチ] → [マイコンボードに書き込む] とすれば、プログラムをArduinoボードに書き込み、完了すれば即実行を開始します。

アドバイス

右のプログラムは『本書のサポートページ』（技術評論社のwebサイトの書籍案内にある本書のページ中に掲載）にてダウンロードできます。

```
ledtest
/*********************************
 * フルカラーLEDの点滅
 *********************************/
// LEDのピンの設定
int ledred = 8;
int ledblue = 9;
int ledgreen = 10;
/*************************/
void setup(){
  pinMode(ledblue, OUTPUT);         // ピンモードをデジタル出力に
  pinMode(ledred, OUTPUT);
  pinMode(ledgreen, OUTPUT);
}
/*************************/
void loop(){
  digitalWrite(ledred, HIGH);       // 赤点灯
  delay(1000);                      // 1秒待ち
  digitalWrite(ledred, LOW);        // 赤消灯
  digitalWrite(ledgreen, HIGH);     // 緑点灯
  delay(1000);                      // 1秒待ち
  digitalWrite(ledgreen, LOW);      // 緑消灯
  digitalWrite(ledblue, HIGH);      // 青点灯
  delay(1000);                      // 1秒待ち
  digitalWrite(ledblue, LOW);       // 青消灯
  delay(1000);                      // 1秒待ち
}
```

◆図 5.3.4　フルカラー LED の点滅制御プログラム

② 有機 EL 表示器の制御

次の例が有機EL表示器に文字を表示するプログラム例です。このプログラムを作成する前に、IDEでOLED表示器のライブラリをダウンロードしてインストールする必要があります。

これは次の手順で行います。

① IDEのメインメニューから［スケッチ］→［ライブラリをインクルード］→［ライブラリを管理］とする。
② 開いた図5.3.5のダイアログで検索の欄に今回使用した有機EL表示器の型番「SSD1306」を入力する。
③ 表示された中から〔Adafruit SSD1306〕を選択しインストールを実行する。

この後GFX Libraryをインストールするかと聞かれるので、〔Install all〕としてすべてインストールします。インストールが完了したらダイアログを閉じます。

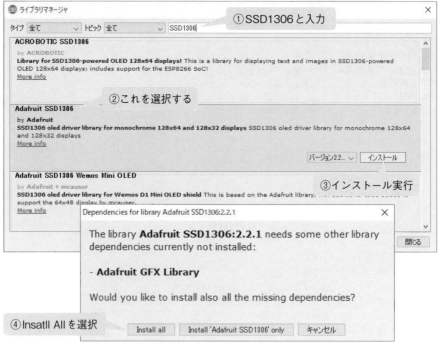

◆図5.3.5　SSD1306のライブラリのインストール

　以上で準備完了なので、IDEにプログラムを入力します。プログラムは図5.3.6のようになります。

　プログラムはライブラリのお陰で非常に短いもので動作します。

・インクルード
　指定したファイルを読み込んでリンクすること。

　最初にSSD1306のライブラリをインクルードしています。これだけでライブラリで用意されている関数を自由に使うことができるようになります。

　続いて、表示器をオブジェクトとして扱うための名前（**インスタンス**という）を決めます。この名前、ここでは「display」でプログラムを記述することになります。そして表示させるカウント値の変数Countの初期値を1000にしています。

　常に4桁になるように1000から始める。

　setup()関数内では、begin関数で表示器の電源電圧とI²Cのアドレス（0x3C）を指定しています。

　この後はloop()関数で表示器をいったん消去し、文字サイズと色を指定してからsetCursor関数で先頭位置（0、0）に移動しています。

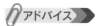

　println関数は最後に改行も追加して出力します。
　print関数は指定された文字列だけを出力します。

　後は表示する文字列をprint関数とprintln関数でいったんバッファにセットしてからdisplay関数で実際の表示出力を実行しています。

　この後delay関数で1秒待ってカウンタの値を＋1してから、loop()の最初に戻って繰り返します。

```
/*******************************
 * 有機液晶表示器テスト
 * SSD1306のテストプログラム
 *******************************/
#include<Wire.h>
#include<Adafruit_GFX.h>
#include<Adafruit_SSD1306.h>

// インスタンス生成、変数の宣言定義
Adafruit_SSD1306 display(-1);        // インスタンス生成
int Count = 1000;                    // 表示する変数
/**********************************/
void setup() {
  // ディスプレイの電源電圧とI2Cアドレス設定
  display.begin(SSD1306_SWITCHCAPVCC, 0x3C);
}
/**********************************/
void loop() {
  // 表示器セット
  display.clearDisplay();            // 表示クリア
  display.setTextSize(2);            // 出力する文字の大きさ
  display.setTextColor(WHITE);       // 出力する文字の色
  display.setCursor(0, 0);           // 表示開始位置をホームにセット
  // 表示文字をバッファにセットして出力
  display.println("#OLED Test");     // 1行目バッファにセット
  display.print("Count=");           // 2行目の見出し
  display.println(Count, DEC);       // Countの値を10進数で出力
  display.display();                 // 表示出力実行
  // 繰り返し
  delay(1000);                       // 1秒待ち繰り返し
  Count++;                           // カウンタ更新
}
```

◆図 5.3.6　有機 EL 表示器の制御プログラム

以上のように Arduino では IDE でプログラムを記述すれば、すぐダウンロードして試せますので、何度も修正や機能追加をしながらプログラム作成ができます。

アドバイス

Arduino は電子工作に多く使われています。そのため「シールド（Shield）」と呼ばれるオプションボードが、多くのメーカから多種類発売されています。これらのシールドボードを追加することで、センサや表示器、通信モジュールなどを容易に追加することができます。

Wi-Fi モジュールやカラーグラフィック液晶表示器など、かなり高機能なシールドもあり、十分電子工作を楽しめると思います。

Arduino 自身にも多くの種類が追加されていて、32 ビットマイコンを使った高機能なものも発売されていますから、さらに高度な工作を楽しむこともできます。

5-4 Raspberry Pi の使い方

Raspberry Pi（ラズベリーパイ）の概要と基本的な使い方について解説します。

▶ 5-4-1 Raspberry Pi の概要

このコンピュータは「Linux」（リナックス、リヌックス、ライナックスと呼ばれる）という本格的なコンピュータに使われているOS（オペレーティングシステム）で動作するようになっていて、コンピュータのプロも使っています。

もともと教育目的で開発されたRaspberry Piは、その名前の由来となったPython（パイソン）というプログラミング言語を使ってプログラミングできるようになっているのが特徴ですが、その他の大部分のプログラミング言語が扱えます。

このように非常に高度なコンピュータでありながら、インストールを簡単にできるようにしたり、多くのアプリケーションを標準搭載したりして、だれでも簡単に使えるようになってきています。

このRaspberry Piは当初開発されたモデルから非常に人気があったため、次々と新しいモデルが開発されて高性能化されています。これらの流れは図5.4.1のようになっていて、本書執筆時点では「Raspberry Pi4」が最新のものとなっています。

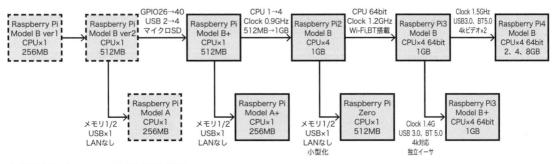

◆図 5.4.1　Raspberry Pi のモデル推移

▶ 5-4-2 Raspberry Pi で何ができて何ができないか

ここで改めて電子工作でRaspberry Pi3 Model B+（以降ラズパイ）を使うと、できることとできないことをまとめてみます。

ラズパイを使うと容易にできることには次のようなことがあります。

① 複数のプログラムの同時並列実行ができる

ラズパイはLinuxというOSのもとでメモリやCPUをシェアしながら複数のアプリケーションを同時に実行できます。例えば動画を扱いながらネットワークの通信も軽々と処理してしまいます。

・LAN
　Ｌｏｃａｌ　Ａｒｅａ
Network。有線で接続して高速通信ができるコンピュータネットワーク。
・Wi-Fi
　無線 LAN のこと。相互接続性が保証された登録商標。
・HID
　Human Interface Device。
　キーボードやマウスを接続するための USB ドライバ。

・ストリーミング
　マルチメディアファイルを転送し再生するダウンロード方式。

・HDMI
　High-Definition Multimedia Interface。
　映像や音声をデジタル信号で伝送する通信インターフェースの標準規格。

② LANやWi-Fiによるネットワーク接続

　有線や無線でインターネットに接続する機能が標準で用意されています。さらに、サーバやネットワークドライブなどのネットワーク機器として動作させるための各種のアプリケーションも、ほとんどのものが無料で入手できます。

③ USB

　USBコネクタが標準装備で、HIDやUSBメモリなどのドライバも標準実装されていますから、マウスやキーボード、USBメモリなどUSBコネクタに接続するだけですぐ使えます。

④ カメラ

　カラーカメラが標準オプションで用意されていて、コネクタに接続するだけで使えます。静止画や動画を撮影するアプリケーションもあらかじめ用意されているのですぐ使えるようになります。ネットワークにストリーミングするアプリケーションもあるので、ブラウザで動画を見るようにすることもできます。

⑤ 音声出力

　音を出す機能が標準実装されています。作曲するアプリケーションもありますし、テキストを読み上げるアプリケーションなどもあるので、簡単に音楽を出力したり、音声合成機能を使ったりすることができます。

⑥ グラフィックモニタ

　高解像度のカラーグラフィックモニタを接続できるHDMIコネクタが用意されており、標準アプリケーションとして表示制御アプリケーションも用意されています。

⑦ SDカード

　マイクロSDカードを外部メモリとして標準装備していますから、ファイルとして大量のデータを保存管理することが容易にできます。

　これらの機能はいずれもマイコンなどではかなり荷が重く難しいことです。しかしこのように高機能なラズパイにも苦手なこともあります。

① リアルタイム性に欠ける

　ラズパイのリアルタイム性能はmsec単位となります。対してマイコンのリアルタイム性能はμsec単位です。したがって高速で繰り返す機能をラズパイで実行するのは苦手です。また複数のプログラムが並列動作している故に応答時間もばらついてしまいます。

② 外部入出力機能が弱い

　アナログ信号の入出力ポートがありませんから、直接アナログ信号を扱うことはできません。また、PWM出力の周期や分解能が低いため、モータなどのきめ細かな速度制御は苦手です。また、高速パルスの入出力機能がないためパルス幅を扱う処理も苦手です。このように直接の外部入出力機能はマイコンに比べて貧弱です。

③ ハードウェアリソースの消費量が多い

マイコンなどと比べ、ROM、RAMの使用量は桁違いに大きくなりますし、CPUの速度も高速なものが要求されます。当然これに比例して消費電流も多くなります。

④ 立ち上がりが遅い

マイコンは0.1秒程度で立ち上がるのに対して、ラズパイ、つまりLinuxは早くても数秒、遅いときは30秒ほどかかることがあります。

⑤ 電源断に対する考慮がない

突然の電源断に対する安全対策は考慮されていませんから、いきなり電源をオフとするとSDカードの内容を書き換えてしまったりします。このため通常はこれらへの対策を追加する必要があります。

用語解説

・ROM、RAM
　いずれもメモリのこと。
・ROM
　Read Only Memory。
　プログラムの格納やデータの保存に使われる。
・RAM
　Random Access Memory。
　演算や処理の一時メモリとして使われる。

▶ 5-4-3 ｜ ハードウェアとソフトウェアの準備

ラズパイを動かすために必要な準備です。本書ではRaspberry Pi 4Bはちょっと性能が高すぎるのでRaspberry Pi 3B/3B+を使うことにします。まずハードウェアを一式揃え、次に必須のソフトウェアをダウンロードして準備する必要があります。これら準備が必要なものを説明します。

必要となる基本のハードウェア構成は図5.4.2となります。

参考

・クラス10
　SDカードの転送速度のランクを表す。高速版であることを表す。

①**Raspberry Pi本体** ：Raspberry Pi 3 Model B＋
②**マイクロSDカード**：16GB以上 クラス10
　　　　　　　　　　　　パソコンにも接続するので標準SDカードアダプタが必要
③**電源** 　　　　　　：USBマイクロBコネクタで出力されるACアダプタ、出力5V 2.5A以上
④**LANケーブル** 　　：有線LANを使う場合。Wi-Fi接続の場合は不要
⑤**ディスプレイ** 　　：HDMI接続のディスプレイでサイズ、解像度は任意
⑥**HDMIケーブル** 　 ：両端とも標準HDMIコネクタのケーブル
⑦**USBキーボード** 　：通常の日本語109のUSB接続キーボード
⑧**USBマウス** 　　　：通常のUSB接続マウス

ここでラズパイ本体は購入が必要ですが、モニタ、キーボード、マウスはパソコンで使っていたもので余っているものがあれば流用できます。

HDMIディスプレイ

HDMIケーブル

ACアダプタ

マイクロSDカード
とアダプタ

LANケーブル

Raspberry Pi 3 B+

日本語キーボード　マウス

◆図5.4.2　揃える必要があるもの

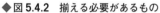
参考

必須ソフトウェアと
は OS のこと。

教えて

図 5.4.2 のラズパイ
の CPU の上に何が
のっているの?
〔回答〕
放熱器（シートシン
ク）をのせています。

各デバイスとラズパイとの接続は図5.4.3のように接続します。ただし、電源は準備がすべて完了し、必須ソフトウェアをコピーしたSDカードを挿入してから接続します。

マウスとキーボードは4個あるUSBコネクタのどれに接続しても問題ありません。本書ではWi-Fiだけで使う前提で進めますので有線LANのケーブル接続は不要です。SDカードにはスプリング機構がないので、取り出すときにはカードの端をつまんで引っ張り出す必要があります。

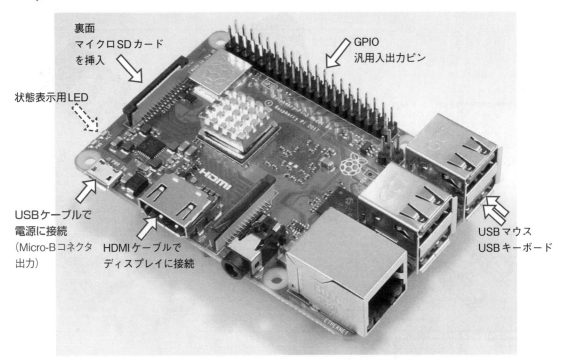

裏面
マイクロSDカード
を挿入

状態表示用LED

USBケーブルで
電源に接続
（Micro-Bコネクタ
出力）

HDMIケーブルで
ディスプレイに接続

GPIO
汎用入出力ピン

USBマウス
USBキーボード

◆図5.4.3 接続構成

次に最初にインストールが必要なOSを準備します。ところでOSとは何でしょうか。OSとは「Operating System」の略で、画面の表示とかネットワークとの接続などの面倒を見てくれるプログラムを動かすための土台となるプログラム群のことで、パソコンのWindowsと同じような働きをするものです。

ラズパイにインストールするOSはRaspberry Pi OSと呼ばれていて、元はLinux（リナックス）で構成されています。必要なソフトウェア群が必須ソフトウェアとしてまとめられ、さらにインストールしやすいようにバイナリイメージとして提供されています。

では早速、Raspberry Pi OSのバイナルイメージを手に入れましょう。このバイナリイメージは通常のインターネットにつながっているWindowsパソコンを使って直接SDカードにダウンロードする必要があります。このダウンロードを手伝ってくれるインストーラアプリ（Raspberry Pi Imager）を使います。SDカードのフォーマットも自動的に実行してくれます。この手順は次のようにします。

バイナリイメージのインストーラアプリの入手は下記のサイトから行います。

　　https://www.raspberrypi.org/software

このサイトを開くと図5.4.4のようなページになりますから、ここで左側の「Download for Windows」というボタンをクリックしてダウンロードを実行します。EXE形式の実行ファイルですので適当なフォルダにダウンロードしてください。このファイル自身は小サイズですのですぐダウンロードできます。

このあとのインストール方法については多くのウェブサイトで紹介されていますから、本書では省略します。

・Linux
リーナス・ベネディクト・トーバルスが独自に開発し1991年に公開した。リヌックス、ライナックスとも呼ばれることがある。

用語解説

・EXE形式の実行ファイル
ファイル拡張子がexeとなっていてダブルクリックで即実行できるファイルのこと。

◆図5.4.4　インストーラアプリのダウンロード画面

▶▶ 5-4-4 ┃ 汎用入出力ピン（GPIO）の使い方

ラズパイの2B以降のモデルでは、40ピンのコネクタに汎用で使える入出力ピンが図5.4.5のようにかなりの本数が出るようになっています。この入出力ピンのことをGPIO（General Purpose Input Output）と呼んでいます。このGPIOピンはデジタルの入力、出力だけでなく、PWMの出力ピンとしても使えます。さらに特定のピンはUARTやI^2C、SPIなどのシリアル通信用のピンとしても使えるようになっています。

用語解説

・PWM
　Pulse Width Modulation。
　パルス幅変調のこと。デューティにより各種の量を0%から100%の可変ができる。
・UART
　Universal Asynchronous Receiver Transmitterの略で、非同期シリアル通信のこと。
・I^2C
　Inter Integrated Circuitの略で、複数スレーブとアドレス指定してデータ送受信するシリアル通信方式。
・SPI
　Serial Peripheral Interfaceの略で、高速のシリアル通信方式。

GPIOの40ピンコネクタ

◆図5.4.5　Raspberry Pi3B+ のGPIO

309

このGPIOをプログラムで動かす方法には次のようないくつかの方法があります。

(1) Python プログラムと「RPi.GPIO モジュール」で動かす。

Pythonのモジュールの一つにRPi.GPIOというGPIO制御用モジュールがあり、これらを組み合わせて動かす方法です。高速動作には不向きですがPythonのプログラムで簡単に動かせます。

(2) C 言語と「Wiring Pi ライブラリ」で動かす。

いろいろな言語で使えるGPIO制御用ライブラリとしてWiring Piライブラリが用意されています。C言語でもこれを使うことができますので、これを使ってC言語プログラムで制御する方法です。

(3) 「WebIOPi アプリケーション」を使って動かす。

ラズパイのGPIOを動かすためにWebIOPiというアプリケーションが用意されています。とくにこのアプリではネットワーク経由でブラウザからGPIOを動かすことができます。さらにJavascriptでGPIOを制御することもできますから、ネットワーク環境でGPIOを使うのに適しています。

本章では最も簡単なRPi.GPIOモジュールを使ってPythonプログラムで動かす方法を説明します。

このモジュールはラズパイのOSに同梱されているPythonに標準で含まれていますので、インポートするだけで使えるようになります。ただし、GPIOの制御は管理者モードでないと使えませんので、Pythonを管理者モードで起動する必要があります。

RPi.GPIOモジュールのインポートは次の記述でできます。この例ではインスタンス名にGPIOという名称を使っています。インポートした後はこの「GPIO」という名称で記述することができます。以下の例題ではこのGPIOを使います。

```
import RPi.GPIO as GPIO
```

RPi.GPIOモジュールを使う場合には初期設定によりピンの使用モードを指定する必要があります。その手順と書式は次のようになります。

① GPIO のピンの指定方法の設定

実際の入出力の際にはGPIOピンを特定して指定する必要がありますが、その指定方法にBCMとBOARDの2つのモードがあり、下記のいずれかの記述を最初に追加して、どちらのモードにするかを指定する必要があります。ここで使用している「GPIO」という名称はインポートで取得したインスタンス名ですから異なることもあります。

```
GPIO.setmode(GPIO.BCM)      #GPIOの番号で指定する
GPIO.setmode(GPIO.BOARD)    #コネクタのピン番号で指定する
```

このGPIOのコネクタピン番号とGPIO番号の関係は図5.4.6のようになってい

・Javascript
ウェブページに組み込まれたプログラムをブラウザ上で実行するために使われるプログラミング言語。

・インポート
プログラムライブラリを読み込んで使えるようにすること。
・管理者モード
Linuxのアクセス権限のことでWindowsの管理者とほぼ同義。
・インスタンス
あらかじめ定義されたプログラムやデータ構造(これらをオブジェクトと呼ぶ)をメインメモリ上に展開して実際に実行可能にしたもの。

・BCM
Broadcomの略で、GPIOの番号。
・BOARD
物理的なコネクタピン番号指定。

ます。コネクタのピン番号で指定するのは解り難いので、多くの場合GPIOの番号を使います。

Raspberry Pi3 GPIO Header

Pin#	NAME		NAME	Pin#
01	**3.3v** DC Power	⊙⊙	DC Power **5v**	02
03	**GPIO02**(SDA1,I²C)	⊙⊙	DC Power **5v**	04
05	**GPIO03**(SCL1,I²C)	⊙●	Ground	06
07	**GPIO04**(GPIO_GCLK)	⊙⊙	(TXD0)**GPIO14**	08
09	Ground	●⊙	(RXD0)**GPIO15**	10
11	**GPIO17**(GPIO_GEN0)	⊙●	(GPIO_GEN1)**GPIO18**	12
13	**GPIO27**(GPIO_GEN2)	⊙●	Ground	14
15	**GPIO22**(GPIO_GEN3)	⊙⊙	(GPIO_GEN4)**GPIO23**	16
17	**3.3v** DC Power	⊙⊙	(GPIO_GEN5)**GPIO24**	18
19	**GPIO10**(SPI_MOSI)	⊙●	Ground	20
21	**GPIO09**(SPI_MISO)	⊙⊙	(GPIO_GEN6)**GPIO25**	22
23	**GPIO11**(SPI_CLK)	⊙⊙	(SPI_CE0_N)**GPIO08**	24
25	Ground	●⊙	(SPI_CE1_N)**GPIO07**	26
27	**ID_SD**(I²C ID EEPROM)	⊙⊙	(I²C ID EEPROM)**ID_SC**	28
29	**GPIO05**	⊙●	Ground	30
31	**GPIO06**	⊙⊙	**GPIO12**	32
33	**GPIO13**	⊙⊙	Ground	34
35	**GPIO19**	⊙⊙	**GPIO16**	36
37	**GPIO26**	⊙⊙	**GPIO20**	38
39	Ground	⊙⊙	**GPIO21**	40

Rev.2
29/02/2016

www.element14.com/RaspberryPi

◆**図5.4.6　GPIO の番号の関連**（element14.com の web サイトより）

② 出力モードの設定と使い方

　出力ピンとして使う場合は、最初に出力モードに設定する必要があり、次のように**setup**関数で記述します。

```
GPIO.setup (channel, GPIO.OUT, initial = GPIO.HIGH)
```

　　　channelにはモードに合わせてGPIOの番号かコネクタのピン番号を指定します。

　　　GPIO.OUTは定数でモジュール内で決められています。

　　　initial記述はオプション。初期状態をHighにするかLowにするかを指定でき、GPIO.HIGHかGPIO.LOWの定数で指定します。

　出力モードにしたピンを実際に制御するには**output**関数で記述します。

```
GPIO.output(channel, GPIO.HIGH)        #デジタルでHighの出力とする
```

311

```
GPIO.output(channel, GPIO.LOW)      #デジタルでLowの出力とする
```

③ 入力モードの設定と使い方

入力ピンとして使う場合には、最初に入力モードに設定する必要があり、次のようにsetup関数で記述します。

```
GPIO.setup (channel, GPIO.IN, pull_up_down= GPIO.PUD_UP)
```

channelにはモードに合わせてGPIOの番号かコネクタのピン番号を指定します。

GPIO.INも決められた定数です。

pull_up_down以降はオプションでプルアップ（GPIO.PUD_UP）またはプルダウン(GPIO.PUD_DOWN)の定数で指定できます。

用語解説

・ポーリング
一定間隔で問い合わせる方式。
対するのは割り込み方式。

実際に入力するにはinput関数で記述します。

```
value = GPIO.input(channel)
```

ポーリングでピンの入力変化を待つときは下記のようにif文で記述します。

```
if  GPIO.input(channel) == GPIO.HIGH :
    （High時の処理）
```

RPi.GPIOのプログラムを実行したとき、「This channel is already in use.」という警告が出ることがあります。これを出ないようにするためには下記記述を最初の初期化の部分に追加します。

```
GPIO.setwarnings (False)
```

▶▶ 5-4-5 実際に動かしてみる

用語解説

・カソードコモン
ダイオードの端子のことで、カソードとアノードがある。3色のLEDダイオードのカソード側をまとめた端子がカソードコモン。

実際にGPIOにフルカラー発光ダイオード（LED）とスイッチを接続してRPiで動かしてみます。フルカラーLEDとスイッチを図5.4.7のようにGPIOピンに接続します。カソードコモンのフルカラーLEDであれば何でも構いません。図のようにブレッドボードで製作します。

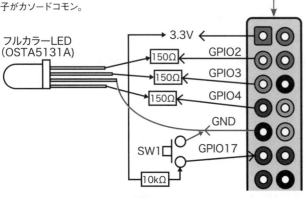

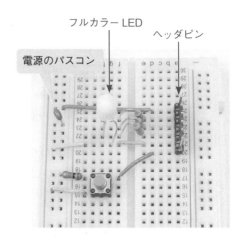

◆図5.4.7 ブレッドボードで製作

製作に必要な部品は表5.4.1となります。

◆表5.4.1　部品表

部品番号	品名	型番・仕様	数量
LED1	フルカラー LED	OSTA5131A　（秋月電子通商） 5mmLED 用拡散キャップ	各1
R1、R2、R3	抵抗	150 Ω　1/4W	3
R4	抵抗	10k Ω　1/4W	1
SW1	スイッチ	小型基板用タクトスイッチ	1
CN1	コネクタ	6 ピン×1 列　ヘッダピン 両端ロングピン	1
	ブレッドボード	EIC-801	1
	ワイヤ	ブレッドボード用ジャンパワイヤ	少々
	ケーブル	1x6P　メス - メスコネクタ付きケーブル	1

アドバイス

図 5.4.7 の電源の
そばに挿入したパスコ
ンは 0.01 ～ 1 μ F の
セラミックコンデンサ
です。
　表 5.4.1 には記載し
ていませんが、別途用
意してください。

参照

・パスコン → p.27

ブレッドボードの製作が完了したら、写真5.4.1のようにRaspberry Piとコネク
タ付きケーブルで接続します。Raspberry Pi側の挿入位置を間違えないようにし
てください。

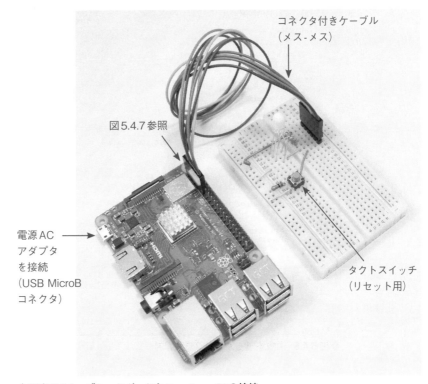

コネクタ付きケーブル
（メス - メス）

図5.4.7 参照

電源 AC
アダプタ
を接続
（USB MicroB
コネクタ）

タクトスイッチ
（リセット用）

◆写真 5.4.1　ブレッドボードと Raspberry Pi の接続

用語解説

・Thonny Python
IDE
　Python 言語用の開
発環境。

テストプログラムはRaspberry Pi OSに標準装備されているThonny Python
IDEを使ってPython言語で作成します。さらに作成したプログラムはRaspberry
Piのデスクトップに保存することにします。

　作成したPythonのプログラムが図5.4.8となります。入力し終わったらファイル名を「GPIOTest1.py」としてデスクトップに保存します。

　プログラムの最初の行は日本語が使えるようにするためのPythonのおまじないです。続いてRPi.GPIOモジュールとsleep関数で遅延時間を作るためtimeモジュールをインポートしています。

　次にGPIOのモードをBCMに設定します。次にGPIO17を入力モードにし、GPIO2、3、4とも出力として初期状態をLowにして3色のLEDを消去状態とします。

　メインループでは、GPIO17の入力ピンをチェックしてGPIO17のHigh、Lowにより出力ピンをGPIO2（緑）とGPIO4（赤）を切り替えて0.5秒間隔でオン／オフを出力するということを繰り返しています。

　スクリプトの入力が終わったら**RUN**アイコンをクリックして実行します。入力後すぐ実行できますから修正しながら試すのも簡単です。

　プログラムに間違いがあれば、図5.4.8の下側の窓にメッセージで表示されますから、確認し修正しながら進めます。

用語解説

・sleep 関数
　秒単位で時間待ちをする関数。

参考

・メインループ
　「While True：」以下の範囲のことで、永久ループとなって繰り返し実行される。

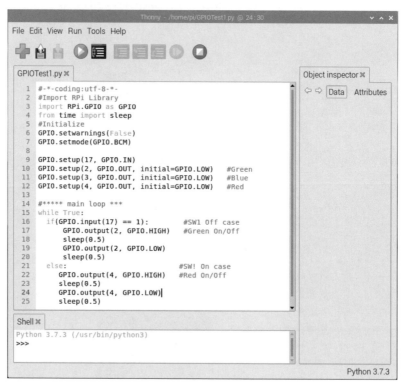

◆図5.4.8　RPiを使ったプログラムの例

第**6**章

製作例

　本章では、これまでの知識を活用して実用的な電子工作の作品を製作してみます。

　実験用電源をはじめ、シングルボードコンピュータ、マイコンボードを使って、インターネットを活用する製作例を取り上げてみました。

6-1 DSP ラジオの製作

必要最小限の部品でFM放送をガンガン聴くことができるDSPラジオをブレッドボードで製作します。完成した状態が写真6.1.1のようになります。無調整ですのでブレッドボードに組み立てたらすぐ動かすことができます。電池を接続してステレオジャックにヘッドフォンを接続し、ボリュームを回して選局することでステレオFM放送を聴くことができます。

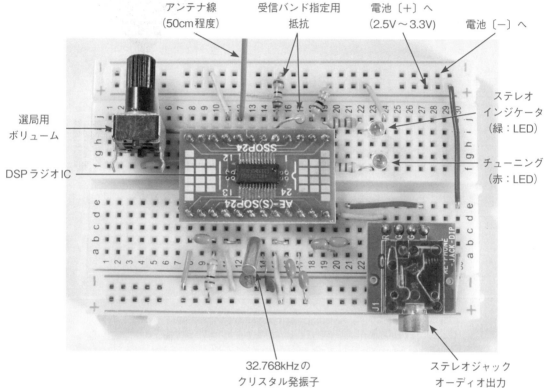

アンテナ線
（50cm程度）

受信バンド指定用
抵抗

電池〔＋〕へ
（2.5V～3.3V）

電池〔－〕へ

ステレオ
インジケータ
（緑：LED）

選局用
ボリューム

DSPラジオIC

チューニング
（赤：LED）

32.768kHzの
クリスタル発振子

ステレオジャック
オーディオ出力

◆写真 6.1.1　完成した DSP ラジオ

6-1-1 | DSP ラジオ IC の動作

製作に使うのはDSPというアナログ信号をデジタル演算で扱うことができるプロセッサを使ったDSPラジオICを使います。このICはFMラジオを受信するために必要な全ての機能を内蔵していますので、アンテナを接続するだけで、ステレオのオーディオ信号が出力されます。選局ピンに外部から加える電圧を可変することで選局できるようになっています。したがって選局は単純に可変抵抗器でできます。

使用したDSPラジオICはシリコン・ラボラトリーズ社製の「Si4831」という型番で、その内部構成と仕様は図6.1.1のようになっています。仕様からわかるようにこのICはFMだけでなくAMやSW（短波）も受信することができますが、今

回は簡単にするためFMだけとしています。

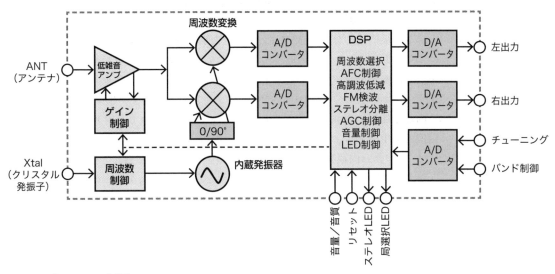

【Si4831の仕様】
- 受信周波数帯域：FM　64〜109MHz
　　　　　　　　　AM　504〜1750kHz
　　　　　　　　　SW　5.6〜22MHz
- チューニング　：アナログ電圧方式
　　　　　　　　チューニングLED駆動
　　　　　　　　FMステレオインジケータ駆動
- オーディオ負荷　：10kΩ以上
- オーディオ帯域　：30Hz〜15kHz
- オーディオ歪率　：Typ 0.1%
- 電源　　　　　　：DC 2.0〜3.6V
　　　　　　　　　　最大21mA
- パッケージ　　　：24ピン SSOP

◆**図 6.1.1**　DSP ラジオ IC(Si4831) の内部構成

　この図で動作を説明します。まず、アンテナで受信された電波信号を低雑音アンプで増幅します。ここではすべての電波を受けて増幅しています。増幅する際、強い電波と弱い電波がありますから、選択された電波の出力オーディオ信号のレベルが丁度適当な大きさになるようにDSPから増幅ゲインを調整制御します（AGC：Auto Gain Controlと呼ばれる）。これで電波がある一定以上の強さがあれば、オーディオ出力が一定の音量となります。

　このあと、受信した電波を直接A/Dコンバータでデジタル信号に変換しようとするとFM信号の100MHz近辺という高周波信号を変換しなければならなくなって難しくなりますので、周波数変換部で内蔵発振器の周波数と混合して周波数の低い信号に変換します。

　この周波数変換部で混合すると、内蔵発振器の周波数と受信信号の周波数を足し算した周波数の信号と、引き算した周波数の信号が生成されます。ここでは、引き算した方の低くなった周波数の信号をA/Dコンバータでデジタル信号に変換してDSPに入力します。

　しかし、この周波数変換では少し困ったことが起きます。それは高調波と呼ばれる内蔵発振器の周波数の整数倍の周波数で変換された余分な信号も生成されてしまうことです。これは雑音成分になってしまいますので削除してしまうことが必要です。このために周波数変換部が2系統の構成となっていて、片方には内蔵発振器の信号の正弦波の位相を90度分だけずらした信号を使って周波数変換した信号を生成し、同じようにA/D変換でデジタル信号に変換してDSPに入力します。

DSPでこの2つのデジタル信号を加算すると、高調波成分のベクトルが丁度打ち消す方向になるため、余分な高調波を削除することができます（これを**ハートレー方式**と呼んでいます）。

デジタル信号となってDSPに入力されたあとは、DSPのデジタルフィルタ機能により、チューニングで指定された周波数のみを取り出し、FM検波してオーディオ信号に変換します。さらにステレオの場合には左右チャネルの信号に振り分けます。これらをすべてDSP内のプログラムで実行してしまいます。

内蔵発振器の周波数が安定な周波数となるように、クリスタル発振子で安定な周波数を生成するようにしていますが、さらにチューニング周波数がずれた場合には、DSPから内蔵発振器の周波数を微調整するように制御して常に最適なチューニング状態になるようにしています（これを**AFC**：Auto Frequency Controlと呼ぶ）。

バンド指定とチューニングは外部から電圧で与えるようになっていて、A/Dコンバータでデジタル値に変換し、DSP内のデジタルフィルタプログラムにより、指定された周波数のみ取り出してFM検波し、オーディオ信号を取り出すようにしています。しかし、ここで取り出したオーディオ信号は、まだデジタル信号のままですから、これをD/Aコンバータに出力してアナログ信号に変換して音として出力します。

このように受信する周波数をDSP内のプログラムで決めていますから、受信する周波数範囲は自由に決められます。したがって、このICは中波、短波、FM、TVとあらゆる範囲の放送電波を受信することができます。

用語解説

・**デジタルフィルタ機能**
　ソフトウェア演算で作成したフィルタのこと。
・**FM検波**
　周波数変調（FM）された信号からオーディオ信号を取り出すこと。
・**発振子（振動子）**
　一定の周波数の信号を出力するために使われる素子。
・**クリスタル発振子**
　水晶発振子。

▶ 6-1-2 ┃ DSPラジオの回路設計と定数の決め方

製作するDSPラジオの最小構成の回路図は、データシートの標準回路を元にすると図6.1.2のようになります。VDD（V_{DD}）と記号が入っている部分は電源に接続します。また三角記号の部分はですべてグランド（電池のマイナス側）に接続します。使うICは小さなパッケージですので、そのままではブレッドボードには使えません。そこで変換基板に実装した状態で使います。電源はこのICの動作範囲が2.0Vから3.6Vとなっていますので、単3か単4電池を2本直列接続して供給します。DSPラジオ組み立てに必要な部品は表6.1.1となります。

参照

・**変換基板に実装**
　表面実装部品のはんだ付けの仕方を参照。

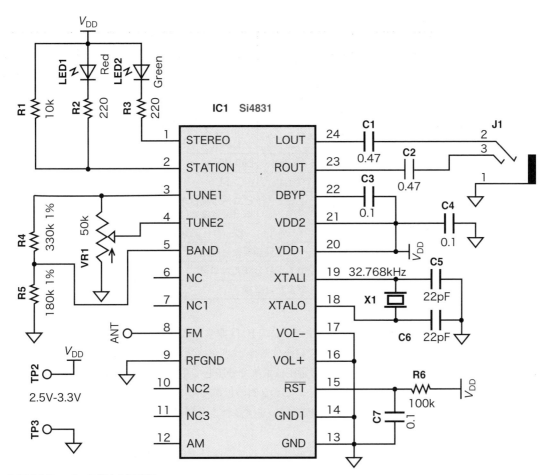

◆図 6.1.2　DSP ラジオの回路図

◆表 6.1.1　DSP ラジオの部品表

アドバイス

Si4831 を DIP 変換基板に実装します（はんだ付け）。

記号	品名	値・型名	数量	入手先
IC1	DSP ラジオ IC	Si4831-B30	1	Amazon または アイテンドー
IC1 用	変換基板	SSOP/SOP24 ピン DIP 変換基板	1	秋月電子通商
VR1	可変抵抗	小型基板用 50kΩ　相当品	1	
X1	クリスタル発振子	32.768kHz　円筒型	1	
LED1、LED2	発光ダイオード	3φ　赤、緑	各1	
R1	抵抗	10kΩ　1/4W	1	
R2、R3	抵抗	220Ω　1/4W	2	
R4	抵抗	330kΩ　誤差 1%　1/4W	1	
R5	抵抗	180kΩ　誤差 1%　1/4W	1	
R6	抵抗	100kΩ　1/4W	1	
C1、C2	積層セラミックコンデンサ	0.1μF ～ 0.47μF	2	

◆表6.1.1　DSPラジオの部品表（続き）

記号	品名	値・型名	数量	入手先
C3、C4、C7	積層セラミックコンデンサ	0.1μF	3	秋月電子通商
C5、C6	セラミックコンデンサ	22pF	2	秋月電子通商
J1	ステレオジャック	3.5mmステレオミニジャックDIP化キット	1	
その他	ブレッドボード	EIC-801	1	
	ジャンパワイヤ	EIC-J-L	1	
	電池ボックス	ビニール線付き 単3×2または単4×2	1	
	ヘッドフォンまたはスピーカ（アンプ内蔵）		任意	
	ピンヘッダ（変換基板に必要）		2	
	アルカリ電池：単3または単4		2	
	ビニール線または単線		少々	

アドバイス

ピンヘッダは変換基板に取り付けます。取り付けたものをブレッドボードにさして利用します。

用語解説

・強調
　エンファシス
・時定数
　フィルタの特性を示したもの。

参照

・合成抵抗値の求め方
　→ p.40

　調整箇所はないのですが、このICは非常に広い範囲の周波数を受信できます。このため、どの範囲の受信をするかというバンド指定を外部から電圧で与えてやる必要があります。この電圧は抵抗で分圧して生成するようになっていて、図6.1.2のR4とR5が対応します。この2個の抵抗でバンドを決めたあと、その中の周波数変更はVR1の可変抵抗で行います。つまり局選択は抵抗と可変抵抗で行うことになります。

　R4とR5の抵抗値と指定バンドの対応は日本のFM放送のバンド（76MHzから90MHz）とAM放送のバンドだけ取り出すと表6.1.2のようになっています。

　ここでディエンファシスというのは、FM放送の送信側で音声の高音を強調しているものを元に戻すことをいいます。このディエンファシス処理もDSPのプログラムで実行しています。表のディエンファシス値は時定数を示していて、日本のFM放送は50μs、アナログTV放送では75μsとなっています。したがってFM放送で選択すべきはBand13か14ということになります。

　ステレオLED検出レベルというのは、このICではステレオを検出するとステレオインジケータ用LEDの点灯出力が出るようになっていますが、その検出レベルが2段階になっているということで、12dBとするとより確実にステレオを検知して表示するようになります。図6.1.2の回路図の値はBand14になるようにしています。R5が180kΩと少し表6.1.2の値と異なっていますが、大丈夫です。R4 + R5 = 500kΩとするように指定されていますので、R4は500kΩ − 180kΩ = 320kΩとなりますが、抵抗の標準値の330kΩとします。

◆表 6.1.2　バンド幅と設定抵抗値

バンドNo	バンド名	周波数範囲	ディエンファシス	ステレオLED検出レベル	抵抗値R5(注)
Band13	FM4	76〜90MHz	50μs	6dB	167kΩ
Band14			50μs	12dB	177kΩ
Band15			75μs	6dB	187kΩ
Band16			75μs	12dB	197kΩ
Band21	AM1	520〜1710kHz			247kΩ
Band22	AM2	522〜1620kHz			257kΩ
Band23	AM3	504〜1665kHz			267kΩ
Band24	AM4	520〜1730kHz			277kΩ
Band25	AM5	510〜1750kHz			287kΩ

(注) R4 の値は　R4 = 500kΩ − R5　となる

▶ 6-1-3 ｜ DSP ラジオを組み立てる

参考

写真 6.1.2 中、赤い点線の箇所に IC1、J1、VR1 を実装します。

　この回路図を元にブレッドボードに組み立てたところが写真6.1.2となります。配線が分かりやすいように大型部品を実装する前の状態としています。隣接端子間のジャンパ線が分かりにくいので気を付けてください。この組み立ての手順は次のようにします。

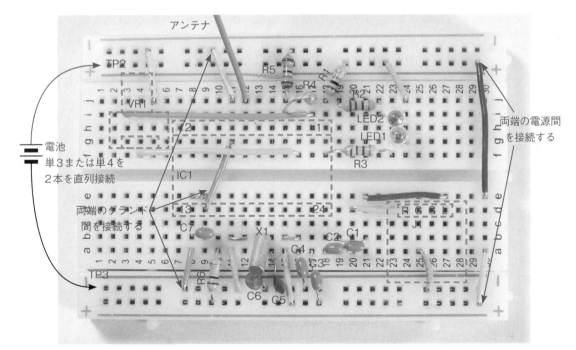

◆写真 6.1.2　DSP ラジオの組立図

組み立てる際は、写真 6.1.2 の組立図、図 6.1.2 の回路図をよく見て、確認しながら行ってください。

なお、極性がある部品は向きに注意して挿入してください。

注意

発光ダイオードには極性があります。取り付ける際には向きに注意してください。

リード線の長い方がプラス電源側（アノード側）です。

足が長い方がアノード

カソード

アドバイス

本書に掲載したものと同じ可変抵抗器が入手できな場合があるかと思いますが、50k ΩのBタイプであればどんなものでも構いません。

アドバイス

写真 6.1.1 のアンテナは、50 ㎝程のビニール線を利用しています。

注意

電池は、プラスとマイナスを間違えないように接続してください。

(1) 大型部品を実装する場所を決める

IC1、可変抵抗、ステレオジャックを実装する位置を決めます。

(2) IC1 の 1 ピン側から順番に配線と部品を実装していく

大型部品は実装しない状態で配線を進めます。電源とグランドはブレッドボードの両端の2列が列ごとに内部でつながっていますので、両端の列間を接続することで両方が同じ電源とグランドの供給ラインとなります。

ステレオジャックは写真6.1.3のような変換基板に組み立て済みのものを使いました。この変換基板に4ピンの接続ピンが出ていて、それぞれにL、R、Gと記号が印刷されていますので間違えないように接続します。Gが2つありますがいずれか片方を接続すれば大丈夫です。

VR1の配線は3ピンの中央のピンをIC1の4ピンに接続し、両端はどちら側をグランドに接続しても問題はなく、右回りと左回りで周波数のアップダウンが逆になるだけです。

LEDの配線では、LEDの極性を間違えないようにする必要があります。足の長い方がV_{DD}側となります。

(3) 大型部品の実装

可変抵抗は写真6.1.3のようにピンを伸ばして横向きに実装できるようにします。可変抵抗は写真6.1.1、写真6.1.3で紹介したものと同じ形のものが入手できないかもしれませんが、50k ΩのBタイプであればどんなものでも構いません。大型のものは3ピンの足を配線で接続しても構いません。IC1の実装は向きを間違えないように注意してください。

(4) アンテナ線を接続

50cm程度の単線かビニール線をアンテナとして接続します。

(5) 電池を接続する

単3か単4の2本の電池ボックス（電池ホルダ）で接続します。プラスとマイナスを間違えないように接続します。マイナス側がグランドになります。隣接するグランドや電源配線を被覆なしの単線で接続していますので忘れないようにしてください。

写真のステレオ
ジャックは、DIP化し
たものを利用します
（DIP化キット）。

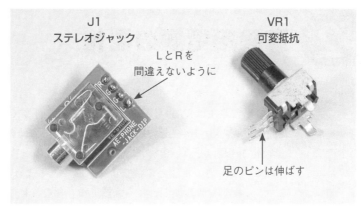

◆写真 6.1.3　部品の詳細

▶ 6-1-4 | ラジオを聴く

スピーカを接続する
際は、アンプを内蔵し
たスピーカを接続しま
す。

　組み立てが完了したら、ステレオジャックにヘッドフォンか、アンプスピーカ（アンプ内蔵スピーカ）、またはステレオアンプなどを接続します。これで電池をホルダに挿入して可変抵抗を回せばどこかでFM放送が聴こえてくるはずです。電波が弱い地域では、窓際に近いところに置くか、アンテナ線を長くすれば感度が上がります。

　チューニング用LED1（赤色LED）は、可変抵抗を回してFM局が受信できると光るようになっています。さらに受信したFM局がステレオ状態の時にはステレオインジケータLED2（緑色LED）が光ります。ステレオインジケータはアンテナを長くして感度をよくしないと光らないこともあります。

6-2 実験用電源の製作

・**商用電源**
　一般家庭の電源の
こと。
・**降圧**
　電圧を下げること。
上げることは昇圧。

　いろいろな用途で便利に使える実験用電源を製作します。多くの用途に使えるように出力電圧は3Vから10Vの範囲で任意に可変できるようにしました。入力には商用電源のAC100Vを使いトランスで降圧して使います。

　全体の外観は写真6.2.1のように小型アルミケースに実装し、本格的なメータが付いていて出力の電圧と電流をチェックできるようにしています。電子工作ではこのようなケースの加工という機械工作も含むことになります。

◆ 写真 6.2.1　実験用電源の外観

6-2-1 | 基本検討

・**シリーズレギュレータ方式**
　3端子レギュレータを使った安定化電源。
・**スイッチング方式**
　DC/DC コンバータを使った安定化電源。

　最初にどのような電源にするかを考えます。まず、電源の出力電圧はバッテリーの代用も考慮して3Vから10Vとし、電流容量は1Aとします。電源としてアナログ回路を含めて多くの用途で使えるようにするため、**シリーズレギュレータ方式**とすることにします。スイッチング方式に比べ発熱が大きいですが、出力の特性が良くノイズも少ないのでアナログ回路で使っても問題ないからです。電源の供給元は商用電源のAC100Vとし、トランスを使って降圧して使うものとします。これらの条件で全体のブロックを考えると図6.2.1のようになります。

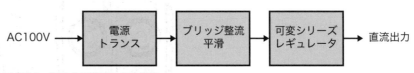

◆ 図 6.2.1　製作する電源の全体構成

用語解説

**・可変型シリーズレ
ギュレータIC**
　３端子レギュレータ
で出力電圧を可変でき
るようにしたIC。

　出力の可変方法は、可変型シリーズレギュレータICを使って回路を簡単化します。今回使用したレギュレータは、図6.2.2のようなリニアテクノロジー社の最新のデバイスでLT3083を使います。出力電圧を0Vから抵抗1本で可変でき、出力電流は3Aまで流せます。1A品のLT3080という製品もありますが、今回は発熱の余裕を見て3A品を使うことにしました。基本回路をほぼそのまま使うことにします。

項目	Min	Typ	Max	単位	備考
入出力電圧差		120	190	mV	1A 負荷時
		310	510	mV	3A 負荷時
最大出力電流	3	3.7		A	DC
入力電圧	1.2		18	V	
SET ピン電流	49	50	51	μA	
リップル低減率		75		dB	10kHz
動作温度範囲	− 40		125	℃	

基本回路

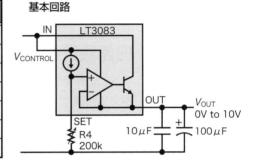

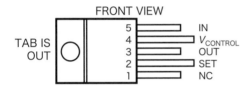

記号	ピンNo.	信号機能
NC	1	未使用
SET	2	出力電圧設定
OUT	3	電源出力
V_{cont}	4	バイアス電源
IN	5	電源入力

◆図 6.2.2　LT3083 のピン配置と規格

用語解説

・ブリッジダイオード
　4個のダイオードを
ブリッジ型に配列した
ものを一体化した整流
用ダイオード。

参考

**・ショットキーダイ
オード**
　金属と半導体との
電位障壁を利用。順
方向電圧が低く逆回
復時間が短い。高周
波用や整流用に使わ
れる。

アドバイス

・放熱
　実際には 3V 出力で
1A 負荷の最大発熱時
で、ケースがかなり温
まるが定格範囲内に
は抑えられている。

　次に必要な電源トランスの仕様を求めます。シリーズレギュレータの入力にはデータシートから出力電圧 + 0.2V が最低でも必要ですから、10V の出力電圧を得るためには余裕を見て 11V 以上の直流電圧が必要です。整流用にはブリッジダイオードを使うことにします。選択したブリッジダイオードはショットキーダイオードであるため、順方向電圧が小さく 0.7V 以下となっています。

　これらの条件で電源トランスの2次側AC電圧を第3章の「3-4-3 電源トランスの使い方」で説明した式から求めると

$$V_{AC} = 1.1 \times (11 \div 1.4 + 1.4) \fallingdotseq 10V$$

となります。

　同じように二次側AC電流は、1.5倍の1.5Aということになります。そこで本書では12V 2Aの電源トランスで10Vのタップで使うことにしました。これでトランスが決まりました。

　次は放熱の検討です。平滑後の直流電圧は $10 \times \sqrt{2} - 1.4 \fallingdotseq 13V$ で出力の最低電圧を3Vとすれば、この差の約10Vがレギュレータの入力と出力間に加わることになりますので、これに最大電流1Aを掛ければ、約10Wという消費電力になることが分かります。そうすると、TO-220パッケージは放熱器なしでは2Wまでですので、放熱器が必須となります。今回は中型の放熱器をアルミケースに密着させて、アルミケースも放熱に使うこととして対応させることにしました。この発熱のため最

低電圧を3V程度以上にせざるを得なくなります。

　次は電圧を可変する部分の設計ですが、LT3083の設定方法は簡単で、下記の式で決まります。SET端子に接続する設定抵抗の値だけで決まってしまいます。

　　出力電圧 = 50 μA × 設定抵抗値

　これで3Vにするには60kΩで、10Vにするには200kΩとなりますから、入手可能な56kΩの抵抗と250kΩの可変抵抗の直列構成で使うことにします。これで約3Vから15Vの調整範囲ということになりちょっと広いですがこれで進めることにします。

▶▶ 6-2-2 ｜ 回路設計と組み立て

　さてこれで全体の構成が決まりましたので、全体回路図を描いてみます。図6.2.3が全体回路です。第2章の「2-3-4 コンデンサの並列接続と直列接続」から平滑用コンデンサには10,000μFが必要になりますが、標準容量値にはありませんので4,700μFを2個並列接続しています。

■安全保護対策と電源ランプ

・ブラケット
ガラス管ヒューズを収納してパネルに固定できるようにしたもの。

　商用電源を入力に使いますから、安全保護対策が必要です。ヒューズと電源スイッチで対策します。ヒューズにはガラス管タイプのものを使い専用のブラケットをケースに固定して取り付けます。

　電源トランスの出力を整流平滑（へいかつ）した所に発光ダイオードを付けて電源ランプの代わりにします。この発光ダイオードにはブラケット付きのものを使い前面パネルに直接取り付けます。発光ダイオードの電流を10mA程度とするため電流制限用に1kΩの抵抗を直列接続しますが、ここでは常時最大13V程度が加わりますから13V × (13V ÷ 1kΩ) = 169mWの熱が発生しますので、抵抗には1Wクラスのものを使って熱対策をしておきます。

■電源電圧と電流のモニタ ― アナログメータ1個でモニタ

・アナログメータ
針で計測値を示すタイプのメータ。変化を目視できるので見易い。

　電源の出力状況をモニタできるよう本格的なアナログメータを使いました。アナログメータは大型で高価ですので1個のメータを電流計と電圧計と共用して使うことにして1個で済ませることにします。このためメータの切り替え回路が必要になります。

　この切り替え回路にはメータのフルスケールを調整できるよう電圧用と電流用にそれぞれ半固定抵抗をメータに直列に追加しておきます。このメータ部分の回路を抜き出すと図6.2.4（p.328）のようになっています。

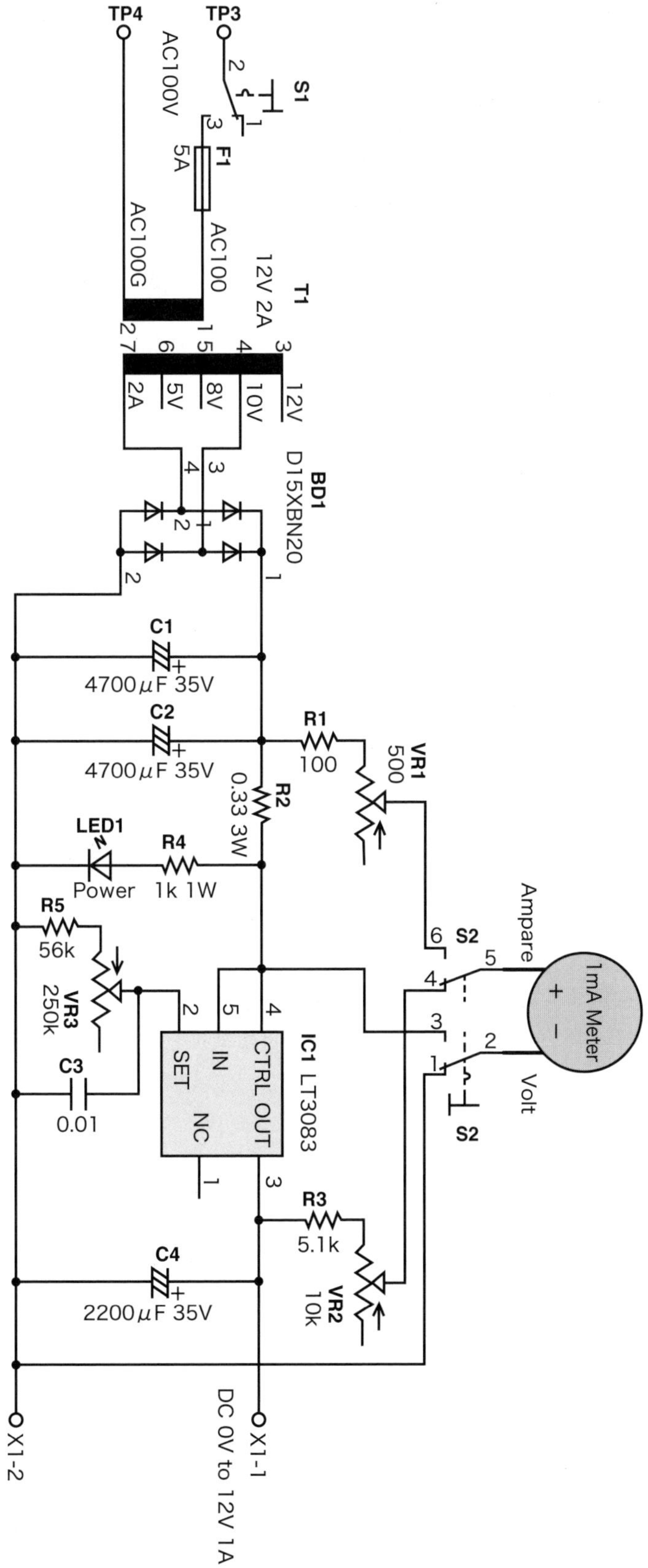
TP4
TP3
AC100V
S1
F1
5A
AC100G
AC100
T1
12V 2A
12V
10V
8V
5V
2A
BD1
D15XBN20
C1
4700μF 35V
C2
4700μF 35V
R1
100
VR1
500
R2
0.33 3W
LED1
Power
R4
1k 1W
R5
56k
VR3
250k
C3
0.01
IC1 LT3083
CTRL OUT
IN
SET
NC
S2
Ampare
Volt
1mA Meter
R3
5.1k
VR2
10k
C4
2200μF 35V
X1-1
X1-2
DC 0V to 12V 1A

◆図 6.2.3　回路図

(a) 電圧測定回路

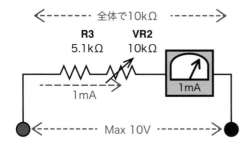

(b) 電流測定回路

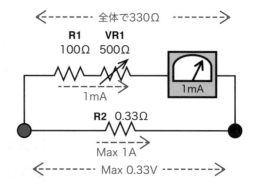

◆図6.2.4　メータ部分の回路詳細

電圧測定

　電圧測定の場合は、図6.2.4(a)のように出力の端子間を測定していますが、1mAの電流計で電圧を測るため、直列に抵抗を挿入して10Vのとき1mA流れるように調整します。抵抗値は10V÷1mA＝10kΩとなりますが、メータの内部抵抗や抵抗の誤差がありますので、5.1kΩと10kΩの可変抵抗を直列接続して可変抵抗で調整して合わせます。これで1mAの電流計をフルスケールが10Vの電圧計とすることができます。

電流測定

　電流測定は、図6.2.4(b)のようにR2の0.33Ωの抵抗で降下する電圧を計測して測ります。この抵抗でレギュレータの入力電圧が下がりますが、レギュレータで出力は一定に保たれますから問題ありません。この抵抗を出力側に挿入すると、出力電圧が変化することになってしまいますのでまずいことになります。

　0.33Ωの抵抗に1A流れたとき、抵抗の両端の電圧差が0.33Vになりますから、このときメータ回路に1mA流れるようにメータの直列抵抗を調整します。抵抗値は0.33V÷1mA＝330Ωとなりますが、メータの内部抵抗や抵抗の誤差を考慮して、100Ωの抵抗と500Ωの可変抵抗を直列接続して可変抵抗で合わせます。これで1mAのメータをフルスケールが1Aの電流計とすることができます。

■部品集め

　次は組み立てです。本電源の組み立てに必要なパーツは、表6.2.1となります。電源ユニットとして小型のアルミケースに実装することにし、配線も直接線材で部品間を接続して行うことにしました。使ったケースはタカチ電機工業のMB12-8-18（旧型番MB-5）で、簡単な構造の箱型になっているものです。

・MB12-8-18
120(W) × 75(H)
× 175(D)

◆表6.2.1　パーツ一覧

部品番号	品名	型番・仕様	数量
IC1	可変レギュレータ	LT3083ET（秋月電子）	1
BD1	ブリッジダイオード	D15XBN20	1
C1、C2	電解コンデンサ	4700uF　35V	2
C3	積層セラミック	0.01uF	1
C4	電解コンデンサ	2200uF　35V	1
R1	抵抗	100Ω　1/4W	1
R2	抵抗	0.33Ω　3W　酸化金属皮膜	1
R3	抵抗	5.1kΩ　1/4W	1
R4	抵抗	1kΩ　1W	1
R5	抵抗	56kΩ　1/4W	1
VR1	可変抵抗	10kΩ B パネル取付型 小型	1
VR2	可変抵抗	500Ω B パネル取付型 小型	1
VR3	可変抵抗	250kΩ B パネル取付型	1
S1	トグルスイッチ	AC125V　2P	1
S2	トグルスイッチ	AC125V　6P	1
T1	電源トランス	12V　2A	1
LED1	発光ダイオード	ブラケット付	1
F1	ヒューズホルダ	小型パネル取付型 FH043A	1
	ヒューズ	125V　3A または 5A	1
	ゴムブッシュ	小	1
	AC ケーブル	AC プラグ付き	1
	放熱器	LEX30P30	1
	メータ	MR45　1mA	1
K1	ターミナル	絶縁型　赤、黒	各1
	ツマミ	中型	1
	ケース	タカチ　MB12-8-18	1
	ゴム足	ねじ止め式	4
	ねじ、カラー、線材		少々

■組み立て - 板金加工

　組み立てはケースの加工からです。前面のパネルに多くのパーツを取り付ける必要があります。これらを写真6.2.2のようにあらかじめ配置をきちんと決めてから加工する必要があります。

LED

S1(2P)

S2(6P)

◆写真 6.2.2　前面パネルの部品配置を決める

　穴あけは大部分丸穴だけですが、メータの取り付け穴だけは大きな穴となります。ドリルで3φ程度の穴をメータ穴の周囲に連続的にあけ、それらをニッパ等でつないで取り除いたあとヤスリで仕上げます。穴をあけ終わった状態が写真6.2.3となります。

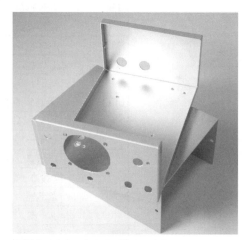

◆写真 6.2.3　穴あけが終わったケース

■部品の取り付け

　穴あけが終わったら部品を取り付けていきます。大物を取り付け完了した状態が写真6.2.4となります。レギュレータは放熱器に固定したあと、放熱器自身をケースの底に裏からネジ止めして固定しています。これでケースも放熱用に利用できます。

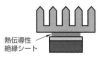

熱伝導性
絶縁シート

　このレギュレータを放熱器に固定する際、レギュレータのタブの部分がOUTとなっていますから放熱器と電気的に絶縁して固定する必要があります。**熱伝導性絶縁シート**と**プラスチックねじ**を使って固定します。

　ブリッジダイオードは直接ネジでケースに固定しています。こちらは絶縁する必要はありません。ケースの底には、これらのねじの頭が出ますので、安定に置けて机などに傷がつかないようケースの四隅にゴム足をネジ止めしています。

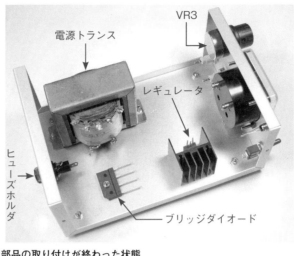

VR3

電源トランス

レギュレータ

ヒューズホルダ

ブリッジダイオード

◆**写真 6.2.4　部品の取り付けが終わった状態**

■配線 - 空中配線で

用語解説

・空中配線
　部品間を直接線材で接続する方法。

アドバイス

　100円ショップの両面テープはおすすめできません。メーカ製のしっかりしたものを使用してください。

用語解説

・ケーブルストッパ
　パネルに穴をあけてケーブルを通す時に保護と固定を目的とする。

　部品の取り付けが終わったら配線をします。すべての配線は取り付けた部品間を直接線材で配線します。抵抗やコンデンサなどを固定した部品間に配線する必要がありますが、空中配線として固定します。

　前面パネルには可変抵抗、メータ、メータ切り替えスイッチなどを取り付けていますから、ちょっと込み入った配線となりますので間違えないように注意しながら配線します。特にメータ切り替えスイッチの配線は線材を先にはんだ付けしてからパネルに取り付けた方がやりやすくなります。メータの調整用可変抵抗は両面接着テープでケースの底に固定してから空中配線します。電解コンデンサは、C1とC2は2個のリード線を直接はんだ付けして並列とします。

　最後に電源供給用のACケーブルを配線しますが、これのケーブルの取り込み部はケーブルストッパ(ゴムブッシュ)で固定します。配線が完了した内部が写真6.2.5となります。電流が流れる配線には太い線材を、メータ関連は1mAしか流れませんから細い線材を使っています。

　写真ではトランスの出力を12Vタップに接続していますが、発熱を考慮して後から10Vタップに変更しています。最大出力電圧を12V程度に高くしたい場合は12Vタップをお使いください。その代わり低電圧出力では最大負荷を0.5A程度として発熱を抑えてお使いください。

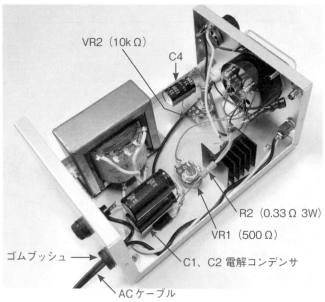

VR2（10kΩ）

C4

R2（0.33Ω 3W）

VR1（500Ω）

C1、C2 電解コンデンサ

ゴムブッシュ

ACケーブル

◆写真 6.2.5　配線が完了した状態

▶▶ 6-2-3 ┃ 動作テストと調整

さて組み立て配線が完了したら動作テストです。いきなり電源スイッチをオンにするのは怖いですから順番に確認します。

まず、出力端子間をテスタの抵抗レンジでショートしていないかを調べます。コンデンサが接続されていますから、最初低い抵抗値を示して徐々に抵抗値が変化すればショートはしていません。低い抵抗値のままの場合はショートしていると思われますから配線を調べましょう。

次にダイオードの出力側のショートを調べます。ダイオードのプラスとマイナスの端子間を測定し、同じように低い抵抗から徐々に増えていけばこちらも大丈夫です。

これでトランス二次側がショートしていることはないので、いよいよACケーブルをコンセントに接続してスイッチをオンとします。その前にメータ切り替えスイッチを電圧側にしておきます。

電源オンで発光ダイオードが点灯し、メータが振れればとりあえず動作しています。さっそく各部品を手で触ってみて熱くなっていないかを確認しましょう。ただしAC100Vが接続されているスイッチやトランスに触るときには端子に触ると感電しますから注意してください。

動作の確認は図6.2.5(a)のようにテスタを接続し、本機のツマミを回してテスタの電圧が変化すれば正常に動作しています。

この後の調整はメータの較正だけです。

■アナログメータの較正

メータの較正は電圧計と電流計それぞれに行います。

教えて

S2 の切り替えスイッチの「電圧計」「電流計」は、どのように設定するのですか。
〔回答〕
出力端子に何も接続していないとき、どちらかに切り替えてメータが触れるほうが電圧側です。

用語解説

・較正
電圧計、電流計の目盛りを調整し、正しい数値に合わせること。

・電圧計の較正

　まず図6.2.5(a)のようにテスタを接続し、レンジを10Vの電圧を計測できるようにします（直流電圧モードに切り替える）。そして本機のメータ切り替えスイッチを電圧計の方に切り替えて、出力電圧をテスタで見ながら出力電圧が10Vになるように前面パネルの電圧調整ツマミを設定します。この状態でメータがフルスケールとなるようにVR2の10kΩの半固定抵抗を調整します。メータはこれでフルスケール10Vの電圧計となります。電圧の変化は出力コンデンサに電気が貯まっていて放電が遅いですから非常にゆっくりと変化します。

・電流計の較正

　次に、図6.2.5(b)のように代用負荷となる10Ω 20W以上の抵抗とテスタを直列に接続し、テスタを1Aの電流を計測できるようにします（直流電流モードに切り替える）。この状態で本機のメータを電流計に切り替えてから、前面の電圧調整ツマミでテスタの電流指示が1Aになるようにします。このときの電圧変化はコンデンサの放電が急速に行われますからすぐ変化します。この後本器のメータがフルスケールになるように、VR1の500Ωの半固定抵抗を調整します。これでメータはフルスケール1Aの電流計となります。この調整のときは代用負荷の10Ωの抵抗が熱くなりますから火傷<ruby>火傷<rt>やけど</rt></ruby>をしないように気を付けてください。

「電圧調整ツマミ」とありますが、メータ切り替えスイッチを電流計にすると電流を調整することができるのでしょうか。
〔回答〕
　電流の調整用のツマミはありません。外付けの抵抗で電流が変わります。
　抵抗を接続した状態で、電圧調整ツマミを回すとオームの法則で電流が変化します。
　I＝V／R

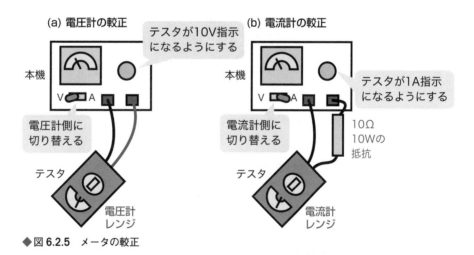

◆図6.2.5　メータの較正

　これで調整も完了しましたから電源の完成ということになります。ケースのふたをねじで固定すれば製作完了です。

　実際に筆者は試作の際の電源としてよく使っていますが、電圧が可変できるのは、モータ用電源とか、マイコン基板用電源とか結構いろいろな場面で役に立ちます。

6-3 Arduino 活用 IoT センサの製作

用語解説

・IFTTT
「If This Then
That」の略。

用語解説

・**IFTTT**
「If This Then
That」の略。

　本章ではArduino Uno R3にWi-Fiモジュールと複合センサを接続し、IFTTT
（イフトと読む）サービスを利用してクラウドにデータをアップし、同じネットワー
クに接続しているパソコンやスマホのブラウザでデータが見られるようにします。

　製作したArduino用拡張ハードウェアが写真6.3.1となります。基板の両端のコ
ネクタには足の長いものを使ってArduinoのコネクタに上から挿入できるように
しています。

◆写真 6.3.1　製作したハードウェアの外観

6-3-1 全体構成と機能仕様

参考

　Webhooks と
Google Spread
Sheet を連携させる。

　製作するシステムの全体構成は図6.3.1のようにし、この構成で次のような機能
を実行します。

〔実行する機能〕

　15分間隔でArduinoに接続した複合センサの温度、湿度、気圧データを測定し、
Wi-Fiモジュールでインターネットに接続してIFTTTサーバに3つのデータを送
信する。IFTTTに追加したアプレットによりGoogleドライブの指定したスプレッ
ドシートに行を追加する。スプレッドシートでそれをグラフ化してウェブブラウ
ザで見られるようにする。

1
2
3
4
5
6

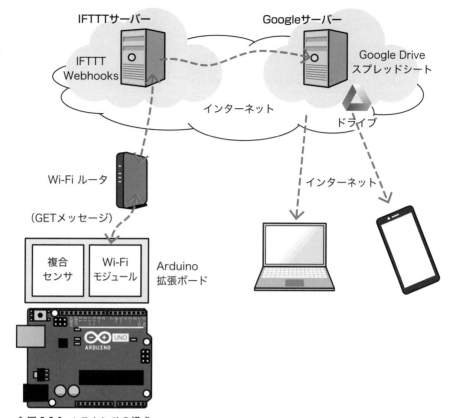

アドバイス

Arduino に今回製作する拡張ボードを接続し、IFTTT サービスを利用してクラウドにデータをアップし、同じネットワークに接続しているパソコンやスマホのブラウザでデータが見られるようにします。

本書で解説した IoT センサを使用するには、Wi-Fi 接続でインターネットが使える環境が必要です。

◆図 6.3.1　IoT センサの構成

ここで IFTTT とは、個人が加入し共有している多種類の Web サービス（Facebook、Evernote、Weather、Dropbox など）同士を連携することができる Web サービスです。

IFTTT は「IF This Then That.」の略で、指定した Web サービスを使ったとき（これが **This** でトリガとなる）に、指定した別の Web サービス（これが **That**）を実行するという関連付けをするだけで自由に関連付けて使えるというサービスです。

例えば、次のような連携ができます。

「天気予報で雨の予想が出たらメールで傘を持参するように通知する」

「Android スマホのバッテリが低下したら SNS に通知する」

本章では、この IFTTT の Webhooks というサービスを使ってトリガを生成し、Google のスプレッドシートにデータを追加するというアプレットを作成します。

実際の動作は図 6.3.1 のように、Arduino から 15 分間隔で計測データを GET メッセージでアプレットに送信します。この GET メッセージが Webhooks のトリガになってアプレットが起動し、アプレットに設定した動作により自動的に Google のスプレッドシートの最後の行の次の行に GET メッセージで送られてきた計測データを追加します。

アドバイス

・グラフ化
Excel と類似の手順でグラフが作成できます。
・グラフ
グラフにも新たなデータが自動的に追加されて表示されます。

あとはスプレッドシートでデータをグラフ化します。スプレッドシートはパソコンやスマホなどからインターネット経由でどこからでも見ることができますから、

この温湿度と気圧のログデータとグラフをどこからでも見ることができるようになります。

▶ 6-3-2 ┃ Arduino の拡張ボードの製作

Arduino に Wi-Fi 通信機能と温湿度、気圧が計測できるセンサを追加するため、ユニバーサル拡張基板を使います。この拡張基板に Wi-Fi モジュールと複合センサを実装し、制御はすべて Arduino Uno R3（リビジョン3）で行います。この拡張ボードの回路図と実装図が図6.3.2(a)(b)となります。ブレッドボードでもできますが、長期間安定に使い続けられるように、拡張ボードを使ってユニバーサル拡張基板にはんだ付けして組み立てています。両端のコネクタには足の長いコネクタを使って Arduino Uno のコネクタに上から差し込んで2階建てで実装できるようにします。

アドバイス

・**Wi-Fi モジュールと複合センサ**
いずれも、本体を変換基板に実装済みのものを購入して使います。

アドバイス

C1、C3 は表面実装のコンデンサです。

アドバイス

・NJM2391
ピン配置に注意してはんだ付けしてください。
2番も基板にはんだ付けします。

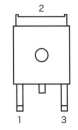

用語解説

・ジャンパピン
2本のピン間（ヘッダピン）を接続。切り離しをするための挿入ピン。

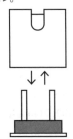

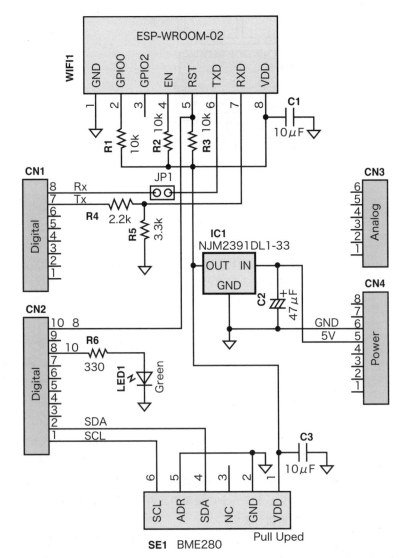

◆ 図 6.3.2(a)　IoT センサの回路図

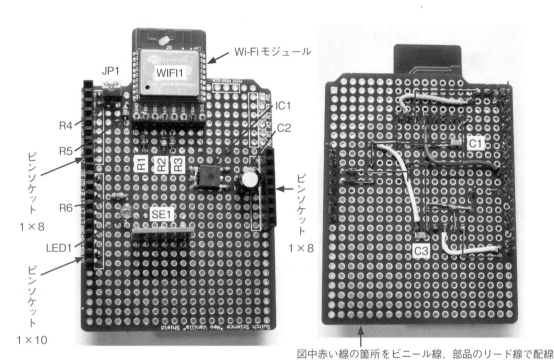

◆図 6.3.2(b)　IoT センサの実装図

図中赤い線の箇所をビニール線、部品のリード線で配線

アドバイス

ESP WROOM-02 モジュール本体は表面実装ですので、そのままでは扱えないため変換基板に実装済みのものを使います。

参考

・抵抗で分圧
　3.3k ÷ (3.3k + 2.2k) × 5V = 3V

アドバイス

J1、J2、J3 すべてはんだを盛って接続状態とします。これによりI²Cモードとなり、SCL と SDA が抵抗でプルアップされます。

Wi-FiモジュールにはESP WROOM-02モジュールを基板に実装したものを使い、UARTシリアル通信でArduinoと接続します。115.2kbpsという速度ですので、Arduino側もハードウェアのUARTピン（0ピンと1ピン）を使って接続します。この0ピンは、Arduinoにスケッチプログラムをパソコンからダウンロードするときにも使いますので、JP1のジャンパピンを追加して書き込み時にはジャンパピンをはずし、書き込みが終わってプログラムを実行するときにはジャンパ接続するという手順で使うことにします。

またUART接続ではArduino側が5VでWi-Fiモジュール側が3.3Vと電圧が異なりますので、Arduinoの送信（TX）ピンは抵抗で分圧してWi-Fiモジュールの電圧に合わせています。Arduino側の受信（RX）ピンは3.3Vでも問題なく動作しますので直接接続としています。

複合センサにはBME280というICを使いますが、超小型ICですので、こちらも基板に実装済みのものを使います。ArduinoとはI²C接続となります。センサ側の基板にはジャンパが3個ありますが、いずれもはんだでジャンパする必要があります。これによりセンサ側でI²Cの2本を抵抗で3.3Vにプルアップしますので電圧の差異を気にしなくてもよくなります。

次に電源ですが、Wi-Fiモジュールも複合センサも3.3V動作です。Arduinoからも3.3Vを供給できるようになっているのですが、Wi-Fiモジュールが意外と電流を必要とするため、Arduinoからの3.3Vでは不足してしまいます。したがって拡張ボードに3端子レギュレータを追加して5Vから独立に3.3Vを生成することにします。あとは動作目印用にLEDを1個追加しています。

Wi-Fiモジュールと複合センサいずれも電源に10μFのコンデンサが追加されていますが、これにはチップ型のコンデンサを使って裏面に実装しています。

組み立てが完了したら、Arduinoに実装し、Arduinoの電源を接続します。その後電圧をテスタで確認します。レギュレータの出力が3.3Vになっていれば大丈夫です。

この拡張ボードの製作に必要な部品は表6.3.1となります。

アドバイス

ここでの3端子レギュレータは、余裕を見て1A出力のものを使いましたが500mA程度でも問題ありません。端子配列には注意してください。

アドバイス

C1、C3は裏面の電源とグランドの配線の間に直接はんだ付けします。

アドバイス

Arduino Uno R3の電源は、USBケーブルで供給するか、もしくは外部電源（ACアダプタ）から電源を供給します。

◆表6.3.1 部品表

部品番号	品名	型番・仕様	数量
IC1	レギュレータ	NJM2391DL1-33	1
WIFI1	Wi-Fiモジュール	ESP-WROOM-02モジュール シンプル版 （スイッチサイエンス）	1
SE1	複合センサ	BME280センサモジュールキット （温湿度・気圧センサモジュールキット） （秋月電子通商）	1
LED1	発光ダイオード	3φ　緑	1
CN1、CN4	ソケット	ピンソケット1×8　リード長・15mm （秋月電子通商）	2
CN2	ソケット	ピンソケット1×10　リード長・15mm	1
CN3	ソケット（未実装）	ピンソケット1×6　リード長・15mm	1
C1、C3	チップコンデンサ	10uF　16V/25V　3216サイズ	2
C2	電解コンデンサ	47uF　16V/35V	1
R1、R2、R3	抵抗	10kΩ　1/6W	3
R4	抵抗	2.2kΩ　1/6W	1
R5	抵抗	3.3kΩ　1/6W	1
R6	抵抗	330Ω　1/6W	1
JP1	ジャンパ	シリアルピンヘッダ　2P	1
JP1	ジャンパピン	ジャンパピン　ピッチ：2.54mm	1
	基板	Arduino用バニラシールド基板 （スイッチサイエンス） Arduino用ユニバーサルプロトシールド基板 （秋月電子通商）	どちらか1
	線材		少々

なおArduinoは「Arduino Uno R3」を使用しました（スイッチサイエンス、秋月電子通商で購入できます）。

▶ 6-3-3 │ IFTTT のアプレットの作成

注意

ここでの作業は、パソコンもしくはスマホのブラウザで行います。

アドバイス

アカウントの取得方法はウェブで検索してください。

ハードウェアが完成したら次に IFTTT（イフト）を使えるようにします。Google ドライブを使いますので、IFTTT と Google アプリの両方を使えるようにする必要がありますが、本書では Google アカウントについては既に持っているものとし、IFTTT の設定方法のみ説明します。

IFTTT の設定の流れはつぎの手順になりますが、IFTTT ではブラウザには Google Chrome が指定されていますので Chrome を使う前提で進めます。IFTTT の設定は次のステップとなります。

- ・アカウント作成とログイン
- ・This の設定 → Webhooks を使う
- ・That の設定 → Sheet の中の Add row to spreadsheet を使う
- ・Google Spreadsheet に対し IFTTT からの受信を許可する
- ・テスト送信実行

参考

2020 年 9 月、有料プランが発表され、無料版では制限が加わりました。

最初はの設定で、まずアカウントの登録から始めます。IFTTT のホームページ (ifttt.com) を開き、図 6.3.3 の①でメールアドレスを入力して［**Get started**］ボタンをクリックします。これで表示されたページで②のようにパスワードを入力してから③［**Log in**］ボタンをクリックしてログインします。これでアカウントが登録されます。

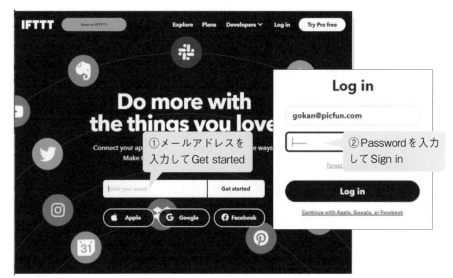

◆図 **6.3.3**　IFTTT へのログイン

参考

本書は 2021 年 5 月～7 月の IFTTT をもとに執筆しました。
本書に掲載した画面は 2021 年 7 月中旬のものです。

サインインすると図 6.3.4 の画面になります。ここから実際に使う自分専用のアプレットを作成します。まず①のように上端にあるメニューで［**Create**］を選択するとアプレット作成が開始されます。続いて②［**If This**］のボタンをクリックします。

◆図6.3.4 自分専用のアプレットの作成開始

これで表示される図6.3.5の画面で、①「webhook」と入力します。これで図のようにWebhooksのサービスが表示されますから、②のように選択しクリックします。

◆図6.3.5 this の設定

これで図6.3.6の画面になります。ここではGETメッセージやPOSTメッセージが送られてきたとき、トリガとするイベントの名前を入力します。まず①の大きなボタンをクリックし、これで開く窓で②のようにトリガ名称を例えば「Add_Data」と入力してから③の［Create trigger］ボタンをクリックします。

◆**参考**

②で入力した「Add_Data」がアプレットの名前です。

◆**図6.3.6** this の設定

これでトリガのthisの設定は終わりで、図6.3.4の画面に戻りますから、ここで[Then That] のボタンをクリックします。続いて表示される図6.3.7の画面で①のように検索窓に「sheet」と入力すると表示される [Google Sheets] のボタンをクリックします。

続く画面では、選択肢が2つ表示されますから、③のように [Add row to spreadsheet] を選択します。

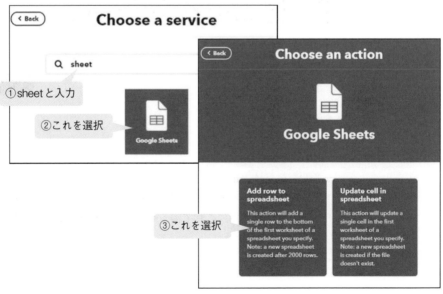

◆**図6.3.7** that の設定

これで図6.3.8のようなデータ送信内容の設定画面になります。ここでは①Googleアプリのスプレッドシートの名前（Loggerにした）、②は追加する行の形式で、ここではEventnameは不要なので削除し、時刻（OccurredAt）とデータ3個（Value1,2,3）を送ることにしています。次に③でスプレッドシートを作成するフォルダ名（ここではIFTTTとした）を入力します。

これで④のように［Create action］をクリックすると右図のような確認画面になりますから、⑤で［Continue］ボタンをクリックします。これで最終確認画面になりますから、⑥Notificationを受信するためOnにしてから、⑦［Finish］をクリックして完了です。

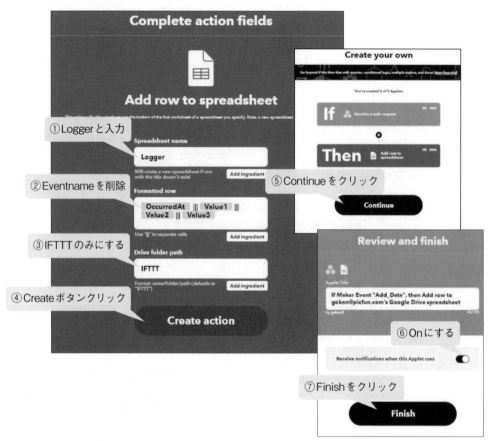

◆図6.3.8　thatの設定

これで図6.3.9のように作成されたアプレットの画面になります。

次は、Google Spreadsheetのアクセス許可を設定します。①のようにSheetのアイコンをクリックして表示される画面で、②のように［Settings］のボタンをクリックします。さらにこれで開く画面で、③のように［Edit］をクリックします。

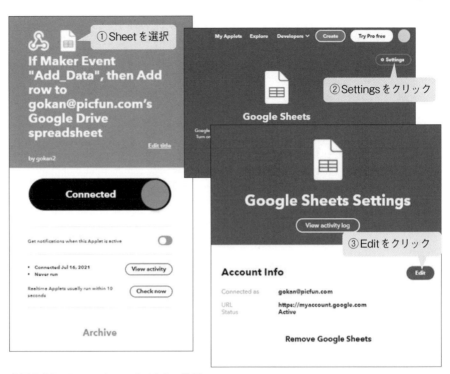

◆**図 6.3.9** Google Sheet のアクセス許可

これで図6.3.10のようなアカウント選択画面になりますから、④のように自分のアカウントを選択します。さらに開く画面で⑤のように[**許可**]のボタンをクリックすればアクセス許可が完了します。

◆**図 6.3.10** Google Sheet のアクセス許可

　これで表示される画面で［Back］を何回かクリックして図6.3.11の画面に戻ります。次は①のようにWebhooksの方を選択します。これで表示される画面で、②のように［Documentation］をクリックします。

①Webhookをクリック

②Documentationをクリック

◆図6.3.11　テストの実行

注意

キーコードをメモしておいてください。

　次に表示される図6.3.12の画面の上側に表示されるYour keyがキーコードですのでメモっておきます。あとでこれをプログラム中に記述する必要があるためです。

　次にこの画面でテストを試します。①でトリガイベント名に自分が作成したイベント名「Add_Data」を入力、②で3つのデータに適当な値か文字を入力してから、③の［Test it］ボタンをクリックします。

　これで④のように画面上部に「Event has been triggered.」と緑バーで表示されればテスト実行完了で、Google Spread Sheetにデータが追加されているはずです。

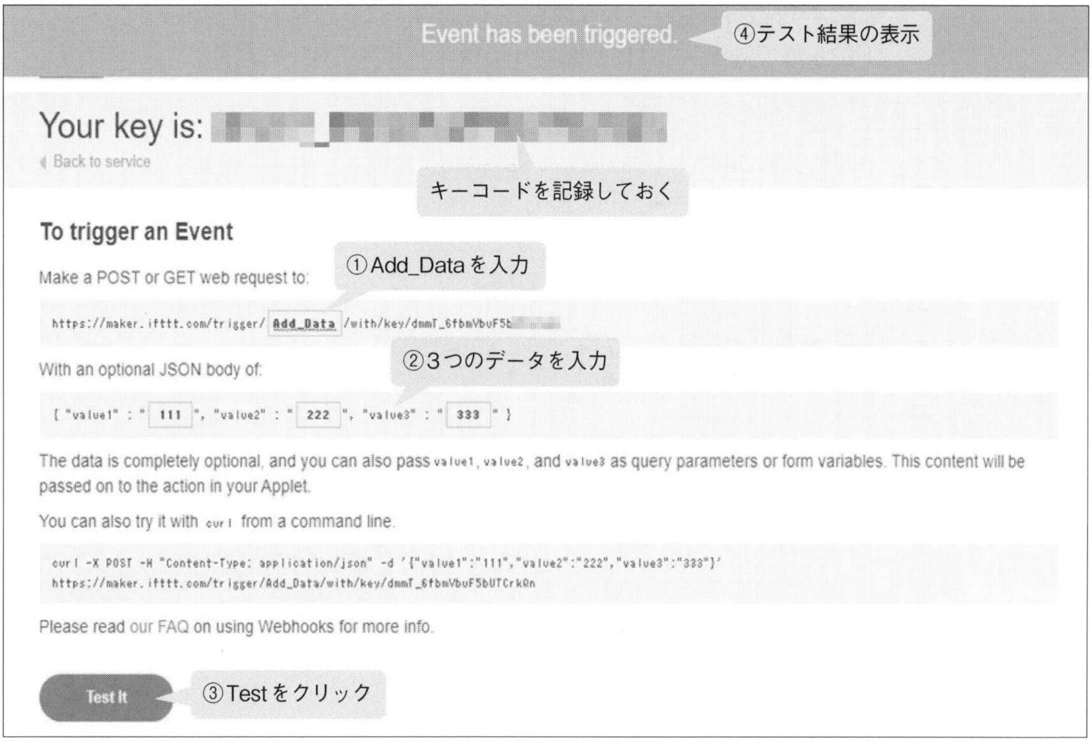

Event has been triggered.
④テスト結果の表示
Your key is:
Back to service
キーコードを記録しておく
To trigger an Event
Make a POST or GET web request to:
①Add_Dataを入力
https://maker.ifttt.com/trigger/ Add_Data /with/key/dmmT_6fbmVbuF5b
With an optional JSON body of:
②3つのデータを入力
{ "value1" : " 111 ", "value2" : " 222 ", "value3" : " 333 " }
The data is completely optional, and you can also pass value1, value2, and value3 as query parameters or form variables. This content will be passed on to the action in your Applet.
You can also try it with curl from a command line.
curl -X POST -H "Content-Type: application/json" -d '{"value1":"111","value2":"222","value3":"333"}' https://maker.ifttt.com/trigger/Add_Data/with/key/dmmT_6fbmVbuF5bUTCrk0n
Please read our FAQ on using Webhooks for more info.
Test It
③Testをクリック

◆図 6.3.12　テストの実行

テスト結果を確認するため図6.3.13のようにGoogle Driveを開きます。図のようにLoggerというファイルが自動生成されているはずです。

ただし、ここではGoogleアカウントが既に登録されていてログイン状態になっているものとします。

ドライブ
ドライブで検索
新規
マイドライブ
候補リスト
マイドライブ
パソコン
共有アイテム
最近使用したアイテム
スター付き
ゴミ箱
Logger
自動生成された
Spread Sheet
数秒前に編集したファイル

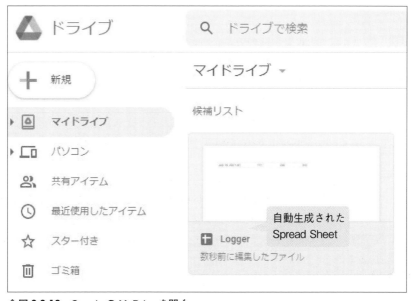

◆図 6.3.13　Google の MyDrive を開く

このLoggerのファイルを開くと図6.3.14のようにSpread Sheetとなっていて、図6.3.12で設定した日付と3個の値がセルに追加されています。

◆図6.3.14 テスト結果

以上でIFTTTの設定はすべて完了で、あとはWebhooksへのデータ転送待ちになります。この次はArduino側からGETメッセージでデータを送る方を製作します。

6-3-4 Arduino のプログラム作成

参考

プログラムは技術評論社・書籍案内「改訂新版 電子工作の素」の『本書のサポートページ』よりダウンロードできます。

アドバイス

ダウンロードしたsketchフォルダにすべてのプログラムが含まれています。

ハードウェア、IFTTTのアプレットの準備ができましたから、いよいよこれをArduinoのスケッチプログラムで動かします。

大きくBME280の複合センサとESP-WROOM-02のWi-Fiモジュールの制御となります。これらのプログラムは技術評論社のウェブサイトの『本書のサポートページ』よりダウンロードできますので、ダウンロードしたプログラムを動かすという前提で進めます。

複合センサの方は、ウェブにアップされているライブラリでそのまま動かせますので簡単です。先にArduino IDEを起動して「BME280」という名称で新規スケッチを作成する状態にしてください。

次にライブラリをダウンロードします。ダウンロードサイトは次のスイッチサイエンス社のサイトとなります。

https://www.switch-science.com/catalog/2236/

このサイトを開き下の方に移動すると図6.3.15のようなダウンロード項目があります。これをクリックして後は順番に進み、最後の「BME280_i2C.ino」をクリックするとスケッチのプログラムリストが開きますから、ちょっと長いリストですが、リストをすべてコピーしてArduino IDEのエディタにそのままコピーします。

アドバイス

ファイルダウンロードでも構いません。

- 使い方
- スイッチサイエンスのBME280公開リポジトリ（Python、Arduinoのサンプル）
- mbed.orgのコンポーネントページ
- チップメーカー（BOSCH）提供のドライバーソフトウェアページ
- Githubの公開リポジトリ(Pythonスクリプトなど)
- 温度、湿度、気圧を測定（一回）
- 空気品質を測定
- M5Stackでセンサを使ってみよう）
  - Arduino編
  - MicroPython

①これをクリックする

②Arduino を選択

③BME280_I2C をダウンロードする

④これをクリック

⑤開くスケッチのリストを全部コピー

◆図 6.3.15　BME280 用スケッチのダウンロード（スケッチ名：BME280）

 アドバイス

Arduino IDE の 右上隅にあるアイコンをクリックで起動し、print 文の出力を表示します。

コピーしたらすぐコンパイルしてArduinoに書き込みます。これで動作を開始し、Arduino IDEのシリアルモニタを開けば、図6.3.16のように温度、気圧、湿度が1秒ごとにリストとして出力されます。シリアルモニタでは通信速度を9600bpsに設定します。

アドバイス

ここでは1秒ごとにリストとして出力されます。後ほどプログラムにて 15 分間隔に変更します。

◆図 6.3.16　BME ライブラリの動作結果

次にWi-Fiモジュールの方ですが、こちらは適当なライブラリが見つかりませんでしたので、シリアル通信のプログラムとして作成しました。プログラムリスト

アドバイス

スケッチ名「IoT1」。

6.3.1がテストプログラムで、アクセスポイントに接続し、IFTTTサーバと接続してGETメッセージを送信するだけのプログラムとなります。送信する温湿度と気圧のデータは固定値として送信しています。途中にデバッグ用にIFTTTからの応答を出力できるようにした部分があります。この部分のコメントを外せばIFTTTからの応答がシリアルモニタで見られます。

リスト中のSSID、パスワードは読者がお使いのルータのものに、Add_Dataの名称とキーコードは読者が作成したアプレットのものに変更してください。

プログラムリスト6.3.1 Wi-Fiモジュールのテストプログラム（スケッチ名：IoT1）

```
/**********************************
 *    IoT アプリケーション
 *    気圧、温度、湿度を IFTTT 経由で
 *    Spread Sheet に送信
 **********************************/
// グローバル変数定義
char DATA1[15], DATA2[13], DATA3[11], b;
float Pres, Temp, Humi;
/******* セットアップ関数     ***************/
void setup()
{
  delay(3000);
  pinMode(10, OUTPUT);
  digitalWrite(10, LOW);
  pinMode(8, OUTPUT);
  digitalWrite(8, HIGH);
  Serial.begin(115200);
  delay(100);
}
/********* メインループ関数   ********************/
void loop() // run over and over
{

  Pres = 1234.5;
  Temp = 34.5;
  Humi = 55.0;

  Transfer();
  delay(1000000);
}
/**************************
 *  受信しながら文字列を探す関数
 **************************/
bool FindString(String target, uint32_t timeout)
{
    String data;
    char a, flag;
    unsigned long start = millis();
```

```
        flag = 0;
        while (millis() - start < timeout) {
            while(Serial.available() > 0) {
              a = Serial.read();
              if(a == '¥0') continue;
                data += a;
            }
            if (data.indexOf(target) != -1) {
                flag = 1;
                break;
            }
        }
        if(flag == 1)
          return true;
        else
          return false;
}
```

```
/**************************************
 * IFTT  送信関数
 *   Pres、Temp、Humi の3値を送信
 *   トリガ= Add_Log
 **************************************/
void Transfer(void){
  char s[7],t[7],u[7];

  digitalWrite(8, LOW);                    // ESP リセット
  delay(100);
  digitalWrite(8, HIGH);
  delay(2000);
  digitalWrite(10, HIGH);                  // 目印オン
  dtostrf(Pres, 5, 1, s);                  // 数値の文字変換
  dtostrf(Temp, 3, 1, t);
  dtostrf(Humi, 2, 0, u);
  sprintf(DATA1, "?value1=%s", s);         // 送信データ作成
  sprintf(DATA2, "&value2=%s", t);
  sprintf(DATA3, "&value3=%s", u);
  //ESP 送信開始
  Serial.print("AT+CWMODE=1¥r¥n");         // クライアントモード
  // アクセスポイントと接続
  if(FindString("OK",500)==false){Serial.println("NG¥r¥n");}
  Serial.print("AT+CWJAP=¥"    SSID    ¥",¥"  パスワード  ¥"¥r¥n");
  if(FindString("OK",6500)==false){Serial.println("NG¥r¥n");}
  // IFTTT サーバと TCP 接続
  Serial.print("AT+CIPSTART=¥"TCP¥",¥"maker.ifttt.com¥",80¥r¥n");
  if(FindString("OK",500)==false){Serial.println("NG¥r¥n");}
  // パススルーモードにセット
  Serial.print("AT+CIPMODE=1¥r¥n");
```

```
  if(FindString("OK",1500)==false){Serial.println("NG¥r¥n");}
  // GET メッセージ送信
  Serial.print("AT+CIPSEND¥r¥n");          // 送信開始コマンド
  if(FindString("OK",1500)==false){Serial.println("NG¥r¥n");}
  Serial.print("GET /trigger/Add_Log/with/key/      key コード      ");
  Serial.print(DATA1);
  Serial.print(DATA2);
  Serial.print(DATA3);
  Serial.print(" HTTP/1.1¥r¥nHost: maker.ifttt.com¥r¥n¥r¥n");
//    // IFTTT サーバ応答確認用処理（デバッグ用）
//    do{
//        if(Serial.available() > 0) {
//          b = Serial.read();
//          Serial.write(b);
//      }
//    } while(b != '¥0');
  delay(1000);                    // IFTTT サーバ処理待ち
  // パススルーモード解除
  Serial.print("+++");
  delay(1000);                    // ESP 切替待ち
  // サーバ接続解除、AP 接続切断
  Serial.print("AT+CIPCLOSE¥r¥n");
  if(FindString("OK",500)==false){Serial.println("NG¥r¥n");}
  Serial.print("AT+CWQAP¥r¥n");
  if(FindString("OK",500)==false){Serial.println("NG¥r¥n");}
  digitalWrite(10, LOW);          // 目印オフ
}
```

　このスケッチプログラムを実行して、Arduino IDEのシリアルモニタに図6.3.17のように表示されればIFTTTに正常に送信されています。これでスプレッドシートを開けばデータが追加されているはずです。

　途中で「NG」というメッセージが表示された場合は何らかの接続エラーが発生したということですので、プログラムのどこかに間違いがあるか、電源を入れなおして再度試してみてください。

◆図6.3.17　Wi-Fiモジュールテストプログラムの実行結果

最後にテストしたセンサモジュールとWi-Fiモジュールの2つのプログラムを一体化して完成させます。完成させたプログラムの主要部がプログラムリスト6.3.2で、その他の部分は作成したテストプログラムをそのままコピーしていますので同じとなっています。

主な変更点は通信速度を115.2kbpsに変更、気圧と温湿度の変数名をセンサ側に合わせたこと、送信間隔を15分にしたこと、ESPリセットピンの設定の追加くらいです。

これをArduinoに書き込んで、電源をACアダプタに変更すれば、15分間隔で長時間のログを記録することができます。

📎アドバイス

Arduino の USB 接続を切り離して、DCジャックに 6V 〜 12Vの AC アダプタを接続します。

プログラムリスト 6.3.2 IoT センサの主要部（スケッチ名：IoT2）

（変数定義部省略）

```
char DATA1[15], DATA2[13], DATA3[11];        送信データ用バッファ
/****** 初期設定 **************/
void setup()
{
    uint8_t osrs_t = 1;              //Temperature oversampling x 1
    uint8_t osrs_p = 1;              //Pressure oversampling x 1
    uint8_t osrs_h = 1;              //Humidity oversampling x 1
    uint8_t mode = 3;               //Normal mode
    uint8_t t_sb = 5;               //Tstandby 1000ms
    uint8_t filter = 0;             //Filter off
    uint8_t spi3w_en = 0;           //3-wire SPI Disable

    uint8_t ctrl_meas_reg = (osrs_t << 5) | (osrs_p << 2) | mode;
    uint8_t config_reg    = (t_sb << 5) | (filter << 2) | spi3w_en;
    uint8_t ctrl_hum_reg  = osrs_h;
    delay(3000);
    pinMode(10, OUTPUT);        ESP リセットと目印
    pinMode(8, OUTPUT);         LED 用の出力ピン
    digitalWrite(8, HIGH);
    digitalWrite(10, LOW);
    Serial.begin(115200);       通信速度は 115200
    Wire.begin();               とする

    writeReg(0xF2,ctrl_hum_reg);
    writeReg(0xF4,ctrl_meas_reg);
    writeReg(0xF5,config_reg);
    readTrim();                     //
}
/********* メインループ ****************/
void loop()
{

    signed long int temp_cal;
    unsigned long int press_cal,hum_cal;
```

```
        readData();

        temp_cal = calibration_T(temp_raw);
        press_cal = calibration_P(pres_raw);
        hum_cal = calibration_H(hum_raw);
        temp_act = (double)temp_cal / 100.0;
        press_act = (double)press_cal / 100.0;
        hum_act = (double)hum_cal / 1024.0;
        Serial.print("TEMP : ");
        Serial.print(temp_act);
        Serial.print(" DegC  PRESS : ");
        Serial.print(press_act);
        Serial.print(" hPa  HUM : ");
        Serial.print(hum_act);
        Serial.println(" %");
        Transfer();                    転送関数呼び出し
        delay_min(15);                 15分待ち
}
/***********************************
 * 分タイマ
 ***********************************/
void delay_min(int time){

    while(time > 0){
        delay(60000);
        time--;
    }
}
```

アドバイス

ちなみに、30分待ちにするには
delay_min(30);
となります。

▶▶ 6-3-5 │ 動作確認

これで完成ですので、しばらく連続動作させてみます。電源を入れた最初に1回だけ、送信を実行します。これでGoogleドライブにファイルが生成されていれば正常に動作しています。その後は15分に1回ですからしばらく動作させる必要があります。

アドバイス

グラフの作成方法は、スプレッドシートの使い方の書籍かウェブサイトを検索してください。

こうして5日間ほど連続動作させたときに、スプレッドシートに作成されたグラフの例が図6.3.18となります。

このグラフでは、温度と湿度は左縦軸に、気圧は右縦軸にしています。これで値が大きく異なるデータを同じグラフ内で扱うことができます。グラフを作成する際に、グラフ範囲選択で最後の行の次の空行まで含めて指定すると、新しいデータが追加されたとき、グラフにも自動的に追加されて表示されます。また1行目に見出し行を追加すれば、凡例として表示できるようになります。この例では、気圧の谷が通過したのがよく分かります。

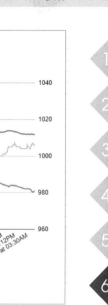

気圧、温度、湿度

◆図 6.3.18　動作結果のグラフ例

6-4 ラズパイでインターネットラジオの製作

用語解説

・インターネットラ
ジオ
　インターネット上で
公開されているラジオ
番組。

　本章ではRaspberry Pi 3B+を使って、スマホやタブレットから局選択ができる
インターネットラジオを製作します。

▶ 6-4-1 | インターネットラジオの全体構成

アドバイス

　Wi-Fi接続でイン
ターネットが使える環
境が必要です。

アドバイス

　アンプ内蔵のスピー
カを接続して聴くこと
にします。

　製作するインターネットラジオの全体構成は図6.4.1のようになります。インター
ネットラジオ機能そのものは、Raspberry Pi 3B/3B+（以降ラズパイとする）のフ
リーのアプリケーションですべて実行します。インターネットとの接続はWi-Fi経
由とします。これで音声出力がラズパイのオーディオジャックに出てきますから、
ここにアンプを内蔵したステレオアンプスピーカ（アクティブスピーカ、パワード
スピーカ）を接続して聴くことにします。したがってハードウェアとして製作する
ものは特にありません。

　局選択もスマホかタブレットのアプリケーションで行いますので、ラズパイ側も
タブレット側もフリーのアプリケーションを使いますからプログラムの製作も不要
です。

　このように高機能なシングルボードコンピュータを使うと、フリーで使える多く
のアプリケーションがあらかじめ用意されていますから、かなりの高度の機能も
簡単にできてしまいます。

アドバイス

　スピーカは、ラズパ
イに装備されているス
テレオミニプラグに接
続します。

参考

　ラズベリーパイ用の
電源に、ACアダプター
（5V／3A、USB-
microB オス）が必要
です。

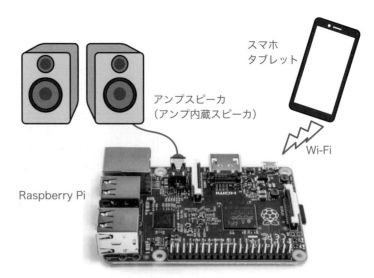

◆図6.4.1　インターネットラジオの全体構成

▶ 6-4-2 | ラズパイのプログラムセットアップ

注意

ラズパイのOSのインストールの方法は、関連書籍もしくはネットで確認し行ってください。本書では解説していません。

用語解説

・デーモン

Linuxにおいてメモリ上に常駐してさまざまなサービスを提供するプロセスのこと。

ラズパイでインターネットラジオを聴けるようにするアプリケーションのセットアップ方法を説明します。本書ではインターネットラジオを聴くためのアプリケーションとしてMPD（Music Player Daemon）とこのMPDを操作するためのクライアントMPC（MPD Client）を使います。ただしラズパイのOSのインストールは済んでいるものとします。

MPDとMPCの関係は図6.4.2のようになっていて、MPDはデーモンとして裏方で動作し、局選択リスト（Playlist）に基づいて選択されたラジオ局をインターネットから取り込んで再生します。しかしいろいろな操作をすることはできません。その代わりをMPCが行うようになっていて多くのコマンド操作ができるようになっています。さらにパソコンやスマホ／タブレットなどにMPDクライアントとなるアプリを組み込むと、こちらからも操作ができるようになります。

局の選択は局選択リスト（Playlist）に基づいて行われます。この局選択リストは簡単に編集できますので、局の追加、削除は容易にできます。

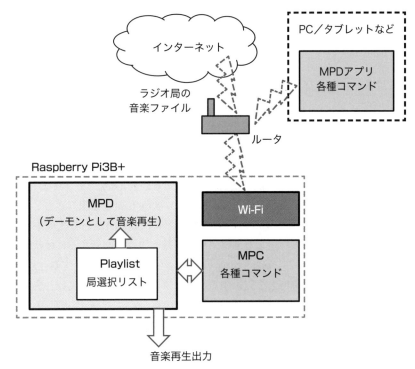

◆図6.4.2　MPDとMPCの関係

このMPDとMPCを使うための手順は次のようにします。

① sudoを付加した管理者権限のコマンドでMPDとMPCを一緒にインストールします。

```
sudo apt-get install mpd mpc
```

②　外部アクセスができるようにMPDのコンフィギュレーションファイルを修正
　　します。このため次のコマンドでコンフィギュレーションファイルを呼び出
　　して一部修正します。

　　　sudo　nano　/etc/mpd.conf

　　これで開くリストで下記部分の2行を修正します。

　　deviceの行の＃を削除し、mixer_typeの＃を削除し、hardwareをsoftware
　　に変更します。

```
#
# An example of an ALSA output:
#
audio_output {
        type                "alsa"
        name                "My ALSA Device"
        device              "hw:0,0"            # optional
        mixer_type          "software"          # optional
#       mixer_device        "default"           # optional
#       mixer_control       "PCM"               # optional
#       mixer_index         "0"                 # optional
}
```

　　　修正完了したら「CTRL-O」で上書きし、「CTRL-X」でエディタを終了し
　　ます。

③　リブートする。

④　ラジオ局を登録したテキストファイルを読み込んでPlaylistにするために、
　　次のコマンドを実行します。ここではテキストファイルを「test.m3u」とし
　　ています。このテキストファイルの作成方法は次の節で説明します。

　　　mpc　clear　　　　　＃ Playlistをクリアする

　　　mpc　load　test　　＃ test.m3uを読み込む

　　　mpc　playlist　　　＃ Plasylistとして生成する

⑤　指定したラジオ局に接続して再生開始するには次のコマンドを実行します。

　　　mpc　play　2　　　　＃2番目の局を再生する

⑥　再生を停止するためには次のコマンドを実行します。

　　　mpc　stop

以上の手順でインターネットラジオを聴くことができるようになります。

mpcにはこの他にたくさんのコマンドが使えるようになっていて、代表的なコ
マンドには表6.4.1のようなものがあります。

◆表 6.4.1　mpc の代表的なコマンド

コマンド書式	機能
mpc current	現在再生中のラジオ局名と曲名を表示する
mpc play [num]	Playlist の num 番目の局を再生する num のデフォルトは 1
mpc next	Playlist の次の局を再生する
mpc prev	Playlist の前の局を再生する
mpc pause	再生の一時停止
mpc toggle	再生と一時停止を交互に実行する
mpc stop	再生の停止
mpc clear	Playlist を消去する
mpc playlist	現在の Playlist を表示する
mpc load [file]	file を読み込んで Playlist にする
mpc volume [+-][num]	音量のアップダウン　num ステップ

▶▶ 6-4-3 ┃ 局選択リストの作成

　インターネットラジオを mpd で聴くときには Playlist としてラジオ局を登録したファイルが必要になります。この Playlist の作成方法を説明します。

■ Playlist の作成方法

　実際に作成するのは Playlist そのものではなく、その元になるテキストファイルで、拡張子を「.m3u」として作り、それを mpd が読み込むと Playlist となります。そこでこのテキストファイルを「**局選択リスト**」と呼ぶことにします。

　局選択リストの形式は図 6.4.3 が基本となります。単純に局の名称と URL を順番に並べているだけです。

```
ヘッダ                    #EXTM3U
                         #EXTINF:-1,Smooth Jazz Florida
1番目の局名称と           http://162.244.80.41:8802
URL
                         #EXTINF:-1,Smooth 97 The Oasis
2番目の局名称と           http://192.211.51.158:5014
URL
                         #EXTINF:-1,Love Jazz Florida
                         http://162.244.80.41:8806
                         #EXTINF:-1,Dinner Jazz Excursion
                         http://64.78.234.165:8240
```

◆図 6.4.3　局選択リストの例

■局名と URL を入手する方法

　次に、この局名と URL を入手する方法を説明します。まずインターネットでラジオ局のリストを集めているサイトをラズパイのデスクトップでブラウザを使って

357

開いて、そこから取り出します。このようなサイトで最も有名なところが
「Shoutcast」ですので、ここから取り出します。手順は次のようになります。

(1) ラズパイのWebブラウザで「Shoutcast」のサイトを開きます。
　　　http://www.shoutcast.com/
(2) これで開くページでトップにあるメニューの［LISTEN］を選択します。
(3) これで開く図6.4.4のページで好きなジャンル（GENRE）を選択すると、局
　　の一覧が表示されます（例えば「Jazz」→「SmoothJazz」を選択）。
　① 希望する局のダウンロードアイコン🔽をクリックする。
　②［Any player(.m3u)］をクリックして［tunein-station.m3u］というファイ
　　ルをダウンロードする。
　③ ファイルが「ダウンロード」フォルダに保存される。

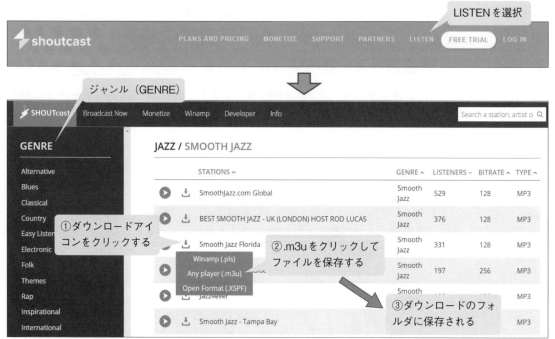

◆図6.4.4　Shoutcastのページ

　④ ダウンロードしたファイルをテキストエディタで開くと図6.4.5のように局
　　名とURLが表示されます。
　　この部分をtest.m3uのリストにコピーします。同じ局のURLが複数あるこ
　とがありますが、一つだけコピーすれば大丈夫です。最後に空行があると誤
　動作しますから最後の局で改行だけします。

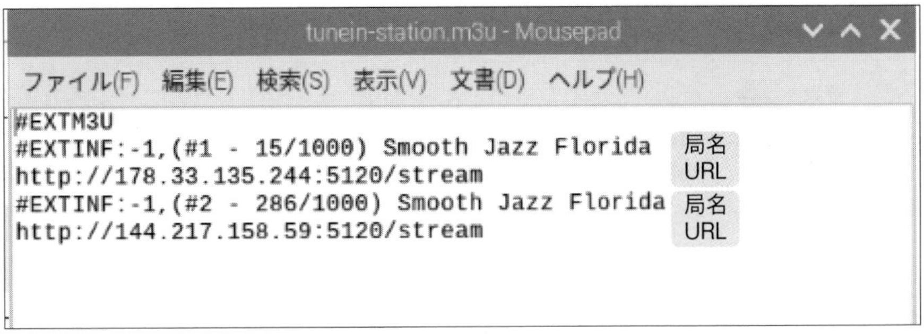

◆図6.4.5　局名と URL を取り出す

⑤ test.m3u を「/var/lib/mpd/playlists/」ディレクトリに保存します。

以上の手順で test.m3u の局リストの作成は終了です。

ここで保存する際に「権限がありません」ということで書き込みエラーになった場合、簡単に解決するには、次のようにします。

アドバイス

コマンドの前に sudo を付加してください。

まず、ディレクリを /var/lib/mpd/playlists/ に移動します。次に管理者権限で nano エディタを使って、空の test.m3u を新規作成し開きます。

```
cd  /var/lib/mpd/playlists/
sudo  nano  test.m3u
```

ここに、既に作成したテキストエディタの test.m3u の内容をすべて選択し、nano エディタにコピーします。コピー後「CTRL-O」で上書し、「CTRL-X」で終了します。これで権限の問題はクリアできます。あとから局リストを追加、変更する場合も同じように、管理者権限で nano エディタを使って test.m3u を開いて編集します。

⑥ ラジオ局を登録した test.m3u ファイルを読み込んで Playlist にするために、次のコマンドを実行します。

```
mpc  clear      # 既存Playlistをクリアする。
mpc  load  test  # test.m3uを読み込む。
mpc  playlist    # Plasylistとして生成する。
```

アドバイス

管理者権限で行います。

局選択リストをパソコンで作成した場合には、USB メモリでラズパイにコピーすれば同じようにテキストエディタで開くことができますから、⑤の手順で nano エディタを使って test.m3u にコピーします。

以上でラズパイ側の製作は完了です。「mpc play［番号］」のコマンドで局を選択して聴くことができます。

▶▶ 6-4-4 ┃ スマホ／タブレット側の製作

参考

iPhone の 場 合 は 「yaMPC」等がある。

参考

本 書 で は「MPD Control」というアプリを使用。

スマホかタブレットでは、アプリのインストールを実行するだけです。Androidの場合には「Playストア」で「mpd」で検索すれば多くのアプリが見つかります。適当なアプリを選択してインストールします。

本書で使ったアプリ例では図6.4.6のように①でサーバを新規追加します。②でサーバの名称を適当に入力し、ラズパイの現在接続中のIPアドレスを登録し③Addします。これだけで新規サーバが追加されます。④のように新規サーバを選択すればPlaylistが表示されますから、⑤のようにPlaylistで局を選択して聴くことができます。

◆図 6.4.6　タブレットの MPD アプリの画面例

以上でインターネットラジオの完成です。ほぼアプリケーションのインストールと設定だけで完成させることができます。

6-5 ラズパイ活用 IoT センサの製作

Raspberry Pi 3B でも問題なく動作します。

本章では Raspberry Pi 3B+ を使って温湿度と気圧のデータグラフをインターネットに提供するウェブサーバを製作します。

インターネットが使える環境であれば、どこからでも誰でもラズベリーパイ（以下、ラズパイ）の置かれた場所の環境の推移をチェックすることができます。

▶ 6-5-1 全体構成と機能

システムの全体構成は図6.5.1のようにします。製作する部分は、単純にラズパイ本体とそれに接続した複合センサだけの構成となり、あとは既存のサービスを利用します。これで次のような機能を実行します。

10分間隔で I^2C により接続した複合センサから温度、湿度、気圧のデータを読み出し、ログファイルとして SD カードに保存します。さらにそれをグラフとして作成し、ウェブサーバとしてインターネットに公開します。インターネットに公開するための URL の確保は DDNS を提供する MyDNS.JP サービスを利用します。さらに**グローバルアドレス**と**プライベートアドレス**の変換は Wi-Fi ルータで行います。

用語解説

・I^2C
Inter-Integrated Circuit の略で、2本の線で近距離のシリアル通信を行う方式。複数のスレーブをアドレスで指定して通信できる。
・URL
インターネット公開用のウェブアドレス。
・DDNS
Dynamic Domain Name System の 略で、プロバイダの提供するグローバルアドレスを使って URL を作成する機能。これをサービスする MyDNS.JP を使用する。
・グローバルアドレス
世界に唯一の IP アドレスで公開用に使われる。家庭用ルータではプロバイダが割り付けているが一定間隔でアドレスが変更される。DDNS はこの変更に追従する。
・プライベートアドレス
ローカルネットワーク内だけの IP アドレスで外部には接続しない。

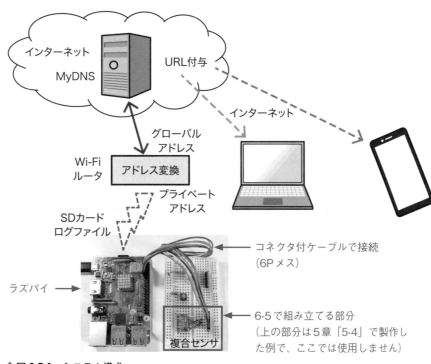

◆図 6.5.1　システム構成

▶ 6-5-2 ┃ 複合センサの接続

・BME280
　秋月電子通商の「BME280 使用：温湿度・気圧センサモジュールキット」を利用しました。

用語解説

・パスコン
　電源回路の途中に挿入するコンデンサ。電源の供給を手助けし、グランドに流れるノイズ電流を平均化して減らすことができる。

　複合センサBME280をブレッドボードに実装してラズパイのGPIOコネクタと接続します。この組み立ては図6.5.2のように第5章「5-4 Raspberry Piの使い方」で使ったブレッドボードの空いたエリアを使いました。接続配線は少ないですから簡単です。電源とグランドの間に0.1μFのパスコンを追加しています（積層セラミックコンデンサ：0.1μF）。センサの基板はJ3だけジャンパ接続してI²Cモードとします。J1、J2は接続なしとします。センサをブレッドボードに実装し、ラズパイとの接続はコネクタ付きケーブルで接続します。

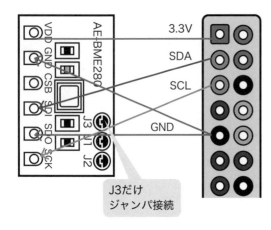
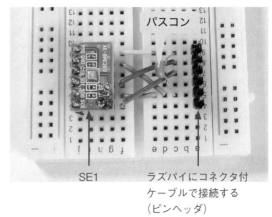

◆図 6.5.2　複合センサの接続

　必要な部品は、5章で解説したブレッドボードと以下となります。

◆表 6.5.1　パーツ一覧

　Raspberry Pi 3B+ を使用します。
　なお電源に AC アダプタ（5V/3A、USB-microB オス）が必要です。

部品番号	品名	型番・仕様	数量
	ブレッドボード		1
SE1	複合センサ	BME280 使用 温湿度・気圧センサモジュールキット（秋月電子通商）	1
C1	積層セラミックコンデンサ	0.1μF	2
	ピンヘッダ	ピンヘッダ　6P	1

▶ 6-5-3 ┃ ラズパイのプログラムの製作

　ラズパイのプログラムの全体構成は図6.5.3のようになります。ほとんどが既存のライブラリやアプリを活用していて、新規に作成が必要なのはPythonスクリ

用語解説

・**HTML**
ウェブページ表示用の言語。
・**crontab**
Linux のコマンドで定時、一定間隔など設定した時間に指定したコマンドを実行する。

参考

・**Get_BME280.py**
BME280 センサ用のライブラリ。
・**matplotlib**
Python のライブラリでグラフ作成機能を提供する。
・**index.html**
HTML というウェブページ作成用言語で記述されたファイル。

プトの「LoggerRoom.py」と HTML の「index.html」だけとなります。
動作は次のようになります。

① ラズパイに電源が入ると **crontab** が自動的に動作を開始する。
② crontab から 10 分ごとに LoggerRoom.py が起動される。
③ LoggerRoom.py から **Get_BME280.py** を呼び出してセンサの計測データを読み出す。
④ Get_BME280.py では I^2C を使ってセンサからデータを読み出す。
⑤ LoggerRoom.py で計測データを受け取ってログファイルに追加して SD カードに保存する。
⑥ LoggerRoom.py で **matplotlib** を使ってログファイルからグラフを作成し保存する。
⑦ インターネットから呼び出されたとき、**index.html** を返してページを表示する。その際、④で作成済のグラフデータをページ情報として送信する。

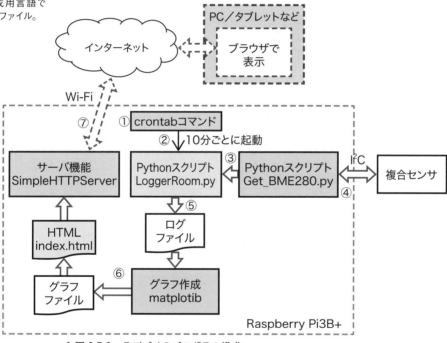

◆図 6.5.3　ラズパイのプログラム構成

注意

ラズパイの OS のインストールの方法は、関連書籍もしくはネットで確認し行ってください。本書では解説していません。

このラズパイのプログラムを順次作成していきます。ラズパイの OS のインストールは完了しているものとします。

(1) I^2C を有効化する

ラズパイのメインメニューから〔設定〕→〔Raspberry Pi の設定〕を開いて、図 6.5.4 のように〔インターフェース〕タブの中の I^2C にチェックを入れて OK とします。これで再起動の確認となりますから再起動します。この再起動で I^2C が使えるようになります。

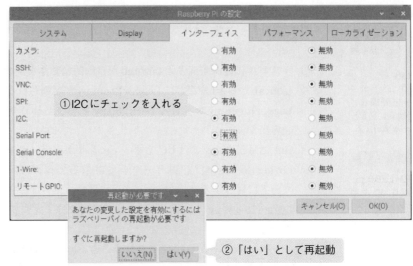

◆図 6.5.4 I²C（I2C）の有効化

(2) 必要なライブラリをインストールする

ここで使うライブラリは結構たくさんあります。次の手順でLXTerminalを使って実行します。

```
cd
sudo  apt-get  install  i2c-tools
sudo  pip  install  smbus2
sudo  apt-get  install  python-matplotlib
```

(3) プログラムのコピー

ここで使うプログラムを技術評論社のウェブサイト（『本書のサポートページ』）からパソコンでダウンロードしたあと、USBメモリにコピーします（ファイル内容は図6.5.5のような構成となっています）。コピー後、USBメモリをラズパイにセットし、全体を/home/pi/フォルダにコピーします。これで製作する準備が完了です。読者がご自身で入力する場合は、まず/home/pi/ディレクトリの下にLoggerというフォルダを作成してから始めてください。

USBメモリ

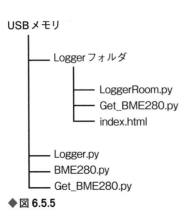

```
USBメモリ
  └─ Logger フォルダ
        ├─ LoggerRoom.py
        ├─ Get_BME280.py
        └─ index.html
  ├─ Logger.py
  ├─ BME280.py
  └─ Get_BME280.py
```

◆図 6.5.5

・LXTerminal
　Windows のコマンドプロンプトに相当し、ここからコマンドを実行することで各種の機能を実行できる。

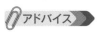

　技術評論社のウェブサイトの書籍案内にある「改訂新版 電子工作の素」を開いてください。この中の「本書のサポートページ」にプログラムリスト等が掲載されています。

　USB メモリが必要です。

(4) 複合センサの動作確認

複合センサだけを動かすためのPythonのテストプログラム「BME280.py」を、ラズパイのLXTerminalから実行します。

これで図6.5.6のように表示されれば正常に動作しています。このテストプログラムはスイッチサイエンス社から提供されているサンプルプログラムで、そのままではコンパイルエラーになるprint文に括弧を追加したものです。温度、気圧、湿度の順に出力されます。

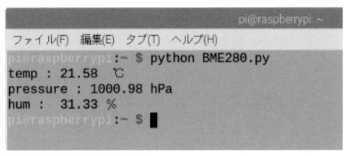

◆**図6.5.6** 複合センサのテスト

(5) データ保存の確認

次に、センサから取得したデータに日付を追加してファイル保存するテストです。こちらもPythonプログラムですので図6.5.7のように、①LXTerminalでLogger.pyを起動して実行します。実行後ラズパイのファイルマネージャで、②のように/home/pi/LogTestのフォルダが生成されていて、③その中にその日の日付のファイルが生成されていれば正常です。さらにそのファイルをテキストエディタで開いて、中身が④のようになっていれば正常に書き込まれています。

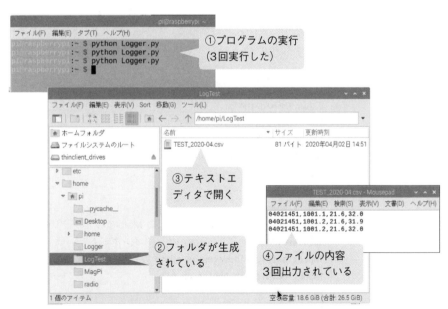

◆**図6.5.7** ログデータの書き込みテスト

このテストプログラムのリストは、図6.5.8のようになっています。

```
Logger.py ✕
 1   #coding: utf-8
 2   #ファイル保存テストプログラム
 3   import Get_BME280          計測実行プログラム
 4   import datetime             の読み込み
 5   import os
 6
 7   #現在年月を取得しファイル名とする
 8   now = datetime.datetime.now()
 9   filename = "TEST_"+now.strftime("%Y-%m")
10   #現在の時刻をログ時刻とする
11   stamp = "%s" % now.strftime('%m%d%H%M')
12   #計測データを取得
13   csv = Get_BME280.readData()     計測の実行とデータ取得
14   #もしフォルダがなければ新規作成する
15   if not os.path.exists('/home/pi/LogTest'):
16       os.makedirs('/home/pi/LogTest')
17   #ファイルをオープンしログデータを追加する
18   f = open('/home/pi/LogTest/'+filename+'.csv', 'a')
19   f.write(stamp + "," + csv + "\r\n")
20   f.close()
21                            データ書き込み
```

◆図6.5.8 テストプログラムリスト

・CSV データ
カンマでデータを区切ったテキストファイル。

ここで、最初に「Get_BME280.py」というファイルをインポートしていますが、このプログラムは、(4)のセンサのテストプログラムのprint文の箇所を、CSVデータとして返すように変更したものです。詳細は次のサイトを参考にしました。

「IT女子のラズベリーパイ入門奮闘記」第39回

https://deviceplus.jp/hobby/raspberrypi_entry_039/

(6) 目的のプログラムの作成

上記の2つのテストプログラムで、動かすべきものは正常なことを確認できます。どちらも正常動作が確認できたら最終的な目的のプログラムを作成します。テストに使ったプログラムをもとに作成し、完了したプログラムがプログラムリスト6.5.1となります。

プログラムリスト6.5.1	最終目的のプログラム（LoggerRoom.py）

```
#!/usr/bin/python
#-*- coding:utf-8 -*-
import Get_BME280
from time import sleep
import datetime
import time
import locale
import matplotlib as mplt        Matplot ライブラリの
mplt.use("Agg")                   インポート
import matplotlib.dates as mdate
import matplotlib.pyplot as plt
import csv
import os
# ディレクトリ指定
```

```
logpath = '/home/pi/Logger/'                          定数の定義
now = datetime.datetime.now()
filename = "Log_"+now.strftime("%Y-%m")
graphfile = 'graph.png'
#**** グラフ生成関数 ****
def makeGraph():                      ログデータからグラフを
    # ファイルからデータの読み出し      作成する関数
    f = open(logpath + filename+'.csv', 'r')
    dates = []
    temp = []
    humi = []                         CSV ファイルから
    pres = []                         1 行ずつ取り出し
    # ファイルからデータ取り出し
    for line in csv.reader(f):
        dates.append(datetime.datetime.strptime(line[0], "%m%d%H%M"))
        pres.append(float(line[1]))
        temp.append(float(line[2]))       CSV ファイルから数値
        humi.append(float(line[3]))       のリストデータに変換
    f.close()
    # 時刻データの数値への変換      X 軸として使うために時刻を数値に変換する
    x = mplt.dates.date2num(dates)        # 数値へ変換
    # グラフのインスタンス取得
    fig, ax1 = plt.subplots(1,1, sharex=True, figsize=(12, 6))
    plt.ylim([0, 80])                 #ax1 の Y 軸スケール指定   グラフオブジェクトの
    ax2 = ax1.twinx()                                          インスタンスを作る
    plt.ylim([960, 1040])             #ax2 の Y 軸スケール指定
    # データグラフ描画 X 軸を時間にする                           データのグラフ化
    ax1.plot_date(x, temp, 'r', xdate=True, label="Temperature")   #color=red Time
    ax1.plot_date(x, humi, 'g', xdate=True, label="Humidity")      #color=green
    ax2.plot_date(x, pres, 'b', xdate=True, label="Pressure")      #color=blue
    # 横軸の補助線追加
    ax1.axhline(y=20, color='c', linestyle='--')
    ax1.axhline(y=40, color='c', linestyle='--')        補助線の追加
    ax1.axhline(y=60, color='c', linestyle='--')
    # 時間の表示フォーマット指定                           時刻ラベル表示形式の指定
    ax1.xaxis.set_major_formatter(mdate.DateFormatter('%b/%d_%H')) # 月日時表示
    ax1.xaxis.set_major_locator(mdate.HourLocator(interval=12))    #12 時間ごと
    plt.gcf().autofmt_xdate()                          # 斜め表示
    # ラベル類表示
    ax1.legend(loc='lower left')        ラベル類追加  # 凡例表示位置指定
    ax1.set_xlabel('Time')
    ax1.set_ylabel('Temperature (DegC)    Humiduty (%RH)')
    ax2.legend(loc='lower right')
    ax2.set_ylabel('Pressure (hPa)')
    ax1.set_title('Room Environment', fontsize=25)
    # グラフ保存
    fig.savefig(logpath+graphfile)        グラフとして保存

#**** メイン関数  *****
```

367

```
def main():
    #データの取得
    stamp = "%s" % now.strftime('%m%d%H%M')     現在時刻をファイル名にする
    data = Get_BME280.readData()                 データの取得
    #もしフォルダがなければ新規作成する
    if not os.path.exists('/home/pi/Logger'):
        os.makedirs('/home/pi/Logger')
    #データのファイル保存
    f = open(logpath + filename + '.csv', 'a')
    f.write(stamp+','+data+"¥r¥n")              取得データを追加保存
    f.close()
    # グラフ作成実行
    makeGraph()              グラフ作成


#************** ****************
if __name__=='__main__':
    main()
```

　最初の方にmakeGraph()という関数があります。ここでMatplotlibという
Pythonのグラフ作成ライブラリを使って、ログデータからグラフを作成していま
す。

注意

本書では、Matplotlib
の使い方の詳細は解
説していません。

　Matplotlibライブラリの使い方の詳細はここでは解説しませんが、次のサイト
で詳しく解説されています。

　　http://matplotlib.org/

アドバイス

csv をインポートす
るだけで使えます。

参考

復帰改行コードが1
行の終わりとみなさ
れる。

　このmakeGraph()関数の最初でCSVファイルのデータを数値に変換する処理を
していますが、ここではPythonのcsvライブラリを使っています。このライブラ
リのcsv.reader()という関数を実行すると、CSVファイルの全行分を読み込んで、
カンマで区切られたデータごとにリスト形式のデータとして読み込んでくれます。

　例えば図6.5.7のデータをfor line in csv.reader(f) の最初の実行で読み出すと
line変数には、

　　['04021451','1001.1',' 21.6',' 32.0']

が格納されることになります。

参考

・リスト形式

Python のデータ型
で、C 言語の配列と
類似。

　これはリスト形式ですからインデックスで指定して特定の1個のデータを読み出
すことができます。例えばline[1] は '1001.1' となります。したがって
float(line[1])とすれば文字列を数値に変換できます。最初のデータは時刻ですので
時刻フォーマットで変換するようにしています。

用語解説

・時刻フォーマット

%Y、% m、%d、
%H、%M、%S で年
月日時分秒を文字列と
して表す。

　これで時刻と気圧と温度と湿度の全データを、それぞれの数値リストとして作
成してから、グラフ化しています。時刻も数値に変換して扱います。

　グラフは左右に縦軸を分けるため、ax1とax2という2つのインスタンスで扱っ
ています。これで温度と湿度を左軸、気圧を右軸として値のスケールの差を吸収
して同じグラフに表示できるようにしています。

アドバイス

ウェブページのデー
タとして使います。

　X軸には時間の数値データを使い、縦軸をそれぞれのデータで色を変えて描画
しています。続いて補助線と軸ラベル、タイトルを追加しています。最後に描画

したグラフをファイルとして保存しています。

軸ラベルではX軸の時間の表示をフォーマット指定して「月/日_時間」とし、月は英文字略号表示で、さらに12時間ごとに自動的に斜めに表示するようにしています。

main関数の内容は先のログデータの書き込みテストとほとんど同じとなっていて、10分ごとに起動される都度データを取得してファイルに追記書き込みしています。最後にグラフ作成関数の呼び出しを追加しています。

これで主要なPythonのプログラムが完成です。使うのはLoggerRoom.pyとGet_BME280.pyの2つだけとなります。

(7) 周期起動の設定

今回のプログラムは10分ごとに実行するようにします。このためにcrontabというコマンドを使います。使い方は次のようにします。実行するファイルのあるディレクトリに移動してからコマンドを実行します。

① LXTerminalで、次のコマンドを実行します。

    cd Logger
    crontab -e

② 最初に起動したときだけエディタの選択を要求されますので、ここでは一番簡単な1番のnano editorを選択します。
③ これで図6.5.9のnanoエディタの画面でcrontabの設定画面になりますので、図のように一番下側に1行追加します。追加したら、キーボードからCTRL-Oを入力して上書きし、次にCTRL-Xを入力すれば終了します。これで実行するタイミングを指定します。

crontabのコマンドの書式は次のようになっています。

【書式】 ＊＊＊＊＊[実行コマンド]　　＊は順に分、時、日、月、曜日を意味する

【例】　0-59 ＊＊＊＊　　　→　毎分実行
　　　　*/10 ＊＊＊＊　　　→　10分ごとに実行
　　　　＊ 0,8,12 ＊＊＊　　→　0時、8時、12時に実行
　　　　0 12 1 ＊＊　　　　→　毎月1日の12時0分に実行

実行コマンドは管理者ではなく一般ユーザの権限で実行されます。

アドバイス

%b とすると英語の略号表示となります。

アドバイス

autofmt 指定とすると、長いラベルは自動的に斜めに表示されます。

参考

・crontab
Linux のコマンドのひとつで、一度設定すると永久に繰り返し実行する。

・nano editor
Linux にあらかじめ組み込まれているエディタで、最も軽量で簡単なエディタ。

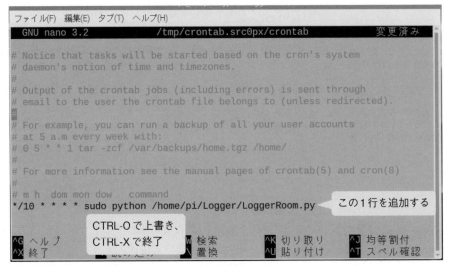

◆図6.5.9　crontab の設定

　以上により10分間隔でデータを取得しグラフを作成するという機能が実現できます。

6-5-4 ウェブサーバとして構成する

　一度実行すると実行状態を継続します。

・ポート番号

　TCP/UDP プロトコルで使われるアプリケーションごとに指定された番号で、これでアプリケーションが区別されてデータが配信される。

　前半の番号は既定のアプリに割り付けられているので使えない。

　本章ではウェブサーバを構成するため、SimpleHTTPServer という Python のライブラリを使うことにしました。次のコマンドを実行するだけでウェブサーバとして動作を開始します。9000はポート番号ですが、本来は自由に使える範囲は49152から65535までとなっていますので、この範囲の値とする方がよいでしょう。このコマンドを実行すると、実行したときのディレクトリが公開対象になりますので、/home/pi/Logger のディレクトリで実行するようにします。

```
cd Logger
sudo python -m SimpleHTTPServer 9000
```

　この後、ラズパイと同じネットワークに接続されているパソコンのブラウザで、URLに（ラズパイのIPアドレス）:9000と指定して開けば現在のディレクトリの内容を見ることができます。この同じディレクトリに「index.html」というファイルがあるとそれを優先的に実行します。

　そこでこのファイルを作成してグラフが表示されるようにします。作成したファイルが図6.5.10となります。単純に生成されたグラフをページの中央に表示するだけの記述となっています。これを/home/pi/Logger のディレクトリに他のPythonのプログラムと一緒に保存します。

```
<!DOCTYPE html PUBLIC "-//W3C//DTD HTML 4.01 Transitional//EN" "http://www.w3.org/TR/html4/loose.dtd">

<html>
<body>
    <br>
    <p style="text-align:center">
    <img src= "graph.png" width=1280 border="0" align="center">

</body>
</hrml>
```

◆図6.5.10　index.htmlの記述内容

このSimpleHTTPServerは起動するとずっと実行した状態になりますから、起動時に自動的に実行するようにすれば便利に使えます。

このためには、次のようにしてスタートアッププログラムに、サーバの起動コマンドを追加します。まずLXTerminalで次のコマンドを実行してスタートアッププログラムの設定ファイルを開きます。

　　sudo　nano　/etc/rc.local

これで表示されるエディタ画面で図6.5.11のように最後のexit 0の行の前に2行追加します。追加したらCTRL-Oで上書きし、CTRL-Xで終了します。

これで常に/home/pi/LoggerのディレクトリでSimpleHTTPServerが起動されることになり、ここにあるindex.htmlが呼び出され、Pythonのプログラムで作成されたグラフファイルを表示することになります。

用語解説

・スタートアッププログラム
　ラズパイ起動時に必ず最初に実行されるプログラム。

```
# Print the IP address
_IP=$(hostname -I) || true
if [ "$_IP" ]; then
  printf "My IP address is %s\n" "$_IP"
fi

cd /home/pi/Logger
sudo python    SimpleHTTPServer 9000          ← 2行を追加

exit 0
```

◆図6.5.11　自動起動用の追加

以上でラズパイのプログラムは完成です。（ラズパイのIPアドレス):9000をブラウザで呼び出せば今度はグラフが表示されるはずです。

▶▶ 6-5-5 │ 公開サーバとする

IPアドレスではなく
名前で呼び出されるよ
うにします。

　これでサーバとして完成しましたから、次はこれをインターネットに公開するよ
うにします。このためにはグローバルアドレスで固有のURLでアクセスできるよ
うにする必要があります。しかし家庭用のルータにはプロバイダがグローバルア
ドレスを割り付けていて、しかも一定時間ごとに変更されてしまいます。

　したがって固定のグローバルIPアドレスでサーバにすることはできません。し
かし、この変更されるアドレスを常時監視していて自動的に固有のURLとグロー
バルアドレスを紐付けてくれるサービスがあります。これがDDNSと呼ばれる機
能で、この機能を無料でサービスしてくれるサイトがいくつかあります。

・DDNS
　ダイナミックDNS
とも呼ばれる。

　本書ではこれに「MyDNS.JP」というサイトを使うことにしました。このサイ
トに登録し、固有のURLを作成してもらう手順は次のようにします。

① MyDNS のサイトを開いてユーザ登録をする

　ここに掲載した情報
は、本書の執筆時
（2021年5月）の情
報です。

　MyDNSのサイト「http://www.mydns.jp」で開く図6.5.12のトップページで右
上にあるメニューの「JOIN US」をクリックするとユーザ登録のページになります。
ここで必須項目の住所、氏名、メールアドレスを入力して「CHECK」とすると登
録が完了し、ログイン用のユーザIDとパスワードがメールで送られてきます。

◆図 6.5.12　ユーザ登録画面

② ドメイン名の登録

　メールで送付されたIDとパスワードでMyDNSのトップページからログインす
ると図6.5.13の画面となります。ここで左側にある「DOMAIN INFO」をクリッ

・ドメイン名
　インターネット上の住所、URL の一部となる。世界唯一の名称である必要がある。

クするとドメイン名登録の画面になります。この画面の下の方に図の右下のようなドメイン名を入力する欄があります。ここで入力できるドメイン名は図 6.5.13 の中央部に示されたものの中から任意に選べます。この???の部分を適当な名称に変更して登録します。図の例では「room」としています。これだけの入力で「CHECK」をクリックすればドメイン登録が完了します。

　同じ名称が既に使われていなければ、世界唯一と認められて正常に登録され、完了通知がメールで届きます。これで新規ドメイン名が確保されています。すでに同じものがあればエラーとなりますので名称を変更してやり直します。

◆**図 6.5.13　ドメイン名の登録画面**

③ ドメインに現在のグローバル IP アドレスを登録する。

　確保されたドメイン名が URL として使えるように、自宅のルータに割り振られているグローバルアドレスを送信して登録します。この登録をすぐしたいときは、ラズパイのターミナルから次のコマンドを実行します。

```
sudo  wget  -q  -O  /dev/null
http://mydnsID:mydnsPASS@www.mydns.jp/login.html
```

（mydnsID と mydnsPASS には送付されたユーザ ID とパスワードを使う）

　実行後、図 6.5.14 の画面で「**LOG INFO**」をクリックすれば、図 6.5.15 の画面でこれまでの登録情報がログとして見られ、ここで IP アドレスが割り付けられたことがわかります。

◆図 6.5.14　LOG INFO の画面

④ 自宅ルータの転送設定

　これで URL が常時自宅ルータに割り振られるようになったので、今度はプライ
ベートアドレスが割り付けられたラズパイの IP アドレスとポートが、外部からア
クセスされた時に割り振られてアクセスできるように自宅のルータを設定する必
要があります。

　筆者の自宅ルータでは図 6.5.15 のような「ポート変換」という設定項目があり、
LAN 側にラズパイの IP アドレスを入力、ポートには 9000 と入力しただけで、簡
単に変換設定することができました。

　これで外部から「room.mydns.jp:9000」を URL としてアクセスするとポート番
号により自動的にラズパイの IP アドレスに振り分けられて接続してくれます。

　以上の設定で、「room.mydns.jp:9000」という URL で、インターネットのどこ
からでもデータロガーのグラフ画面にアクセスできるようになります。

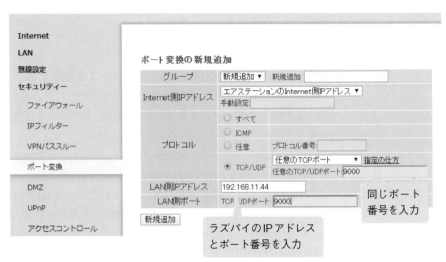

◆図 6.5.15　ルータのポート変換の設定

⑤ IP アドレスの固定化

ラズパイのIPアドレスは、DHCPにより自動的に割り振られますので変わることがあります。これではルータのポート変換をその都度変更しなければならなくなりますから、いつも同じIPアドレスが割り振られるように設定します。筆者のルータにはこの設定ができるようになっていましたので、簡単にできました。

図6.5.16のようなDHCPの設定画面で、ラズパイのMACアドレスの欄を手動設定にすれば、常に同じIPアドレスが割り振られるようになります。

◆図 6.5.16　DHCP の設定

⑥ IP アドレスの自動送信

③でwgetコマンドを使ってルータのグローバルアドレスを送信しましたが、このアドレスはプロバイダから定期的に変更されますから、一定間隔でアドレスを送信し直して通知する必要があります。このためには「crontab」コマンドを使います。HTMLファイルがあるディレクトリに移動してから、次のコマンドでcrontabのファイルを開きます。

```
cd  /home/pi/Logger
crontab  -e
```

開いたファイルの最後に図6.5.17のように追記して保存します。このcrontabの設定は、30分おきにwgetコマンドを実行せよという意味になります。ここでURLの中のmydnsIDとmydnsPASSの部分には、送付されたユーザIDとパスワードを入力します。前の行は10分ごとにログを実行させるための記述です。

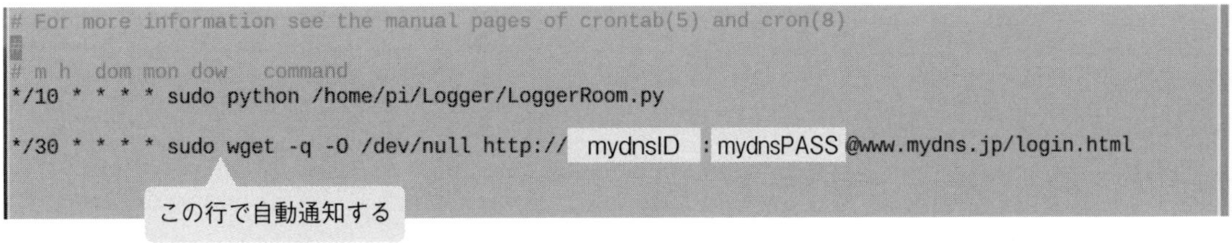

```
# For more information see the manual pages of crontab(5) and cron(8)

# m h  dom mon dow   command
*/10 * * * * sudo python /home/pi/Logger/LoggerRoom.py

*/30 * * * * sudo wget -q -O /dev/null http:// mydnsID : mydnsPASS @www.mydns.jp/login.html
```

この行で自動通知する

◆図 6.5.17　アドレス自動更新の設定

375

以上でインターネットのどこからでも、パソコンでもスマホでもタブレットでもアクセスできるデータロガーができ上がりました。

▶▶ 6-5-6 ┃ 動作確認

これで全体が完成です。ラズパイにセンサを接続して電源を接続すれば、自動的に動作を開始しますから。特に設定も必要ありません。

これでしばらく放置したあと、どこからでもパソコンのブラウザで「http://room.mydns.jp:9000」にアクセスすれば図6.5.18のようなグラフが確認できるはずです。

グラフはアクセスしたときのデータで表示され自動更新はされませんので、再表示する必要があります。

HTMLファイルにJavaスクリプトを追加すれば一定間隔で更新することもできますので、チャレンジしてみてください。

・ **temperature**
温度
・ **humidity**
湿度
・ **pressure**
気圧

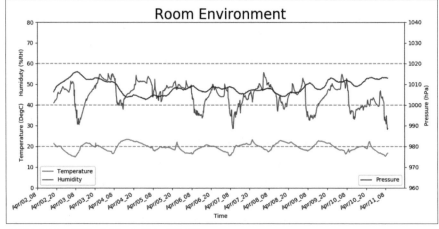

◆図6.5.18　実際に表示したグラフ画面例

部品の入手先

　本書で製作に使った部品の主な入手先は下記となっています。

　なお本書に掲載した部品の写真、情報は、本書の執筆・製作時（2021年5月〜9月）のものです。変更・終売になっていることがありますので、各店のwebサイト、HPにて最新の情報をご確認ください。

　また、通信販売での購入方法、営業日、休業日、定休日も、各店のwebサイト、HPでご確認ください。

（株）秋月電子通商

秋葉原店：　　　〒101-0021　東京都千代田区外神田1-8-3 野水ビル1F
　　　　　　　　TEL：03-3251-1779

　営業日、定休日、休業日、通販での注文・購入方法等に関しまして、下記URLのホームページにてご確認ください。

ホームページ：　https://akizukidenshi.com/

【入手可能部品（通販可）】

各種工作キット、電子工作関連商品、工具、液晶表示器、抵抗、コンデンサ、セラミック振動子、PICマイコン各種、オペアンプIC、PICプログラマキット、ACアダプタ、ピンヘッダ、電池ボックス、ブレッドボード、ブレッドボード・ジャンパーワイヤ、micro:bit、Arduino、Raspberry Pi 他

サトー電気

町田店：　　　　〒194-0022　東京都町田市森野1-35-10
　　　　　　　　TEL：042-725-2345　　　FAX：042-725-2345
横浜店：　　　　〒222-0035　横浜市港北区鳥山町929-5-102
　　　　　　　　TEL：045-472-0848　　　FAX：045-472-0848
川崎店（通販）：〒210-0001　川崎市川崎区本町2-10-11
　　　　　　　　TEL：044-222-1505　　　FAX：044-222-1506

　営業日、定休日、休業日、通販での注文・購入方法等に関しまして、下記URLのホームページにてご確認ください。

ホームページ：　http://www.maroon.dti.ne.jp/satodenki/

【入手可能部品（通販可）】

半導体部品各種、プリント基板自作パーツ、ケース、クリスタル振動子、コネクタ、抵抗、コンデンサ、小物パーツ、オペアンプIC、デジタルIC 他

株式会社千石電商（せんごくネット通販）

秋葉原本店：　〒101-0021 東京都千代田区外神田1-8-6 丸和ビルB1-3F

・店舗：03-3253-4411

　営業日、定休日、休業日、通販での注文・購入方法等に関しまして、下記URLのホームページにてご確認ください。

ホームページ ：https://www.sengoku.co.jp/

【入手可能部品（通販可）】

PICマイコン、センサー、RCサーボ、モータ、基板、工具、抵抗、コンデンサ、小物部品、リチウムイオン電池、エレキット、ブレッドボード、ブレッドボード・ジャンパーワイヤ、micro:bit、Arduino、Raspberry Pi 他

スイッチサイエンス

　営業日、休業日、通販での注文・購入方法等に関しまして、下記URLのホームページにてご確認ください。

ホームページ： https://www.switch-science.com/

【入手可能部品（通販）】

入門・学習・実験キット、組み立てキット、ブレッドボード、ジャンパーワイヤ、マイコンボード、液晶モジュール、micro:bit、Arduino、Raspberry Pi 他

マルツエレック株式会社（マルツ）

　通販での注文・購入方法等に関しまして、下記URLのホームページにてご確認ください。

ホームページ：https://www.marutsu.co.jp/

【入手可能部品（通販）】

半導体、電子部品、電機部品、工具、キット、コネクタ、ケース、配線部材、計測器、micro:bit、Arduino、Raspberry Pi 他

索引

数字

1 点アース	25
2SC1815	72
2 電源方式	170
2 電源方式の交流アンプ	175
3 ステート	165
3 端子レギュレータ	88
6 角レンチ	259

欧文・記号

A/D コンバータ	169
AC アダプタ	192
AC コード用ブッシュ	260
AC コンセント	158
AC ソケット	157
AC ブッシュ	157、158
AFC	318
AGC	317
Arduino	289、297、334
Arduino IDE	290、298
A カーブ	47
BCM	310
Bluetooth	280
BNC コネクタ	144
BOARD	310
B カーブ	47
c d	108
Cds	114
CMOS	97
common 端子	110
CPLD	95、103
CPU	304
CSV データ	366
DC/DC コンバータ	90、196
DC 電源用プラグジャック	146
DC プラグジャック	147
DC ブラシモータ	127
DDNS	361

DIP	29
DMM	269
DSP	204、316
DSP ラジオ IC	316
DSUB コネクタ	144
E3 系列	54
E6 系列	54
EAGLE	213
EDA	212
E 系列	38
F	51
FET	68、75、79
FET ドライバ IC	168
FM 検波	318
FPGA	28、95、103
GB 積	177
GND	21
Google	33
GPIO	309
HDL 言語	104
HDMI	305
hex ファイル	292
HID	288、305
HTML	363
H ブリッジ回路	187
I^2C（I2C）	123、309、361
ICSP	297
IC ソケット	103、147
IFTTT	334、339
J.J. トムソン	202
Javascript	310
JFET	75
LAN	305
Layer	219
LC 発振素子	117
LED	107
Linux	304
L 金具	157、260、261

mbed	293
micro:bit	289、291
MicroPython	293
MOSFET	75、79、167
MOSFET トランジスタ	128
MPC	355
MPD	355
Mu エディタ	295
NPN 型	70、163
NTC	123
OHP 透明フィルム	226
PLCC	147
PLD	95
PNP 型	70、163
PTC	123
PWM	188、309
PWM 制御	90、187
Python	293、304
Python スクリプト	362
Rail to Rail	171
RAM	306
Raspberry Pi	290、304、361
RCA ジャック	145
RC サーボモータ	130
RC 発振素子	117
RC フィルタ	115
RFC	137
ROM	306
SBC	288
Schematic	215
Scratch	293
Shoutcast	358
Sketch	290
SOIC	211
SPI	123、309
SWD	292
Thonny Python IDE	313
TO-220 タイプの実装方法	196

TQFP ……………………………… 211
TTL ………………………………… 97
UART ……………………………… 309
Undo ……………………………… 214
URL ………………………………… 361
USB ………………………………… 288
Verilog-HDL ……………………… 104
VHDL ……………………………… 104
Wi-Fi ……………………… 280、305
Ω …………………………………… 35

ア

アクチュエータ ………… 123、127
アクリルカッター ……… 235、251
圧電ブザー ……………………… 154
穴あけ …………………… 232、254
アナログ IC ……………………… 81
アナログメータ ………………… 155
アノード ………………… 66、107
アノードコモン ………………… 109
アルドゥイーノ ………………… 289
アルミ定規 ……………………… 251
アルミ電解コンデンサ …… 52、56
糸鋸 ……………………… 235、254
イマジナルショート ……………… 83
いもハンダ ……………………… 281
インクルード …………………… 302
インスタンス …………………… 310
インターネットラジオ ………… 354
インダクタンス ………………… 137
インポート ……………………… 310
液晶表示器 ……………………… 155
エッチング ……………………… 231
エッチング液 …………………… 223
エレクトロン …………………… 201
オーディオアンプ用 IC ………… 91
オープンコレクタ出力 ………… 184
オーム …………………………… 35
オームの法則 …………………… 35
オシロスコープ ………… 273、284
オフセット電圧 ………………… 85
オフセットドリフト …………… 174

オペアンプ ……………………… 169
オペアンプの実装方法 ………… 87
オルタネート …………………… 149
温度センサ ……………………… 123
オンボード電源 ………………… 193

カ

ガーバーファイル ……………… 221
回路図 …………………………… 16
カソード ………………… 66、107
カソードコモン ………… 109、312
加速度センサ …………………… 124
傾きセンサ ……………………… 124
カップリングコンデンサ ……… 175
金のこ …………………………… 251
可変抵抗器 ……………………… 45
可変抵抗器の変化特性 ………… 47
可変容量ダイオード …………… 65
カラーコード …………………… 39
感光剤 …………………………… 232
カンデラ ………………………… 108
管理者モード …………………… 310
菊座金 …………………………… 262
機構部品 ………………………… 156
距離センサ ……………………… 125
金属皮膜抵抗器 ………………… 37
空中配線 ………………………… 331
矩形波 …………………………… 274
クラス 10 ……………………… 306
グランド ………… 21、24、228
クリスタル振動子 ……………… 120
クリップケーブル ……………… 283
クルックス管 …………………… 201
グローバルアドレス …………… 361
クロック ………………………… 99
クロック回路 …………………… 121
ゲイン …………………… 177、285
ゲインバンド幅積 ……………… 177
ケース …………………………… 265
ケース加工 ……………………… 249
ゲート …………………………… 95
ゲート回路 ……………………… 95

ゲートしきい値電圧 …………… 77
ゲートもれ電流 ………………… 77
ケーブルストッパ ……………… 331
けがき …………………………… 252
罫書き針ポンチ ………………… 251
ゲルマニウムダイオード ……… 64
現像 ……………………………… 230
現像液 …………………………… 223
コイル …………………………… 137
較正 ……………………………… 332
合成抵抗 ………………………… 40
高精度水晶発振モジュール …… 122
交流増幅回路 …………………… 175
小型ジグソー …………………… 251
こて台 …………………… 238、243
コネクタ ………………………… 143
ゴム足 …………………………… 157
コレクタ・エミッタ間最大定格電圧
……………………………… 162
コレクタ・エミッタ間電圧 …… 71
コレクタ最大定格電流 ………… 162
コレクタ損失 …………………… 71
コレクタ飽和電圧 ……………… 71
コンデンサ ……………… 26、51
コンデンサの実装方法 ………… 58
コンデンサ容量の測定 ………… 272
コンパレータ …………………… 178
コンパレータ回路 ……………… 178

サ

最小入出力間電圧 ……………… 200
最大全損失 ……………………… 162
最大定格 ………………………… 32
サイリスタ ……………………… 135
雑音特性 ………………………… 37
シールド線 ……………………… 146
ジグソー ………………… 253、254
時定数 …………………………… 320
シャーシリーマ ………………… 254
しゃ断周波数 …………………… 85
シャフト ………………………… 48
ジャンクションマーク ………… 217

ジャンパ線 ················· 227
ジャンパピン ················· 336
集積抵抗器 ············ 44、45
周波数特性 ················· 37
出力回路 ················· 180
出力電圧振幅 ················· 85
受動部品 ················· 32
シュミット回路 ················· 178
ジョイスティック ················· 50
小信号用ダイオード ················· 63
ショットキーダイオード ················· 325
ショットキーバリアダイオード ·· 63
シリアルピンヘッダ ················· 211
シリーズレギュレータ方式 ··· 324
シリコングリス ················· 74
シングルボードコンピュータ ··· 288
水晶振動子 ············ 117、120
スイッチ ················· 149
スイッチング電源ユニット ····· 192
スイッチング特性 ················· 99
スイッチングノイズ ················· 177
スイッチング方式 ················· 324
スクラッチ ················· 293
スケッチ ················· 297
錫メッキ線 ················· 205
ステッピングモータ ················· 129
ステップアップコンバータ ······· 90
ステップダウンコンバータ ······· 90
ステレオプラグジャック ········· 146
ストーニー ················· 201
ストリーミング ················· 305
スピーカ ················· 154
スペーサ ············ 157、260
スルーホール ················· 227
スルーレート ················· 85
スレッショルド電圧 ················· 183
正帰還 ················· 178
静電容量 ················· 51
整流作用 ················· 65
赤外線受光モジュール ············· 114
赤外線発光ダイオード ············· 113

積層セラミックコンデンサ
  ················· 53、56
セグメント発光ダイオード ······ 109
絶縁シート ············ 260、261
絶対最大定格 ················· 71
セラミックコンデンサ ······· 52、56
セラミック振動子 ········· 117、118
セラロック ················· 118
ゼロクロススイッチ機能 ······· 135
ゼロフォースソケット ················· 148
センサ ················· 123
線材 ············ 260、263
線材の被覆むき ················· 264
センタープラス ················· 147
センターポンチ ················· 252
センターマイナス ················· 147
ソリッドステートリレー ··· 133、136

タ

ターミナル ················· 157
ダーリントントランジスタ ······· 164
ダイオード ················· 62
ダイオードの極性を知る方法 ··· 271
ダイオードの実装方法 ················· 66
ダイナミックスピーカ ················· 154
ダイナミック点灯制御 ················· 110
タイラップ ············ 260、263
タップ ············ 254、256
多連 LED ················· 112
端子台 ················· 157
タンタルコンデンサ ················· 52
単電源方式 ················· 171
単電源方式の交流アンプ ········· 176
チップ型積層セラミックコンデンサ
  ················· 53、57
チップ抵抗器 ················· 43
チャージポンプ方式 ················· 198
チャタリング ················· 182
超音波センサ ················· 125
超硬ドリル刃 ················· 233
調整用ドライバ ············ 61、286
チョークコイル ················· 137

直流コレクタ電流 ················· 71
直流増幅回路 ················· 172
直流電流増幅率 ············ 71、163
直流ドレイン電流 ················· 76
直流ベース電圧 ················· 71
ツェナーダイオード ··········· 63、64
ディエンファシス ················· 320
定格電圧 ················· 51
定格電力 ················· 37
抵抗アレイ ················· 44
抵抗温度計数 ················· 37
抵抗器 ················· 35
抵抗測定 ················· 271
ディスクリート ················· 214
定電圧ダイオード ················· 64
ディレーティング ················· 37
データシート ············ 32、33
デーモン ················· 355
デジタル IC ············ 95、101
デジタルオシロスコープ ··········· 273
デジタル回路 ················· 180
デジタル出力回路 ················· 185
デジタルスイッチ ················· 151
デジタル入力回路 ················· 181
デジタルバスアナライザ ········· 277
デジタルパルス入力 ················· 183
デジタルフィルタ機能 ················· 318
デジタルマルチメータ ··· 267、269
デュアルインライン ················· 87
デューティー比 ················· 188
電圧測定 ················· 270
電圧標準ダイオード ················· 64
電界効果トランジスタ ······· 68、75
電気的特性 ················· 71
電気二重層コンデンサ ················· 53
電源回路 ············ 181、192
電源整流用ダイオード ················· 65
電源トランス ············ 140、199
電源用 IC ············ 88、90
電源用チョークコイル ················· 139
電子 ················· 201
電子ブザー ················· 154

電池ボックス ……………………… 156
電動ドリル ………………………… 254
電流制限用抵抗 ……………………… 42
電流増幅機能 ……………………… 160
電流測定 …………………………… 270
動作チェック ……………………… 281
同軸ケーブル ……………………… 144
同軸コネクタ ……………………… 144
導通チェック ……………………… 282
導通テスト ………………………… 272
トグルスイッチ …………… 150、262
トライアック ……………………… 136
トライステート …………………… 165
ドライバ …………………………… 259
トランジスタ ……………… 68、160
トランジスタアレイ ……………… 79
トランジスタの実装方法 ………… 73
トランス …………………………… 140
トリマコンデンサ ………………… 60
ドリル ……………………………… 225
ドリルスタンド …………… 225、233
ドリルチャック …………………… 225
ドリル刃 …………………………… 254
ドレイン・ソース間オン抵抗 …… 77
ドレイン・ソース間電圧 ………… 76
ドレインしゃ断電流 ……………… 77
ドレイン損失 ……………………… 76
トロイダルコア …………………… 139
トロイダルトランス ……………… 139

ナ

ニッパ ……………………… 239、263
入力オフセット電圧 ……………… 85
入力オフセット電圧温度係数 …… 85
入力回路 …………………………… 180
ネガティブフィードバック ……… 83
ネジ切り …………………………… 256
熱伝導シート ……………………… 74
熱伝導性絶縁シート ……… 261、330
ネットリスト ……………………… 214
能動部品 …………………………… 32
ノギス ……………………………… 254

ハ

バーアンテナコイル ……………… 138
パーツ整理箱 ……………………… 237
ハートレー方式 …………………… 318
ハイインピーダンス ……………… 165
配線 ………………………………… 263
パイソン …………………… 293、304
バイパスコンデンサ ……………… 27
パイロットランプ ………………… 112
バウンス …………………………… 182
ハザード …………………………… 100
パスコン …………………………… 27
バス配線 …………………………… 20
パターン …………………………… 228
パターン図 ………………… 218、225
発光ダイオード …………………… 107
発振子 ……………………………… 318
発振素子 …………………………… 117
バット ……………………………… 223
パネル取り付け型ヒューズ …… 158
ハムノイズ ………………………… 24
バリ ………………………… 234、255
バリアブルコンデンサ …………… 58
バリキャップダイオード … 63、65
バリコン …………………………… 58
バリスタ …………………………… 135
バリ取り …………………………… 254
パルストランス …………………… 141
パルス幅変調制御 ………………… 188
パルスモータ ……………………… 129
パワー LED ………………………… 107
半固定抵抗器 ……………………… 48
はんだ ……………… 238、243、263
ハンダ過多 ………………………… 281
ハンダくず ………………………… 281
はんだこて ………… 238、243、263
はんだ吸取器 ……………… 238、263
はんだ吸取線 ……… 238、243、263
はんだ付け ………………………… 238
はんだ付けのやり直し …………… 241
はんだ付け不良 …………………… 281
はんだメッキ ……………………… 248

反転増幅回路 ……………… 83、169
半導体素子 ………………………… 14
半導体リレー ……………………… 135
ハンドニブラ ……………… 254、258
万能はさみ ………………………… 251
汎用オペアンプ …………………… 81
汎用スイッチングダイオード … 63
汎用入出力ピン …………………… 309
ヒゲ ………………………………… 100
ヒステリシス回路 ………………… 178
非反転増幅回路 …………… 84、169
ヒューズ …………………………… 158
ヒューズホルダ …………………… 157
平ワッシャー ……………………… 158
広口ビン …………………………… 223
ピンジャック ……………………… 145
ピンセット ………… 239、243、263
ファラド …………………………… 51
ファンアウト ……………………… 99
フィードバック …………………… 83
フィードバック制御 ……………… 180
フィールドプログラマブル IC … 95
フィルター素子 …………………… 117
フィルムコンデンサ ……… 53、57
ブートローダプログラム ………… 298
フォト MOS リレー ……… 133、136
フォトインタラプタ ……………… 116
フォトカプラ ……………………… 115
フォトダイオード ………………… 114
フォトトライアック ……………… 136
フォトトランジスタ ……………… 114
負帰還 ……………………………… 83
プライベートアドレス … 361、374
プラグ ……………………………… 156
ブラケット ………………………… 326
プラスチックねじ ………………… 330
フラックス ………………… 223、235
フラックス洗浄剤 ………………… 243
フラットパッケージ
……………………… 90、243、244
フラットパッケージタイプの
　実装方法 ………………………… 195

ブリッジ ……………………………… 281
ブリッジダイオード ………………… 65
フリップフロップ ……………………… 95
プリント基板 ……… 206、208、222
プルアップ抵抗 ……………… 45、182
プルダウン抵抗 ……………………… 45
フルブリッジ回路 ………… 187、190
フレームグランド …………………… 21
ブレッドボード …… 204、208、316
プローブ ……………………………… 274
プログラマブルロジック IC …… 103
プログラムメモリ …………………… 298
分圧回路 ……………………………… 41
分圧比 ………………………………… 41
ベタアース …………………………… 220
ベタパターン ………………………… 214
ヘッダピン …………………………… 247
放熱器 ………………………………… 156
保護シート …………………………… 250
ポジティブフォードバック …… 178
補助部品 ……………………………… 32
ボックスドライバ …………………… 259
ポリバリコン ………………………… 59
ボリューム …………………………… 45
ボルトナット ………………………… 260
ポンチ ………………………………… 254

マ

マイクロ SD カード ………………… 306
マイクロビット …………… 289、291
マイコン ……………………………… 28
マイコンボード ……………………… 288
マグネットクランプ ………………… 224
マグネットスピーカ ………………… 154
万力 …………………………………… 253
ミニルーター ……………… 225、233
無水エタノール …………… 223、232
無線プロトコルスタック ………… 293
メカニカルリレー …………………… 133
メソッド ……………………………… 296
モータ駆動回路 ……………………… 187
モータ制御ドライバ IC ………… 92

モーメンタリ ………………………… 149
モールド ……………………………… 136

ヤ

ヤスリ ………………………………… 254
誘電体 ………………………… 52、54
ユニバーサル基板 …………………… 205
予備はんだ ………………… 239、242

ラ

ラグ端子 ……………………………… 157
ラジオペンチ …… 239、259、263
ラジケータ …………………………… 155
ラズパイ ……………………………… 354
ラズベリーパイ ……………………… 290
ラッツネスト ……………… 214、218
ランド ……………………… 228、234
リアクタンス ………………………… 51
リード ………………………………… 240
リーマ ………………………………… 256
リップル電圧 ………………………… 200
利得帯域幅積 ……… 71、85、163
両面接着テープ ……………………… 259
リレー ………………………………… 132
ルーペ ………………………………… 243
レイヤ ………………………………… 219
レーザ測距センサ …………………… 127
レギュレータ ………………………… 200
レジスタ ……………………………… 35
レンジ ………………………………… 269
ロータリーエンコーダ ……………… 152
ロータリースイッチ ………………… 152
ロードロップタイプ ………………… 90
ローパスフィルタ …………………… 174
露光 …………………………………… 228
六角ナット ………………… 158、262
ロバート・ミリカン ………………… 202
論理回路 ……………………………… 95

■ 著者略歴

後閑哲也 Tetsuya Gokan

1947 年	愛知県名古屋市で生まれる
1971 年	東北大学工学部応用物理学科卒業
1996 年	ホームページ「電子工作の実験室」を開設
	子供の頃からの電子工作の趣味の世界と、仕事としているコンピュータの世界を融合した遊びの世界を紹介。
2003 年	有限会社マイクロチップ・デザインラボ設立
	「PIC と楽しむ Raspberry Pi 活用ガイドブック」、「C 言語による PIC プログラミング大全」、「逆引き PIC 電子工作 やりたいこと事典」、「電子工作のための Node-RED 活用ガイドブック」他。

Email gokan@picfun.com
URL http://www.picfun.com/

カバーデザイン ◆	小島トシノブ（NONdesign）
カバーイラスト ◆	大崎吉之
本文・帯イラスト ◆	田中斉
本文デザイン・組版 ◆	SeaGrape

作_{つく}る、できる／基礎_{きそ}入門_{にゅうもん}

改訂新版 電子工作の素_{かいていしんばん でんしこうさく もと}

2021 年 11 月 11 日 初 版 第 1 刷発行

著 者	後閑哲也
発行者	片岡 巌
発行所	株式会社技術評論社
	東京都新宿区市谷左内町 21-13
	電話 03-3513-6150 販売促進部
	03-3267-2270 書籍編集部
印刷／製本	昭和情報プロセス株式会社

定価はカバーに表示してあります。

本書の一部または全部を著作権法の定める範囲を超え、無断で複写、複製、転載、テープ化、ファイルに落とすことを禁じます。

©2021 後閑哲也

ISBN978-4-297-12409-0 C3054

Printed in Japan

■お願い

本書に関するご質問については、本書に記載されている内容に関するもののみとさせていただきます。本書の内容と関係のないご質問につきましては、一切お答えできませんので、あらかじめご了承ください。また、電話でのご質問は受け付けておりませんので、FAX か書面にて下記までお送りください。

なお、ご質問の際には、書名と該当ページ、返信先を明記してくださいますよう、お願いいたします。

宛先：〒 162-0846
東京都新宿区市谷左内町 21-13
株式会社技術評論社 書籍編集部
「改訂新版 電子工作の素」係
FAX：03-3267-2271

ご質問の際に記載いただいた個人情報は、質問の返答以外の目的には使用いたしません。また、質問の返答後は速やかに削除させていただきます。

■ご注意

本書に掲載した回路図、パターン図、プログラム、技術を利用して製作した場合生じた、いかなる直接的、間接的損害に対しても、弊社、筆者、編集者、その他製作に関わったすべての個人、団体、企業は一切の責任を負いません。あらかじめご了承ください。